中等职业学校工业和
信息化精品系列教材

Flash 动画制作

项目式全彩微课版

主编：古淑强 陈朝魁
副主编：谭义 查艳利 李潇然

人 民 邮 电 出 版 社
北 京

图书在版编目（CIP）数据

Flash动画制作 : 项目式全彩微课版 / 古淑强, 陈朝魁主编. -- 北京 : 人民邮电出版社, 2023.2
中等职业学校工业和信息化精品系列教材
ISBN 978-7-115-59692-5

Ⅰ. ①F… Ⅱ. ①古… ②陈… Ⅲ. ①动画制作软件—中等专业学校—教材 Ⅳ. ①TP391.414

中国版本图书馆CIP数据核字(2022)第118527号

内 容 提 要

本书全面、系统地介绍 Flash CS6 的基本操作方法和网页动画的制作技巧，具体内容包括动漫制作基础、Flash 基础操作、插画设计、标志设计、广告设计、电子相册设计、节目片头设计、网页应用、动态海报设计和综合设计实训等。

本书先以“相关知识”讲解动画设计与制作的基础知识，使学生了解动画设计与制作的相关概念、分类等；再通过“任务引入”给出任务的具体要求；通过“设计理念”提炼设计的构思过程；通过“任务知识”帮助学生学习软件功能；通过“任务实施”帮助学生熟悉动画的制作过程；通过“扩展实践”和“项目演练”拓展学生的设计思维，增强学生的操作技巧。最后一个项目安排了 5 个商业设计，帮助学生了解商业项目的设计理念和制作方法，使其顺利达到实战水平。

本书可作为中等职业学校数字艺术类专业动画制作课程的教材，也可作为 Flash 初学者的参考书。

◆ 主　　编　古淑强　陈朝魁
副 主 编　谭　义　查艳利　李潇然
责任编辑　王亚娜
责任印制　王　郁　焦志炜
◆ 人民邮电出版社出版发行　　北京市丰台区成寿寺路 11 号
邮编　100164　　电子邮件　315@ptpress.com.cn
网址　https://www.ptpress.com.cn
北京尚唐印刷包装有限公司印刷
◆ 开本：889×1194　1/16
印张：13　　2023 年 2 月第 1 版
字数：265 千字　　2023 年 2 月北京第 1 次印刷

定价：59.80 元

读者服务热线：(010)81055256　印装质量热线：(010)81055316
反盗版热线：(010)81055315
广告经营许可证：京东市监广登字 20170147 号

前言

PREFACE

Flash 是由 Adobe 公司开发的网页动画制作软件，它功能强大、易学易用，深受网页制作者和动画设计人员的喜爱。目前，我国很多中等职业学校的数字艺术类专业，都将“Flash”列为一门重要的专业课程。本书根据《中等职业学校专业教学标准》要求编写，从人才培养目标、专业方案等方面做好顶层设计，明确专业课程标准，强化专业技能培养；并根据岗位技能要求，引入企业真实案例，进行项目式教学。

根据现代中等职业学校的教学方向和教学特色，我们对本书的编写体系做了精心的设计。全书根据 Flash 的应用领域来划分内容，主要项目按照“相关知识—任务引入—设计理念—任务知识—任务实施—扩展实践—项目演练”的体例结构进行编排。

本书在内容选取方面，力求细致全面、重点突出；在文字叙述方面，注意言简意赅、通俗易懂；在案例设计方面，强调案例的针对性和实用性。

本书微课视频可登录人邮学院（www.rymooc.com）搜索书名观看。除了书中所有案例的素材和效果文件，本书还配备 PPT 课件、教学大纲、教案等丰富的教学资源，任课教师可登录人邮教育社区（www.ryjiaoyu.com）免费下载。本书的参考学时为 60 学时，各项目的参考学时见下面的学时分配表。

项目	课程内容	学时分配
项目 1	发现动漫中的美——动漫制作基础	2
项目 2	熟悉设计工具——Flash 基础操作	4
项目 3	制作生动图画——插画设计	6
项目 4	制作品牌形象——标志设计	6
项目 5	制作网络广告——广告设计	6
项目 6	制作精美相册——电子相册设计	8
项目 7	制作节目包装——节目片头设计	6
项目 8	制作精美网页——网页应用	8
项目 9	制作宣传广告——动态海报设计	6
项目 10	掌握商业应用——综合设计实训	8
学时总计		60

本书由古淑强、陈朝魁任主编，谭义、查艳利、李潇然任副主编。由于编者水平有限，书中难免存在疏漏和不妥之处，敬请广大读者批评指正。

编者

2022 年 11 月

目录

CONTENTS

01

项目1

发现动漫中的美
——动漫制作基础

随着网络信息技术与数码影像技术的不断提升，动漫制作技术与大众审美也在相应地变化和提升，从事动漫制作的相关人员需要系统地学习动漫制作技术与技巧。通过本项目的学习，读者可以对动漫制作领域有一个初步的认识，有助于后续进行动漫制作学习。

学习引导

知识目标

- 了解动漫制作的相关应用
- 明确动漫制作的工作流程

能力目标

- 掌握动画作品的搜索方法
- 掌握益智游戏动漫素材的收集方法

素养目标

- 培养对动漫制作行业的兴趣
- 培养动漫鉴赏能力

相关知识：动漫中的美学与设计

动漫制作即运用二维或三维等方式，将漫画与动画结合进行特有的视觉艺术创作，用于展示一定的主题或故事情节。在日常生活中，经过创意设计的动漫作品随处可见，如图 1-1 所示。优秀的动漫作品不仅画面精致，而且情节精彩，能让人在观赏过程中产生共鸣。

图 1-1

任务 1.1　了解动漫制作的应用领域

1.1.1 任务引入

本任务要求读者首先了解动漫制作的应用领域；然后通过在优酷网中搜索优秀的动画作品并赏析，提高动漫审美水平。

1.1.2 任务知识：动漫制作的相关应用领域

1 电子贺卡

许多人会在重要的日子通过互联网发送电子贺卡给亲朋好友，传统的图片文字类贺卡略显单调，具有丰富效果的动漫类贺卡（见图 1-2）越来越受欢迎。

图 1–2

② 广告营销

在网络中通过动漫广告（见图 1-3）宣传自己的品牌和产品是众多企业的营销方式。

图 1–3

③ 音乐宣传

动漫 MV（见图 1-4）是目前音乐宣传的重要手段，这种方式不但节约成本，而且推广空间巨大。

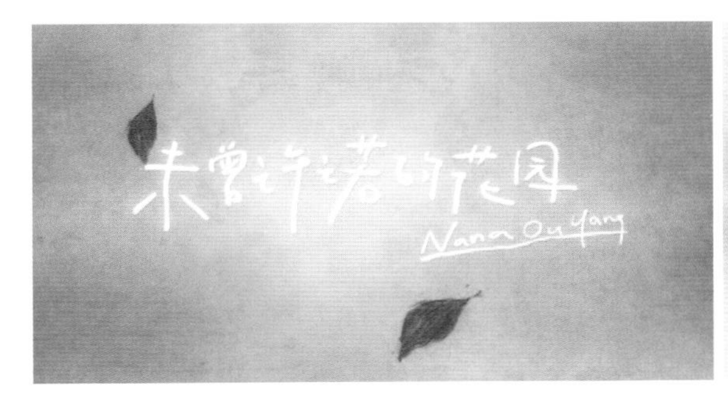
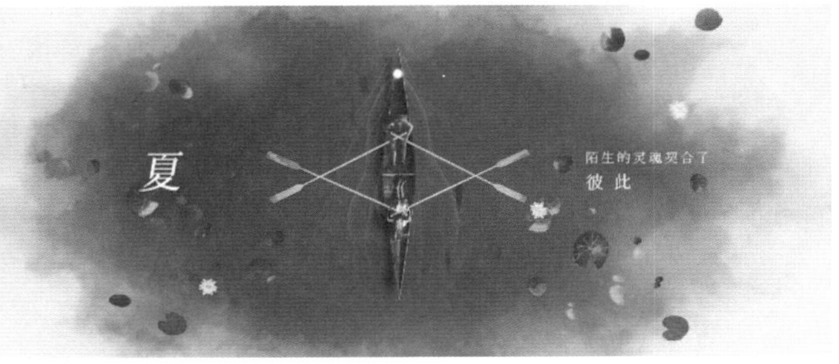

图 1–4

4 游戏制作

动漫类游戏（见图 1-5）具有人性化的交互功能，还可以实现丰富的动画效果，是重要的游戏制作形式。

图 1–5

5 电视领域

动漫节目在电视领域已经非常普遍，不仅局限于短片，还有电视系列片，如图 1-6 所示，形式多样。此外，一些电视台还专门开设了动漫栏目，使动漫制作技术在电视领域的运用越来越广泛。

图 1–6

6 电影领域

在电影领域，优秀的动漫作品（见图 1-7）也如雨后春笋般层出不穷。其中，和中华传统文化结合的动漫影片受到了世界各地观众的喜爱。

图 1–7

7 多媒体教学

随着多媒体教学的普及，动漫技术被越来越广泛地应用到课件制作上，使课件功能更加完善，内容更加精彩。用动漫制作的多媒体教学课件如图 1-8 所示。

图 1–8

1.1.3 任务实施

（1）打开优酷官网，在搜索框中输入关键词“国产动画”，如图 1-9 所示，按 Enter 键，进入搜索页面，如图 1-10 所示。

图 1–9

图 1–10

（2）点击想观看的动画，通过截图还可以收藏精彩的作品图片，如图 1-11 所示。

图 1–11

任务 1.2 明确动漫制作的工作流程

1.2.1 任务引入

本任务要求读者首先了解动漫制作的工作流程；然后通过在花瓣网中收集益智游戏的动漫素材，进一步掌握动漫素材的收集方法。

1.2.2 任务知识：动漫制作的工作流程

动漫制作的基本流程一般分为文案策划、脚本设计、视觉设计、动画制作、画面配音、剪辑导出这 6 个步骤，如图 1-12 所示。

（a）文案策划

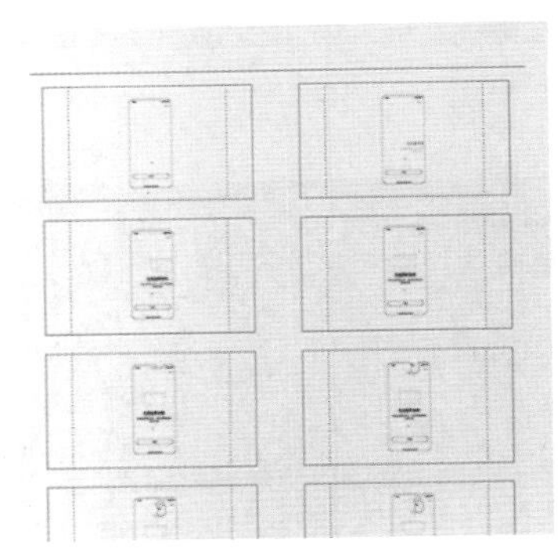

（b）脚本设计

（c）视觉设计

（d）动画制作

（e）画面配音

（f）剪辑导出

图 1–12

1.2.3 任务实施

（1）打开花瓣网官网，单击右侧的“登录 / 注册”按钮，如图 1-13 所示，在弹出的对话框中选择登录方式并登录，如图 1-14 所示。

图 1-13

图 1-14

（2）在搜索框中输入关键词“益智游戏”，如图 1-15 所示。按 Enter 键，进入搜索页面，如图 1-16 所示。

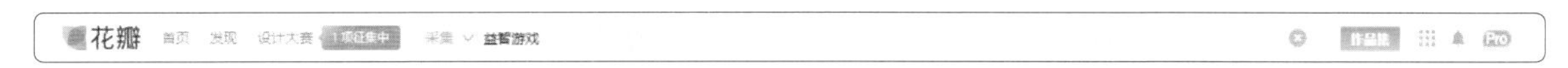

图 1-15

图 1-16

（3）在需要采集的画板上单击，在跳转的页面中选择需要的图片，单击“采集”按钮，如图 1-17 所示。在弹出的对话框中输入名称，单击下方的“创建画板‘游戏设计’”选项，新建画板。单击“采下来”按钮，如图 1-18 所示，即可将需要的图片采集到画板中。

图 1-17

图 1-18

02

项目2

熟悉设计工具

——Flash基础操作

用于动画设计、制作的工具有很多种，本项目以Flash为例来进行介绍。通过本项目的学习，读者可以对Flash有初步的认识和了解，并能掌握Flash的基本操作方法，为进一步的学习打下坚实的基础。

学习引导

知识目标

- 了解 Flash 的特点
- 了解 Photoshop 的特点
- 了解 After Effects 的特点

能力目标

- 熟练掌握 Flash CS6 的操作界面及基础操作
- 熟练掌握文件的设置方法和技巧

素养目标

- 提高对动画制作软件的熟悉度
- 提高计算机操作技能

相关知识：了解设计工具软件

目前在动漫设计工作中，经常使用的主流软件有 Flash、Photoshop 和 After Effects，它们都具有鲜明的功能特色。要想根据创意制作出完美的动漫设计作品，就需要熟练使用这 3 款软件，并能很好地利用不同软件的优势，将其巧妙地结合使用。

1 Flash

Flash 是由 Adobe 公司开发的一款集动画创作和应用程序开发于一体的软件，它包含众多既简单直观而又功能强大的设计工具，不仅可以创建数字动画、交互式 Web 站点，还可以开发包含视频、声音、图形和动画的桌面应用程序、手机应用程序等，深受网页设计人员和动画设计爱好者的喜爱。Flash CS6 的启动界面如图 2-1 所示。

图 2-1

2 Photoshop

Photoshop 是由 Adobe 公司出品的功能强大的图形图像处理软件。它集编辑修饰、制作处理、创意编排、图像输入与输出于一体，深受平面设计、电脑艺术和摄影爱好者的喜爱。Photoshop CC 的启动界面如图 2-2 所示。

3 After Effects

After Effects 是由 Adobe 公司开发的影视后期制作软件。它功能强大、易学易用，深受广大影视制作爱好者和影视后期设计师的喜爱。After Effects CC 的启动界面如图 2-3 所示。

图 2-2

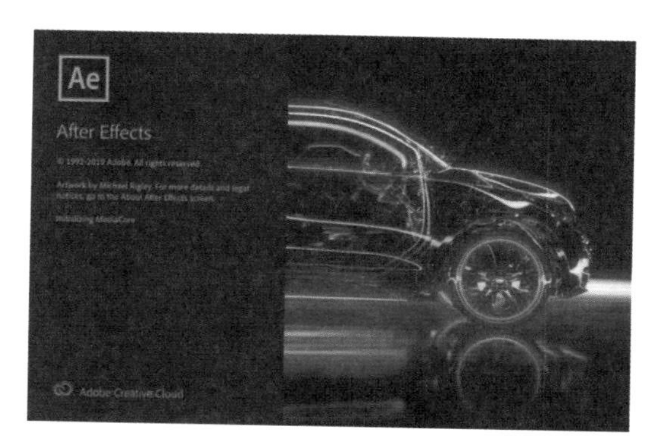

图 2-3

任务 2.1 熟悉软件操作界面

2.1.1 任务引入

本任务要求读者通过打开文件和导入文件熟悉菜单栏的操作，通过选取图形和改变图形的大小熟悉工具箱中工具的使用方法，通过改变图形的颜色熟悉控制面板的使用方法。

2.1.2 任务知识：Flash 界面及基础操作

1 菜单栏

Flash CS6 的菜单栏依次分为“文件”“编辑”“视图”“插入”“修改”“文本”“命令”“控制”“调试”“窗口”“帮助”菜单，如图 2-4 所示。

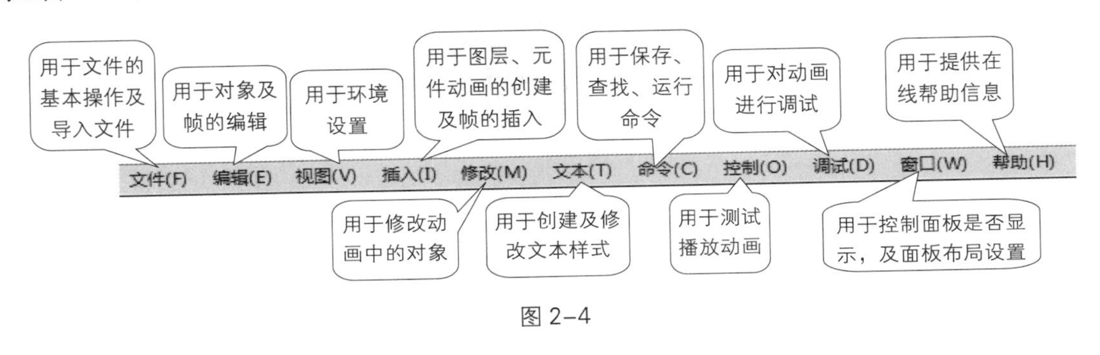

图 2-4

2 工具箱

工具箱提供了用于绘制和编辑图形的各种工具，分为“工具”“查看”“颜色”“选项”4个功能区，如图 2-5 所示。选择“窗口 > 工具”命令或按 Ctrl+F2 组合键，可以调出工具箱。

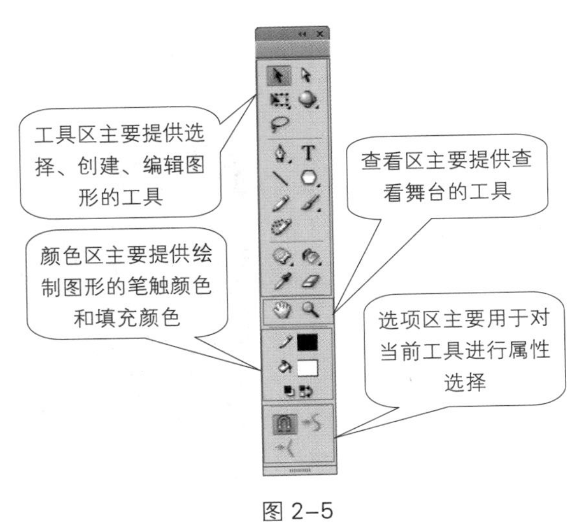

图 2-5

③ 时间轴

“时间轴”面板用于组织和控制文件内容在一定时间内播放。按照功能的不同，“时间轴”面板分为左、右两部分，左侧为层控制区，右侧为时间线控制区，如图 2-6 所示。时间轴的主要组件是层、帧和播放头。

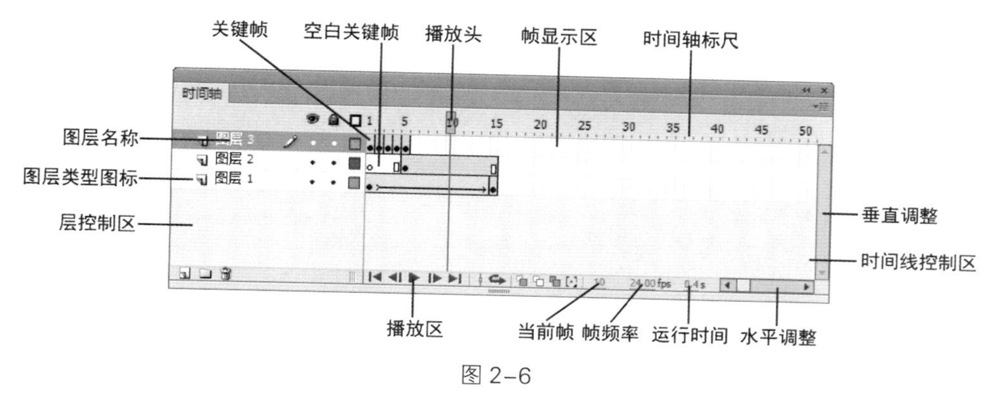

图 2-6

◎ 层控制区

层就像堆叠在一起的多张幻灯胶片一样，每个层都包含一个显示在舞台中的不同图像。在层控制区中，可以显示舞台上正在编辑作品的所有层的名称、类型和状态，并可以通过工具按钮对层进行操作。

◎ 时间线控制区

时间线控制区由帧、播放头和多个按钮及信息栏组成。Flash 将文件的时间长度分为帧。每个层包含的帧显示在该层名右侧的一行中，时间轴顶部的时间轴标题指示帧编号，播放头指示舞台中当前显示的帧，信息栏显示当前帧编号、动画播放速率，以及到当前帧为止动画的运行时间等信息。

④ 场景和舞台

场景是所有动画元素的活动空间，如图 2-7 所示。场景可以不止一个，要查看特定场景，可以选择“视图 > 转到”命令，再从其子菜单中选择场景的名称。

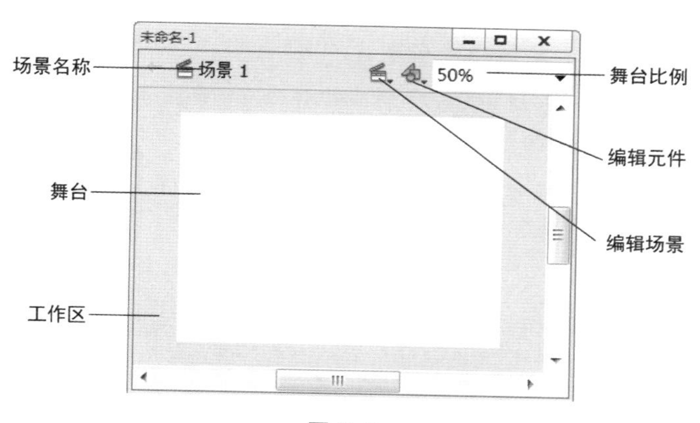

图 2-7

场景也就是常说的舞台，是编辑和播放动画的矩形区域。在舞台上，可以放置和编辑矢量插图、文本框、按钮、导入的位图图形和视频剪辑等，可以对舞台进行大小和颜色等设置。

5 “属性”面板

对于正在使用的工具或资源，通过“属性”面板可以很容易地查看和更改它们的属性，从而简化文档的创建过程。选定单个对象，如文本、组件、形状、位图、视频、组或帧等时，“属性”面板可以显示相应的信息和设置，如图 2-8 所示。当选定了两个或多个不同类型的对象时，“属性”面板会显示选定对象的位置和大小，如图 2-9 所示。

图 2-8

图 2-9

6 “浮动”面板

“浮动”面板是 Flash CS6 中所有面板的统称，通过“浮动”面板可以查看、组合和更改资源。但屏幕的大小有限，为了使工作区最大化，Flash CS6 提供了多种自定义工作区的方式。例如，可以通过“窗口”菜单显示和隐藏面板，还可以拖曳鼠标指针调整面板的大小及重新组合面板，如图 2-10 和图 2-11 所示。

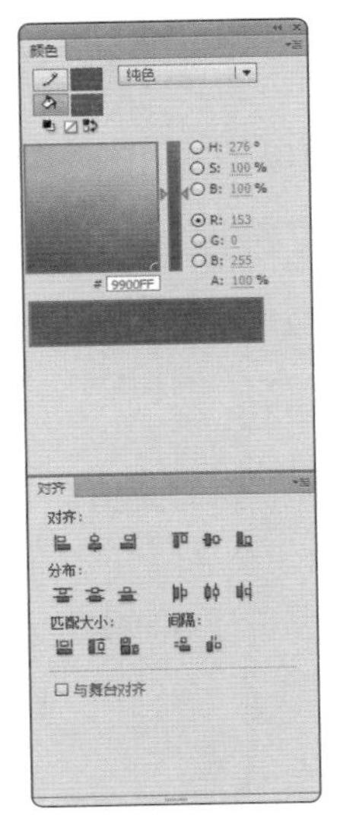

图 2-10

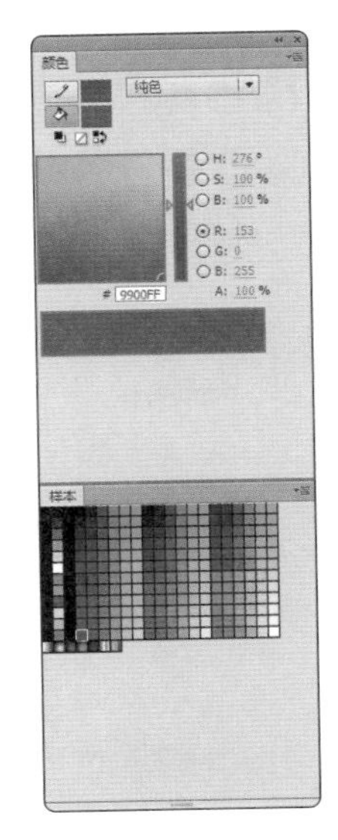

图 2-11

2.1.3 任务实施

（1）打开 Flash CS6，选择“文件 > 打开”命令，弹出“打开”对话框。选择云盘中的“Ch02 > 素材 > 绘制小狮子 > 01”文件，单击“打开”按钮打开文件，如图 2-12 所示。

（2）选择“文件 > 导入 > 导入到舞台”命令，弹出“导入”对话框。选择云盘中的“Ch02 > 素材 > 绘制小狮子 > 02”文件，单击“打开”按钮，图形被导入舞台窗口中。在“时间轴”面板中将“图层 1”重命名为“毛发”，如图 2-13 所示。

图 2-12

图 2-13

（3）选择右侧工具箱中的“任意变形”工具，选中导入的图形，拖曳控制点，改变图形的大小。选择“选择”工具，拖曳图形到适当的位置，效果如图 2-14 所示。

（4）保持图形的选取状态，按 Shift+F9 组合键，弹出“颜色”面板，选择“填充颜色”选项，输入新的颜色值（#713F0C），如图 2-15 所示。图形的颜色发生改变，如图 2-16 所示。在舞台窗口的空白处单击鼠标左键，取消图形的选取状态，效果如图 2-17 所示。

图 2-14

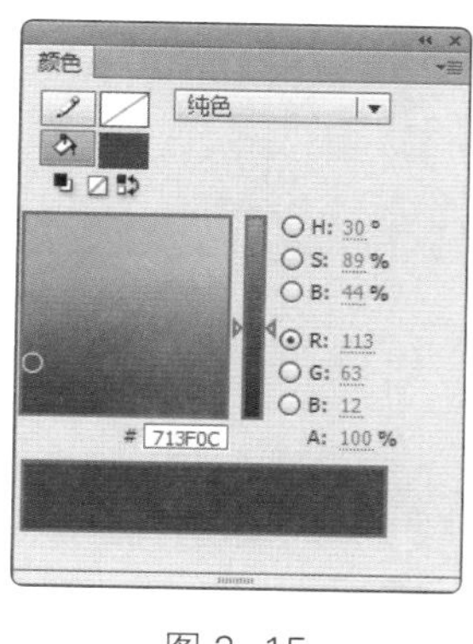

图 2-15

图 2-16

图 2-17

（5）按 Ctrl+S 组合键保存文件。

任务 2.2　掌握文件的基本操作

2.2.1 任务引入

本任务要求读者通过打开效果文件熟练掌握“打开”命令，通过新建文件熟练掌握“新建”命令，通过关闭新建文件熟练掌握“保存”和“关闭”命令。

2.2.2 任务知识：文件的设置方法

1 新建文件

新建文件是使用 Flash 进行设计的第一步。

选择“文件 > 新建”命令，弹出“新建文档”对话框，如图 2-18 所示。在对话框中可以创建 Flash 文件，设置 Flash 影片的媒体和结构；可以创建基于窗体的 Flash 应用程序以应用于 Internet；也可以创建用于控制影片的外部动作脚本文件等。选择完成后，单击“确定”按钮，即可新建文件，如图 2-19 所示。

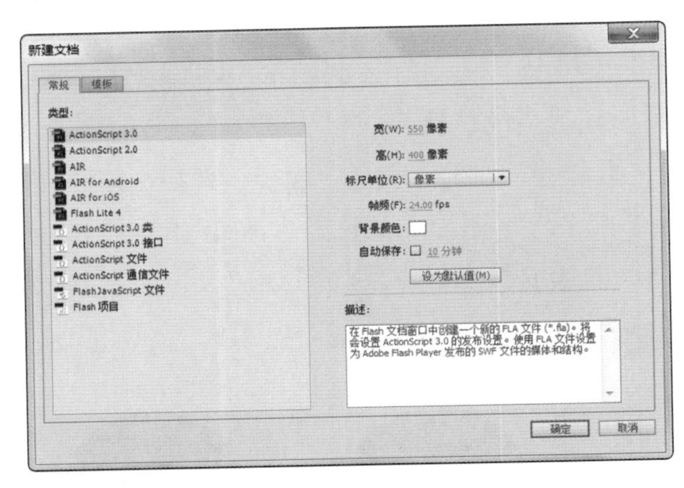

图 2-18

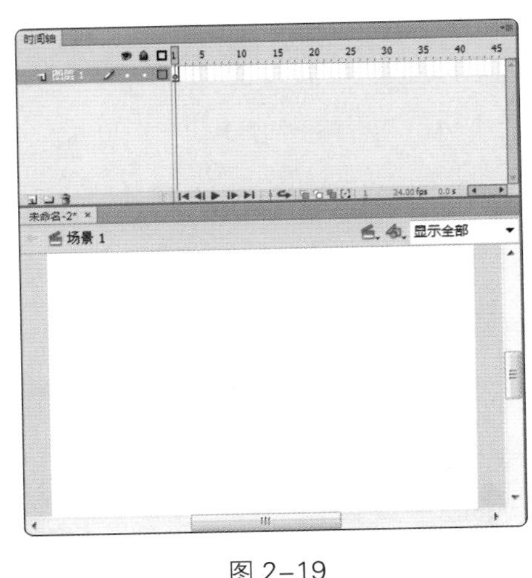

图 2-19

2 打开文件

要修改已完成的动画文件，必须先将其打开。

选择“文件 > 打开”命令，弹出“打开”对话框，在对话框中搜索路径和文件，确认文件的类型和名称，如图 2-20 所示。然后单击“打开”按钮，或直接双击文件，即可打开指定的动画文件，如图 2-21 所示。

图 2-20

图 2-21

在“打开”对话框中，也可以一次打开多个文件，只需在文件列表中选中所需的几个文件，然后单击“打开”按钮，系统将逐个打开这些文件，以免多次反复调用“打开”对话框。在“打开”对话框中，在按住 Ctrl 键的同时，用鼠标单击可以选择不连续的文件；在按住 Shift 键的同时，用鼠标单击第一个和最后一个文件可以选择连续的文件。

3 保存文件

编辑和制作完动画后，需要保存动画文件。

通过“文件”菜单中的“保存”“另存为”和“另存为模板”等命令可以将文件保存在磁盘中，如图 2-22 所示。当设计好作品进行第一次存储时，选择“保存”命令，弹出“另存为”对话框，如图 2-23 所示。在对话框中设置文件名和保存类型，单击“保存”按钮，即可保存文件。

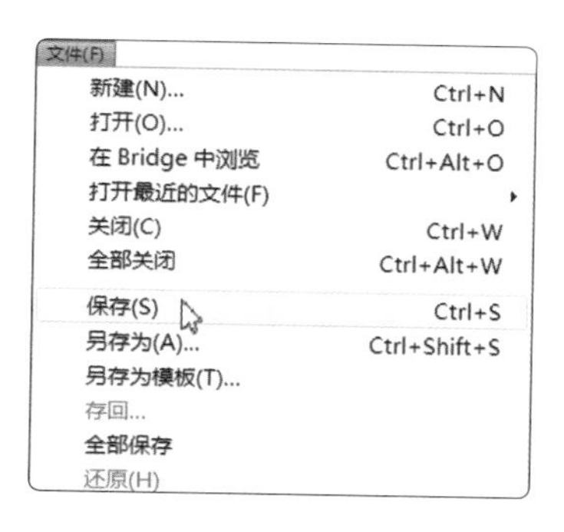

图 2-22

图 2-23

当对已经保存过的动画文件进行编辑操作后，选择“保存”命令，将不再弹出“另存为”对话框，系统直接保留最新确认的结果，并覆盖原始文件。因此，在未确定是否要放弃原始文件之前，应慎用此命令。

若既要保留修改过的文件，又不想放弃原文件，可以选择“文件 > 另存为”命令，弹出“另存为”对话框。在该对话框中可以更改文件名、选择保存路径和设定保存类型。这样操作时原文件保持不变。

4 输出格式

在 Flash CS6 中可以输出多种格式的文件，以下是常见的几种格式。

◎ SWF

SWF 是网页中常见的影片格式，它以 .swf 为后缀，具有动画、声音和交互等功能。在浏览器中安装 Flash 播放器插件才能观看 SWF 影片。将整个文档导出为具有动画效果和交互功能的 Flash SWF 文件，会便于将 Flash 内容导入其他应用程序中，如导入 Dreamweaver 中。

输出 SWF 影片时，选择“文件 > 导出 > 导出影片”命令，弹出“导出影片”对话框。在“文件名”文本框中输入要导出动画文件的名称，在“保存类型”下拉列表中选择“SWF 影片(*.swf)”，如图 2-24 所示，单击“保存”按钮，即可导出影片。

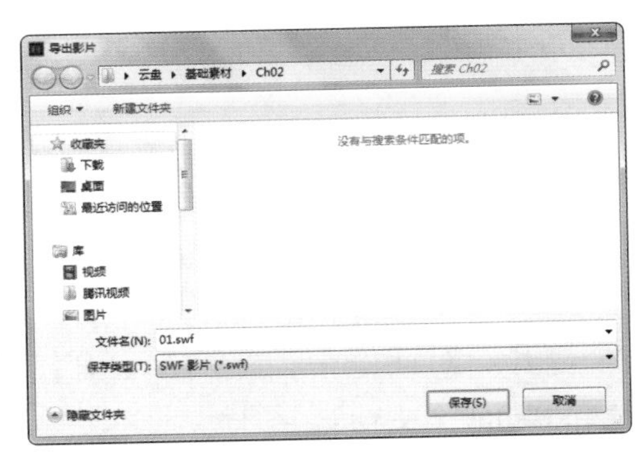

图 2-24

在以 SWF 格式导出 Flash 文件时，文本以 Unicode 格式进行编码。Unicode 是一种文字信息的通用字符集编码标准，采用 16 位编码格式。也就是说，Flash 文件中的文字使用双位元组字符集进行编码。

◎ Windows AVI

Windows AVI 是标准的 Windows 影片格式，它是一种常用在视频编辑应用程序中打开 Flash 动画的格式。由于 AVI 是基于位图的格式，所以如果包含的动画很长或者分辨率比较高，文件就会非常大。将 Flash 文件导出为 Windows 视频时，会丢失所有的交互性。

输出 Windows AVI 影片时，选择“文件 > 导出 > 导出影片”命令，弹出“导出影片”对话框。在“文件名”文本框中输入要导出视频文件的名称，在“保存类型”下拉列表中选择“Windows AVI (*.avi)”，如图 2-25 所示。单击“保存”按钮，弹出“导出 Windows AVI”对话框，设置后单击“确定”按钮，如图 2-26 所示。

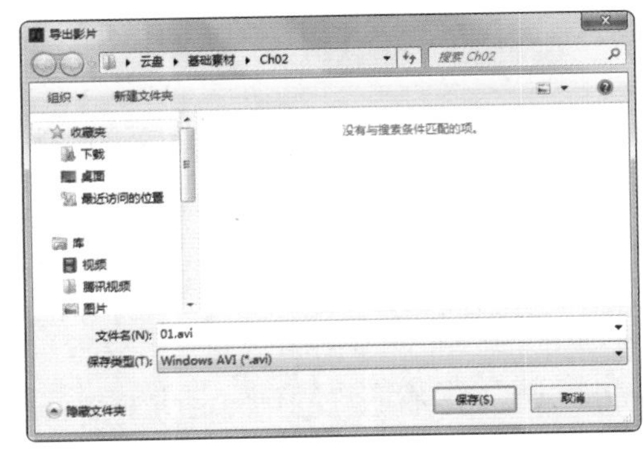

图 2-25

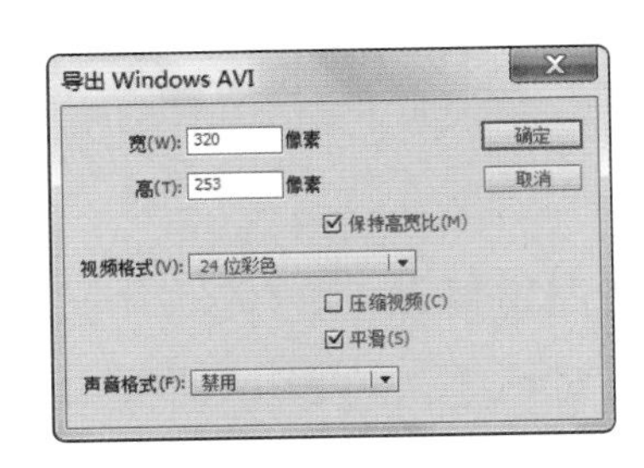

图 2-26

◎ WAV

动画中的音频对象可以被导出，并以 WAV 音频格式保存。

输出 WAV 音频文件时，选择“文件 > 导出 > 导出影片”命令，弹出“导出影片”对话框。在“文件名”文本框中输入要导出音频文件的名称，在“保存类型”下拉列表中选择“WAV 音频 (*.wav)”，如图 2-27 所示。单击“保存”按钮，弹出“导出 Windows WAV”对话框，设置后单击“确定”按钮，如图 2-28 所示。

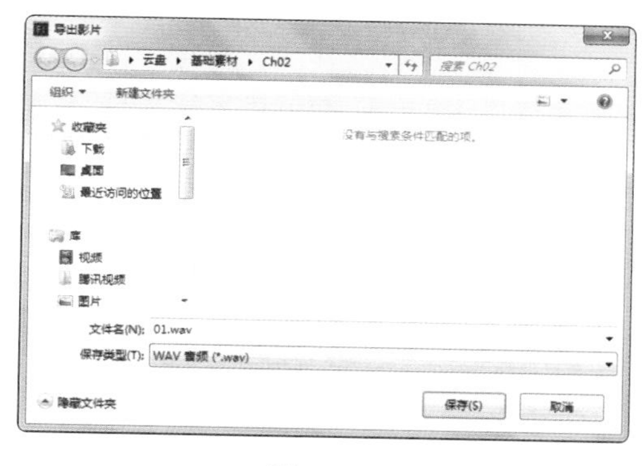

图 2-27

图 2-28

◎ JPEG

可以将 Flash 文件中当前帧上的对象导出为 JPEG 图像。JPEG 图像为高压缩比的 24 位位图。JPEG 格式适合显示包含连续色调（如照片、渐变色或嵌入位图）的图像。其导出设置与位图 (*.bmp) 相似，这里不再赘述。

◎ GIF

网页中常见的动态图标大部分是 GIF 动画格式，它由多个连续的 GIF 图像组成。Flash 动画时间轴上的每一帧都会变为 GIF 动画中的一幅图片。GIF 动画不支持声音和交互，且比不含声音的 SWF 动画文件要大。

输出 GIF 动画时，选择“文件 > 导出 > 导出影片”命令，弹出“导出影片”对话框。在“文件名”文本框中输入要导出动画文件的名称，在“保存类型”下拉列表中选择“GIF 动画 (*.gif)”，如图 2-29 所示。单击“保存”按钮，弹出“导出 GIF”对话框，设置后单击“确定”按钮，如图 2-30 所示。

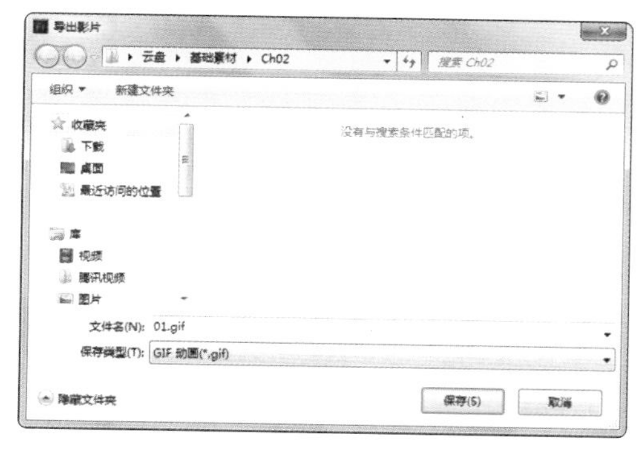

图 2-29

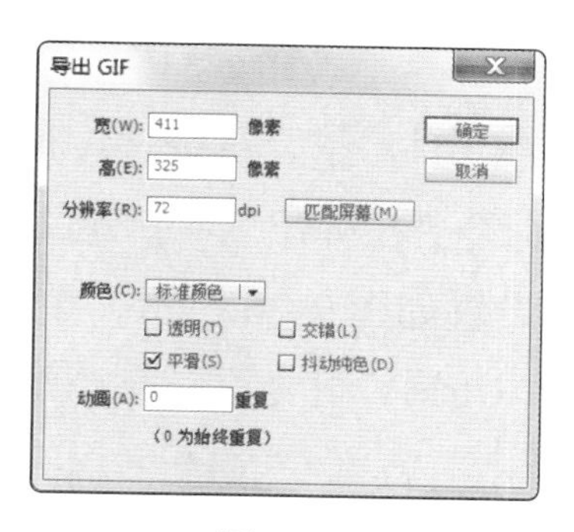

图 2-30

◎ PNG

PNG是一种可以跨平台支持透明度的图像格式。输出PNG序列时，选择“文件 > 导出 > 导出影片”命令，弹出“导出影片”对话框。在“文件名”文本框中输入要导出序列文件的名称，在“保存类型”下拉列表中选择“PNG 序列 (*.png)”，如图2-31所示。单击“保存”按钮，弹出“导出PNG”对话框，设置后单击“确定”按钮，如图2-32所示。

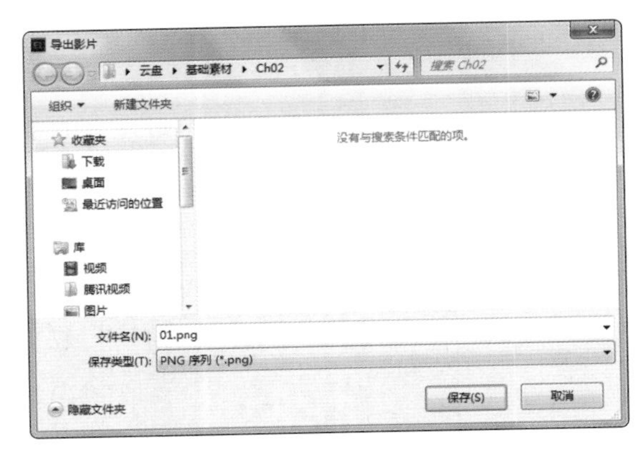

图 2–31

图 2–32

2.2.3 任务实施

（1）打开Flash CS6，选择“文件 > 打开”命令，弹出“打开”对话框，如图2-33所示。选择云盘中的“Ch02 > 素材 > 绘制卡通小鸟 > 01”文件，单击“打开”按钮打开文件，如图2-34所示。

图 2–33

图 2–34

（2）按Ctrl+A组合键全选图形，如图2-35所示。按Ctrl+C组合键复制图形。选择“文件 > 新建”命令，在弹出的“新建文档”对话框中，将“背景颜色”设为黄绿色（#C6DC7C），其他选项的设置如图2-36所示，单击“确定”按钮，新建一个空白文档。

（3）按Ctrl+V组合键粘贴图形到新建的空白文档中，并用鼠标将其拖曳到适当的位置，如图2-37所示。选择“文件 > 保存”命令，弹出“另存为”对话框，在“文件名”文本框中输入文件的名称，如图2-38所示。单击“保存”按钮保存文件。

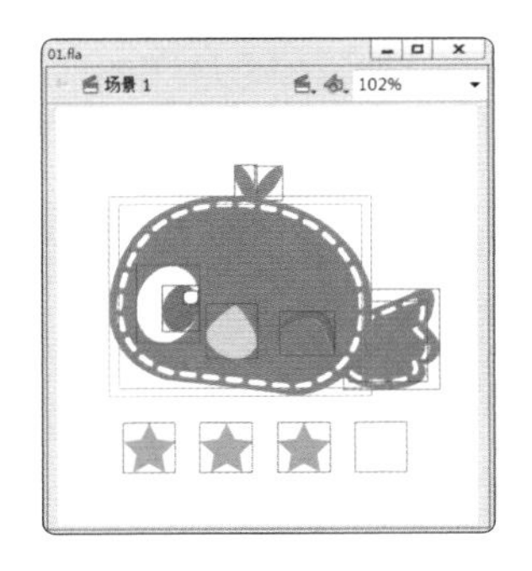

图 2-35

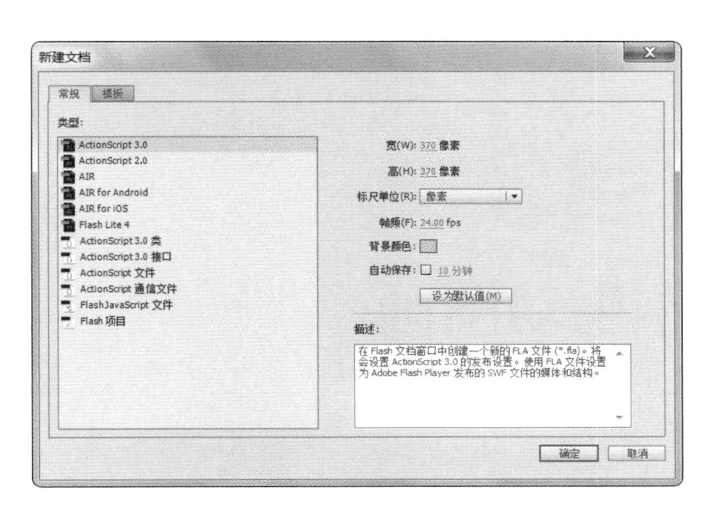

图 2-36

图 2-37

图 2-38

（4）选择“文件 > 导出 > 导出影片”命令，弹出“导出影片”对话框，在“文件名”文本框中输入新的名称，在“保存类型”下拉列表中选择“SWF 影片（*.swf）”，如图 2-39 所示。单击“保存”按钮，完成影片的输出。

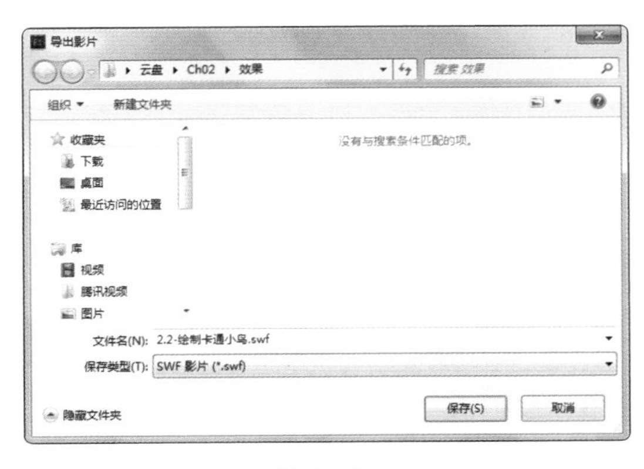

图 2-39

（5）单击舞台窗口右上角的☒按钮，关闭窗口。再次单击舞台窗口右上角的☒按钮，关闭打开的 01 文件。单击 Flash CS6 操作界面标题栏右侧的“关闭”按钮，可关闭软件。

03

项目3

制作生动图画

——插画设计

插画设计是视觉信息传达的重要手段之一，已经广泛应用于现代艺术设计领域。随着计算机软件技术的发展，插画设计趋于多样化，并不断发展创新。通过本项目的学习，读者可以掌握插画的设计方法和制作技巧。

学习引导

知识目标

- 了解插画的概念
- 了解插画的应用领域和分类

能力目标

- 熟悉插画的设计思路
- 掌握插画的绘制方法和技巧

素养目标

- 培养插画的创意设计能力
- 提高插画的审美水平

实训项目

- 绘制天气插画
- 绘制甜品插画

相关知识：插画设计基础

1 插画的概念

插画是指通过将主题内容进行视觉化的图画效果表现，营造出主题突出、明确，感染力、生动性强的艺术视觉效果，如图 3-1 所示。在海报、广告、杂志、说明书、书籍、包装等设计中，都可以看到插画元素。

图 3-1

2 插画的应用领域

插画被广泛应用于现代艺术设计的多个领域，如互联网、出版、艺术、广告等。图 3-2 所示为插画的部分应用。

图 3-2

3 插画的分类

插画的种类繁多，常见的可以分为出版物插图、商业宣传插画、卡通吉祥物插图、影视与游戏美术设计插画、艺术创作类插画。图 3-3 所示为部分分类作品。

图 3–3

任务 3.1 绘制天气插画

3.1.1 任务引入

本任务是为某气象类 App 绘制天气插画，要求通过简洁的绘画语言，表现出天气的特点。

3.1.2 设计理念

在设计时，以蓝色为主色调，云朵造型的图形直接点明主旨，不同颜色的重叠设计，显示出天气变幻莫测的特点；插画整体风格简洁、明了，形象生动，令人印象深刻。最终效果参看云盘中的“Ch03 > 效果 > 绘制天气插画”，如图 3-4 所示。

图 3–4

3.1.3 任务知识：“选择”工具、“矩形”工具、“钢笔”工具和“渐变”工具

1 “选择”工具

选择“选择”工具，工具箱下方出现图 3-5 所示的按钮，利用这些按钮可以完成以下工作。

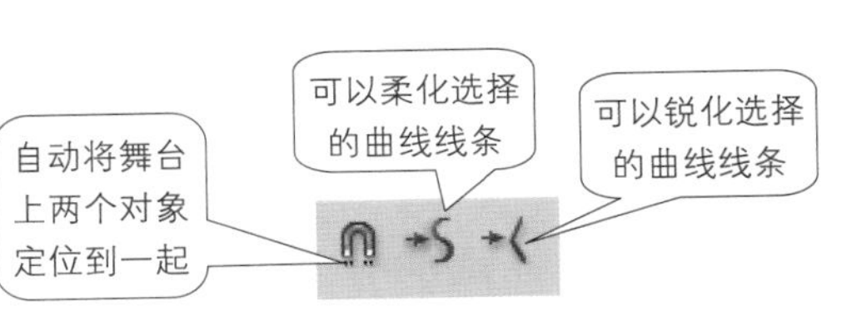

图 3–5

◎ 选择对象

打开云盘中的“基础素材 > Ch03 > 01”文件。选择“选择”工具，在舞台中的对象

上单击鼠标左键进行选择，如图 3-6 所示。按住 Shift 键再选择对象，可以同时选中多个对象，如图 3-7 所示。在舞台中拖曳出一个矩形框选对象，如图 3-8 所示。

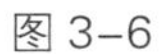

图 3-6

图 3-7

图 3-8

◎ 移动和复制对象

选择“选择”工具，选中对象，如图 3-9 所示。按住鼠标左键不放，可直接拖曳对象到任意位置，如图 3-10 所示。

选择“选择”工具，选中对象，在按住 Alt 键的同时，拖曳选中的对象到任意位置，选中的对象被复制，如图 3-11 所示。

图 3-9

图 3-10

图 3-11

◎ 调整向量线条和色块

选择“选择”工具，将鼠标指针移至对象上，鼠标指针下方出现圆弧，如图 3-12 所示。可拖曳鼠标调整选中的线条和色块，如图 3-13 所示。

图 3-12

图 3-13

2 “线条”工具

选择“线条”工具，在舞台上单击并按住鼠标左键不放，向右拖曳鼠标指针到需要的位置，绘制出一条直线，松开鼠标，直线效果如图 3-14 所示。在“线条”工具的“属性”面板中可以设置不同的线条颜色、线条粗细、线条样式，如图 3-15 所示。设置不同的线条属性后，绘制的线条如图 3-16 所示。

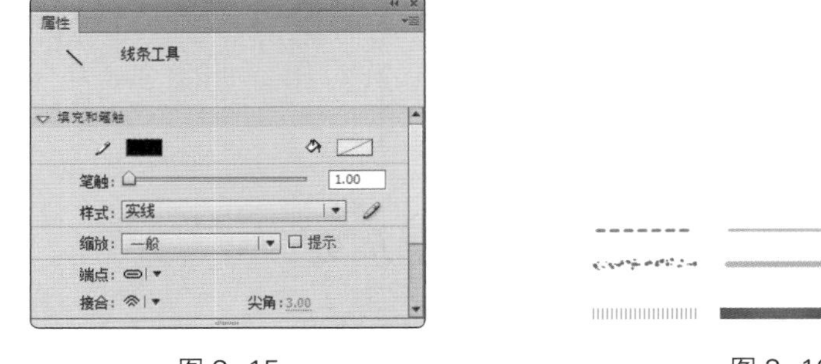

图 3-14　　图 3-15　　图 3-16

选择“线条”工具时，如果在按住 Shift 键的同时，拖曳鼠标进行绘制，则限制“线条”工具只能在 45°或 45°倍数的方向绘制直线。“线条”工具无法设置填充属性。

3 “矩形”工具

选择“矩形”工具，在舞台上单击并按住鼠标左键不放，向需要的位置拖曳鼠标，可绘制出矩形图形。松开鼠标，矩形效果如图 3-17 所示。在按住 Shift 键的同时绘制图形，可以绘制出正方形，如图 3-18 所示。

可以在“矩形”工具的“属性”面板中设置不同的笔触颜色、笔触大小、笔触样式和填充颜色，如图 3-19 所示。设置不同的边框属性和填充颜色后，绘制的图形如图 3-20 所示。

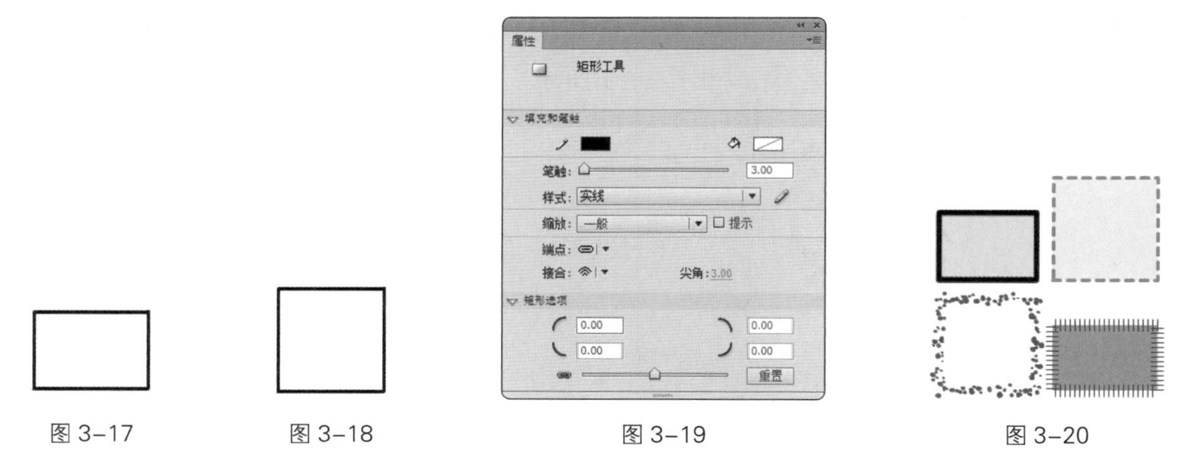

图 3-17　　图 3-18　　图 3-19　　图 3-20

可以应用“矩形”工具绘制圆角矩形。选择“属性”面板，在“矩形边角半径”数值框中输入需要的数值，如图 3-21 所示。输入的数值不同，绘制出的圆角矩形也不同，效果如图 3-22 所示。

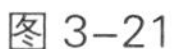
图 3-21

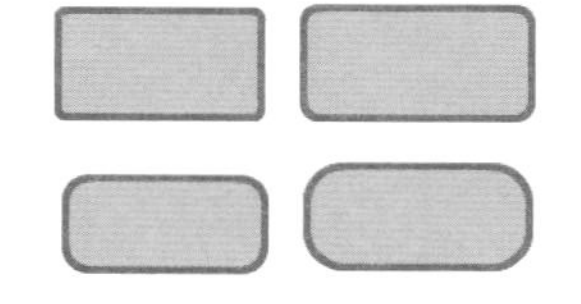
图 3-22

4 “铅笔”工具

选择“铅笔”工具，在舞台上单击并按住鼠标左键不放，随意绘制出线条。松开鼠标，线条效果如图 3-23 所示。如果想绘制出平滑或伸直的线条和形状，可以在工具箱下方的选项区域中为“铅笔”工具选择一种绘画模式，如图 3-24 所示。

图 3-23

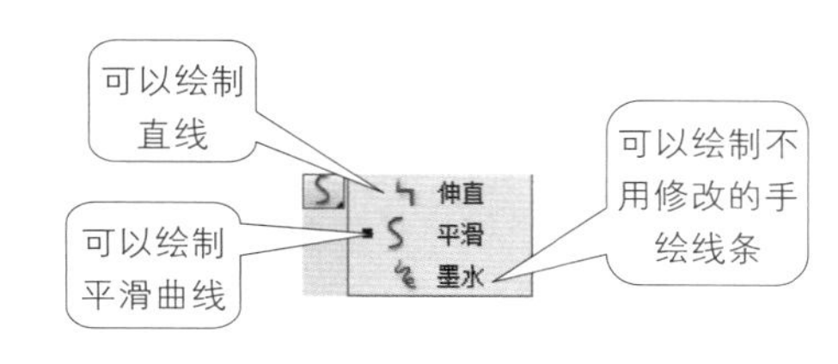

图 3-24

可以在“铅笔”工具的“属性”面板中设置不同的线条颜色、线条粗细、线条样式，如图 3-25 所示。设置不同的线条属性后，绘制的图形如图 3-26 所示。

单击“属性”面板右侧的“编辑笔触样式”按钮，弹出“笔触样式”对话框，如图 3-27 所示。在该对话框中可以自定义笔触样式。

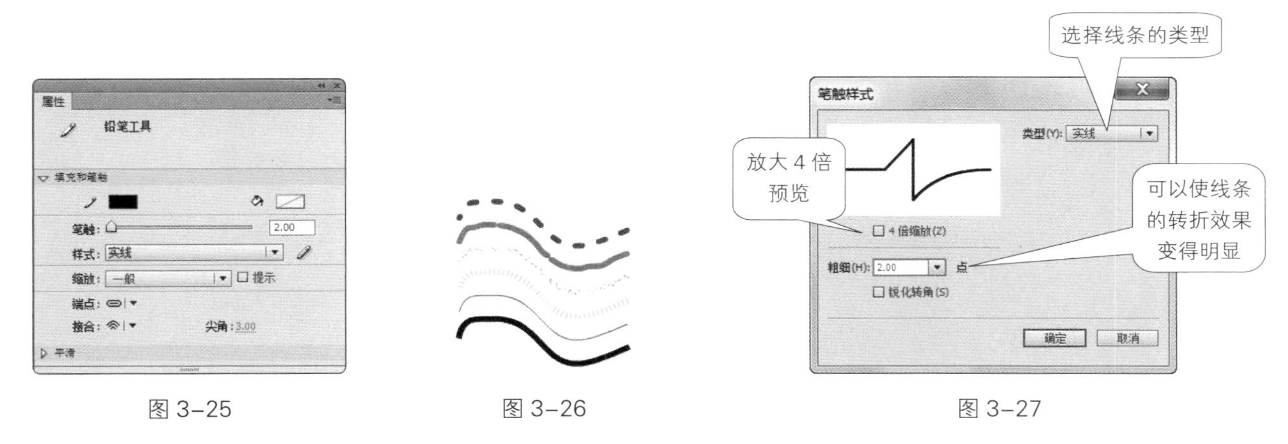

图 3-25　　图 3-26　　图 3-27

5 “椭圆”工具

选择“椭圆”工具，在舞台上单击并按住鼠标左键不放，向需要的位置拖曳鼠标，绘制出椭圆图形。松开鼠标，图形效果如图 3-28 所示。在按住 Shift 键的同时绘制图形，可以绘制出圆形，效果如图 3-29 所示。

在“椭圆”工具的“属性”面板中设置不同的笔触颜色、笔触大小、笔触样式和填充颜色，如图 3-30 所示。设置不同的边框属性和填充颜色后，绘制的图形如图 3-31 所示。

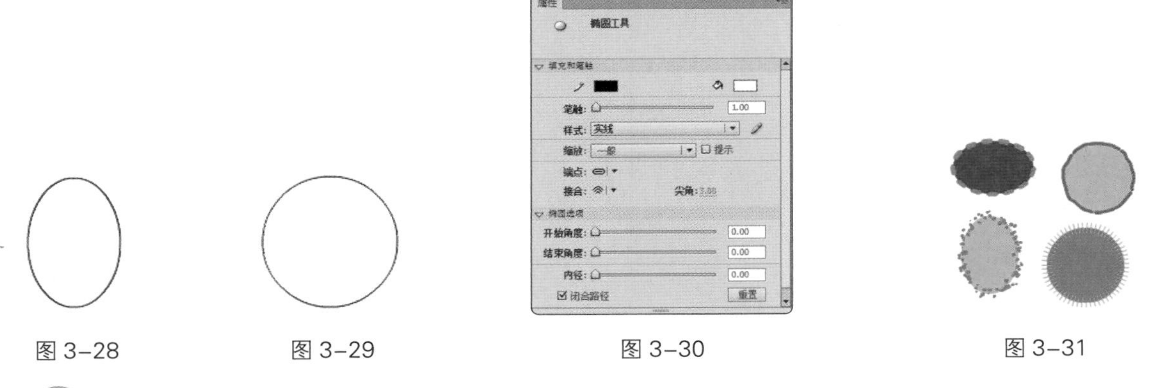

图 3–28　　图 3–29　　图 3–30　　图 3–31

6 “刷子”工具

选择“刷子”工具，在舞台上单击并按住鼠标左键不放，随意绘制出笔触。松开鼠标，图形效果如图 3-32 所示。在“刷子”工具的“属性”面板中设置不同的笔触颜色和平滑度，如图 3-33 所示。

应用工具箱下方的“刷子大小”选项和“刷子形状”选项，可以设置刷子的大小与形状。设置不同的刷子形状后，绘制的笔触效果如图 3-34 所示。

图 3–32

图 3–33

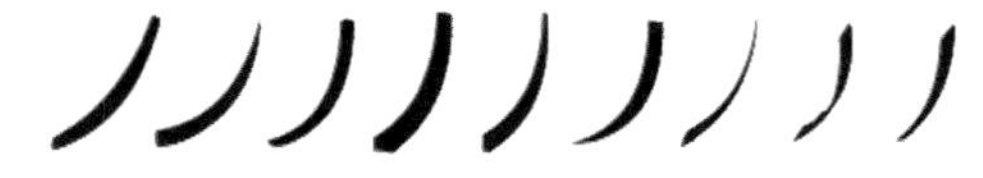

图 3–34

系统在工具箱的下方提供了 5 种刷子的模式，如图 3-35 所示。

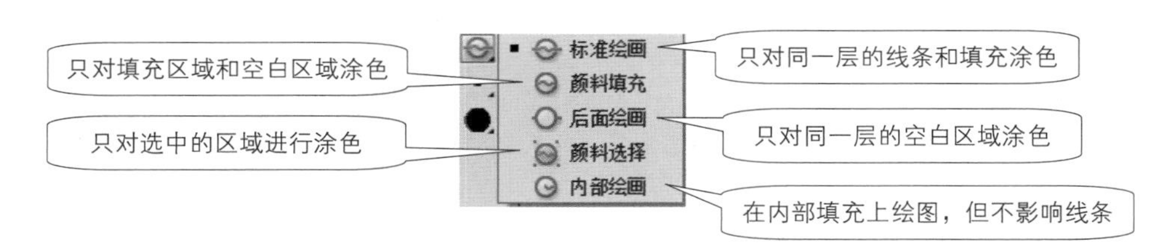

图 3–35

应用不同的模式绘制出的效果如图 3-36 所示。

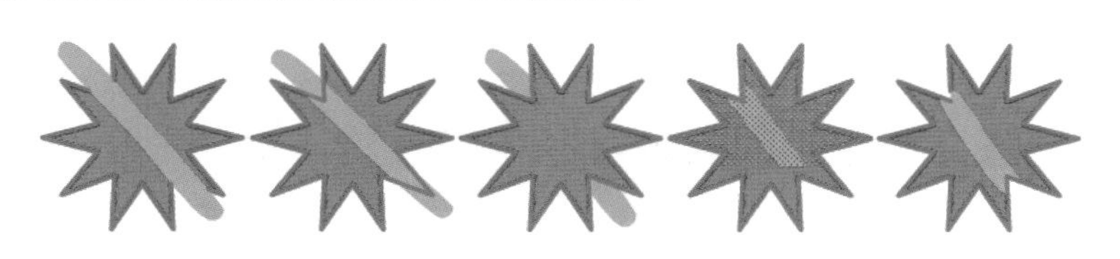

标准绘画　　颜料填充　　后面绘画　　颜料选择　　内部绘画

图 3–36

“锁定填充”按钮用于为刷子选择径向渐变色彩。没有单击此按钮时，用刷子绘制出的每个线条都有自己完整的渐变过程，线条与线条之间不会相互影响，如图 3-37 所示；单击此按钮时，颜色的渐变过程形成一个固定的区域，在这个区域内，刷子绘制到的地方，会显示出相应的色彩，如图 3-38 所示。

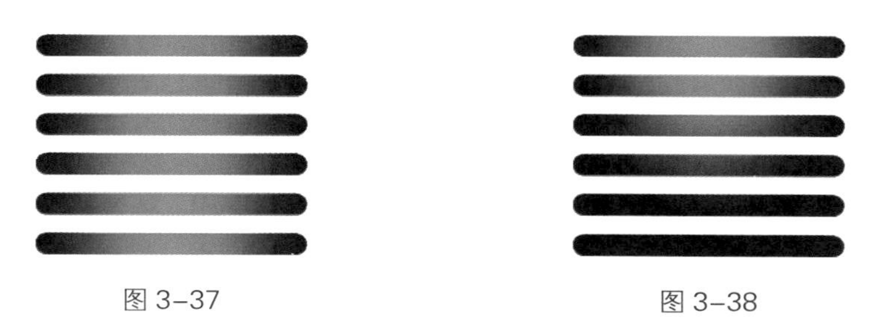

图 3-37　　图 3-38

在使用“刷子”工具涂色时，可以使用导入的位图作为填充。

导入云盘中的“基础素材 > Ch03 > 02”文件，如图 3-39 所示。选择“窗口 > 颜色”命令，弹出“颜色”面板，选择“填充颜色”选项，将“颜色类型”设为“位图填充”，用刚才导入的位图作为填充图案，如图 3-40 所示。选择“刷子”工具，在窗口中随意绘制一些笔触，效果如图 3-41 所示。

图 3-39

图 3-40

图 3-41

7 “钢笔”工具

选择“钢笔”工具，将鼠标指针放置在舞台上想要绘制曲线的起始位置，单击鼠标左键，此时出现第 1 个锚点，并且钢笔尖形状的鼠标指针变为箭头形状，如图 3-42 所示。将鼠标指针放置在想要绘制的第 2 个锚点的位置，单击并按住鼠标左键不放，绘制出一条直线段，如图 3-43 所示。将鼠标指针向其他方向拖曳，直线转换为曲线，如图 3-44 所示。松开鼠标，一条曲线绘制完成，如图 3-45 所示。

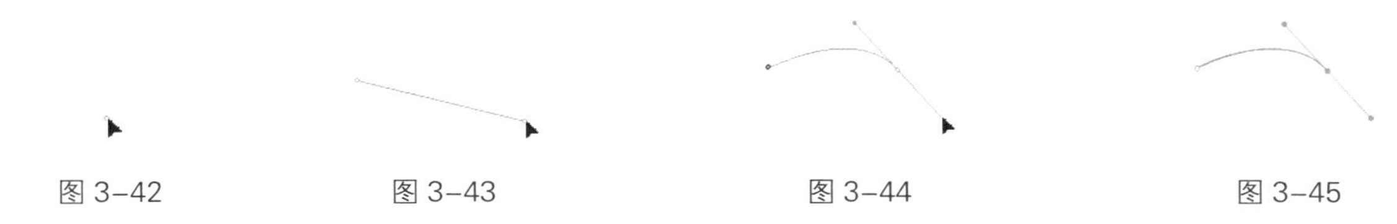

图 3-42　　图 3-43　　图 3-44　　图 3-45

用相同的方法可以绘制出由多条曲线段组合而成的不同样式的曲线，如图 3-46 所示。

在绘制线段时，如果按住 Shift 键再进行绘制，绘制出的线段将被限制为倾斜 45° 或 45° 的倍数，如图 3-47 所示。

图 3-46　　图 3-47

在绘制线段时，“钢笔”工具的鼠标指针会产生不同的变化，其表示的含义也不同。

• 添加锚点：当鼠标指针变为形状时，如图 3-48 所示，在线段上单击会增加一个锚点，这样有助于更精确地调整线段。增加锚点后的效果如图 3-49 所示。

图 3-48　　图 3-49

• 删除锚点：当鼠标指针变为形状时，如图 3-50 所示，在线段上单击锚点，会将这个锚点删除。删除锚点后的效果如图 3-51 所示。

• 转换锚点：当鼠标指针变为形状时，如图 3-52 所示，在线段上单击锚点，会将这个锚点从曲线节点转换为直线节点。转换节点后的效果如图 3-53 所示。

图 3-50　　图 3-51　　图 3-52　　图 3-53

选择“钢笔”工具绘画时，若在用“铅笔”“刷子”“线条”“椭圆”或“矩形”工具创建的对象上单击，就可以调整对象的节点，以改变这些线条的形状。

8 “多角星形”工具

应用“多角星形”工具可以绘制出不同样式的多边形和星形。选择“多角星形”工具，在舞台上单击并按住鼠标左键不放，向需要的位置拖曳鼠标，即可绘制出多边形。松开鼠标，多边形效果如图 3-54 所示。

可以在“多角星形”工具的“属性”面板中设置不同的边框颜色、边框粗细、边框线型和填充颜色，如图 3-55 所示。设置不同的边框属性和填充颜色后，绘制的图形效果如图 3-56 所示。

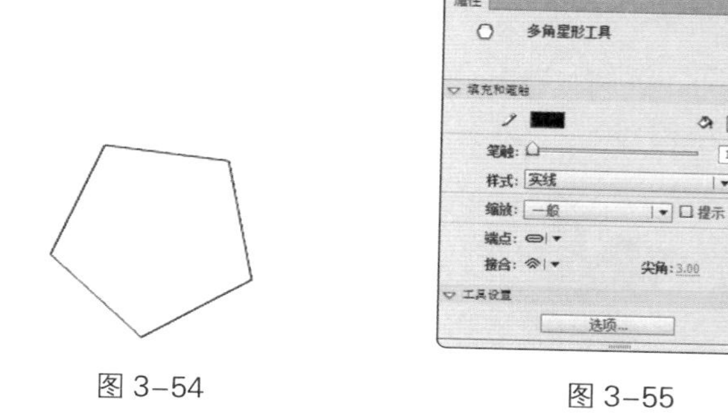

图 3-54　　图 3-55

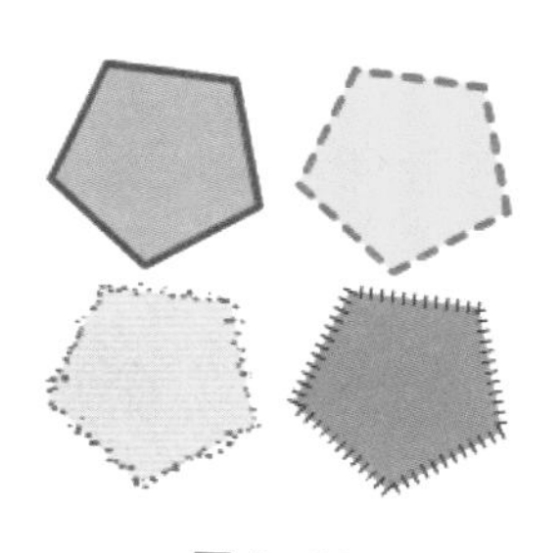

图 3-56

单击属性面板下方的“选项”按钮选项...，弹出“工具设置”对话框，如图 3-57 所示，在对话框中可以自定义多边形的各种属性。

设置的数值不同，绘制出的多边形和星形也不同，如图 3-58 所示。

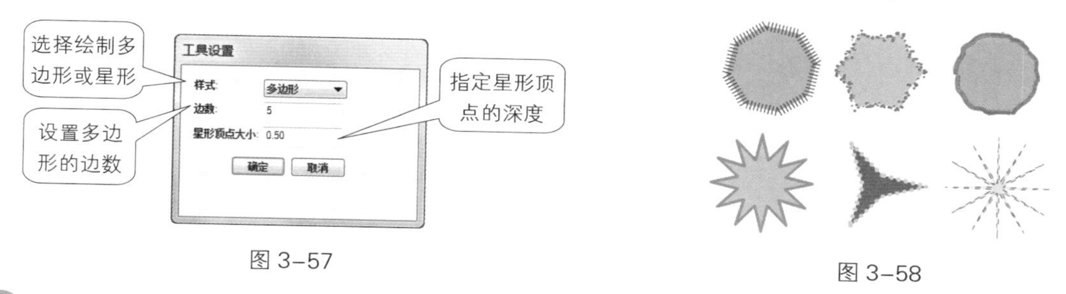

图 3-57　　图 3-58

9 “颜料桶”工具

打开云盘中的“基础素材 > Ch03 > 03”文件，如图 3-59 所示。选择“颜料桶”工具，在“颜料桶”工具的“属性”面板中将“填充颜色”设为绿色（#33FF33），如图 3-60 所示。在线框内单击鼠标左键，线框内被填充颜色，效果如图 3-61 所示。

系统在工具箱的下方提供了 4 种填充模式，如图 3-62 所示。

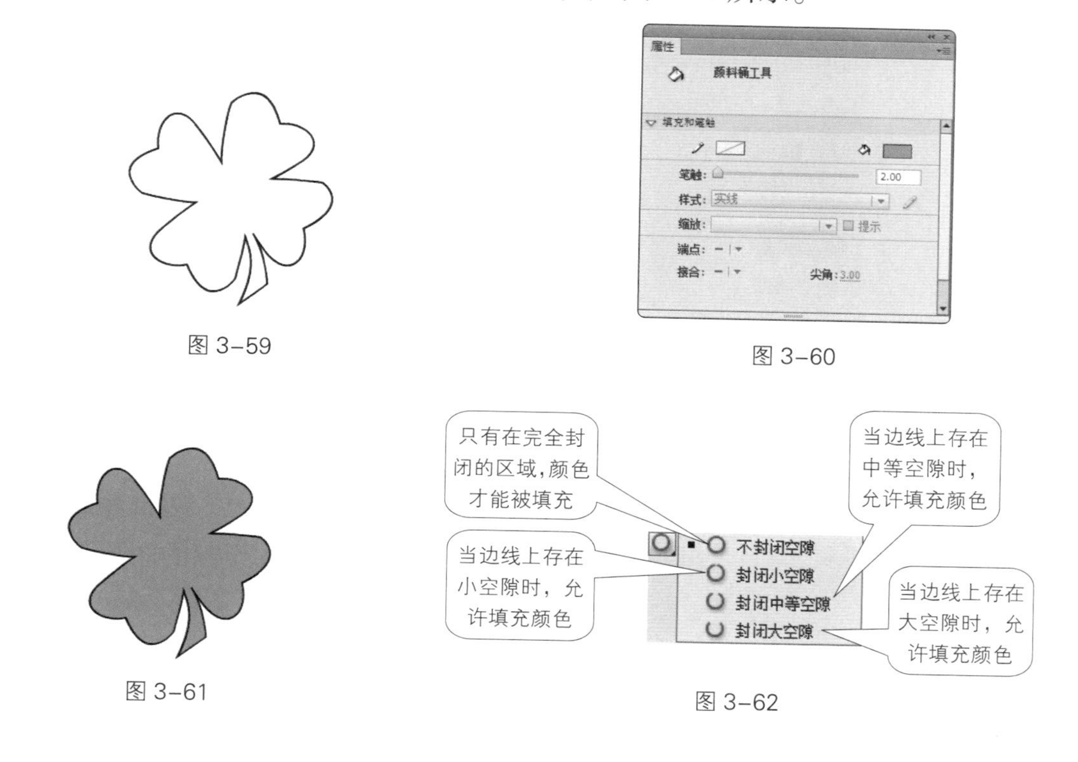

图 3-59　　图 3-60

图 3-61　　图 3-62

根据线框空隙的大小，应用不同的模式进行填充，效果如图 3-63 所示。

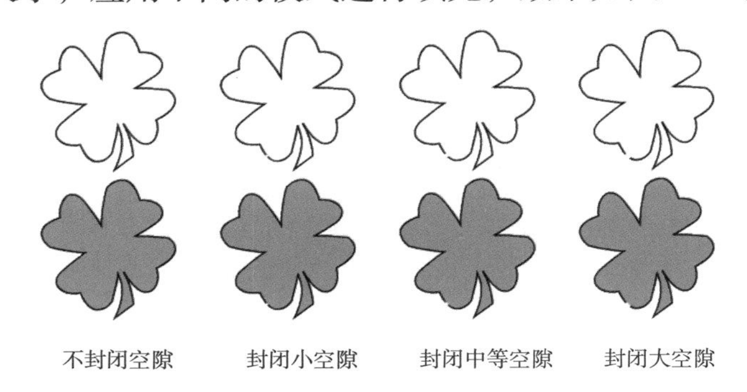

图 3-63

“锁定填充”按钮用于锁定填充颜色，锁定后，填充颜色不能更改。没有选择此按钮时，填充颜色可以根据需要更改，如图 3-64 所示；选择此按钮时，将鼠标指针放置在填充颜色上，鼠标指针变为形状，填充颜色被锁定，不能随意更改，如图 3-65 所示。

图 3-64　　图 3-65

10 “渐变变形”工具

使用“渐变变形”工具可以改变选中图形的渐变填充效果。当图形的填充色为线性渐变色时，选择“渐变变形”工具，单击图形，出现 3 个控制点和 2 条平行线，如图 3-66 所示。向图形中间拖曳方形控制点，渐变区域缩小，如图 3-67 所示，效果如图 3-68 所示。

将鼠标指针放置在旋转控制点上，鼠标指针变为形状，拖曳旋转控制点改变渐变区域的角度，如图 3-69 所示，效果如图 3-70 所示。

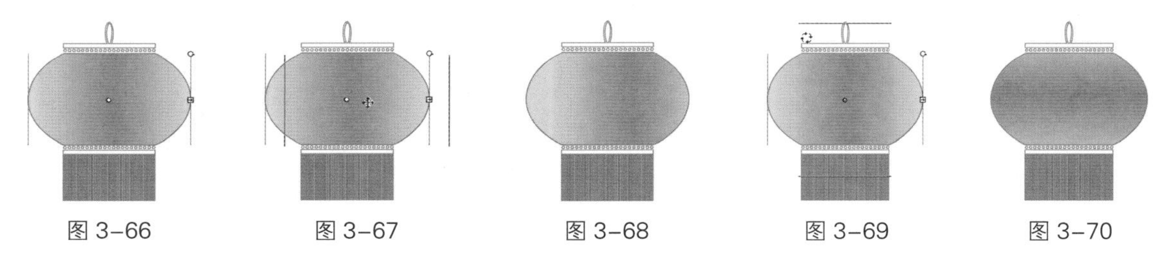

图 3-66　　图 3-67　　图 3-68　　图 3-69　　图 3-70

当图形的填充色为径向渐变色时，选择“渐变变形”工具，单击图形，出现 4 个控制点和 1 个圆形外框，如图 3-71 所示。向图形外侧水平拖曳方形控制点，水平拉伸渐变区域，如图 3-72 所示，效果如图 3-73 所示。

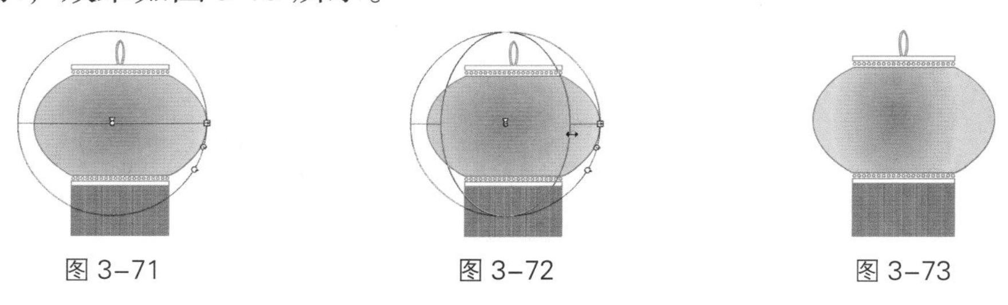

图 3-71　　图 3-72　　图 3-73

将鼠标指针放置在圆形边框中间的圆形控制点上，鼠标指针变为⊙形状，向图形内部拖曳鼠标，缩小渐变区域，如图 3-74 所示，效果如图 3-75 所示。将鼠标指针放置在圆形边框外侧的圆形控制点上，鼠标指针变为↻形状，向上旋转拖曳控制点，改变渐变区域的角度，如图 3-76 所示，效果如图 3-77 所示。

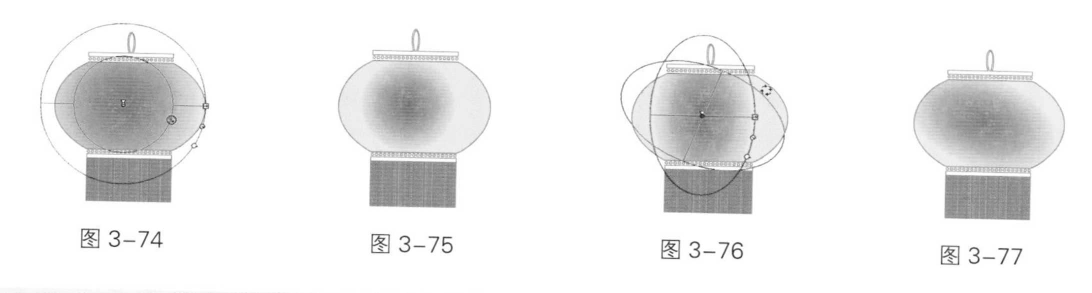

图 3-74　　图 3-75　　图 3-76　　图 3-77

移动中心控制点可以改变渐变区域的位置。

11 "颜色"面板

选择"窗口 > 颜色"命令，或按 Alt+Shift+F9 组合键，弹出"颜色"面板。其中主要选项的功能如下。

◎ 自定义纯色

在"颜色"面板的"类型"下拉列表中选择"纯色"选项，如图 3-78 所示，可自定义纯色。

◎ 自定义线性渐变色

在"颜色"面板的"颜色类型"下拉列表中选择"线性渐变"选项，如图 3-79 所示。将鼠标指针放置在滑动色带上，鼠标指针变为⇲形状，在色带上单击可增加颜色控制点，还可在面板下方为新增加的控制点设定颜色及透明度，如图 3-80 所示。如果要删除控制点，只需将控制点向色带下方拖曳即可。

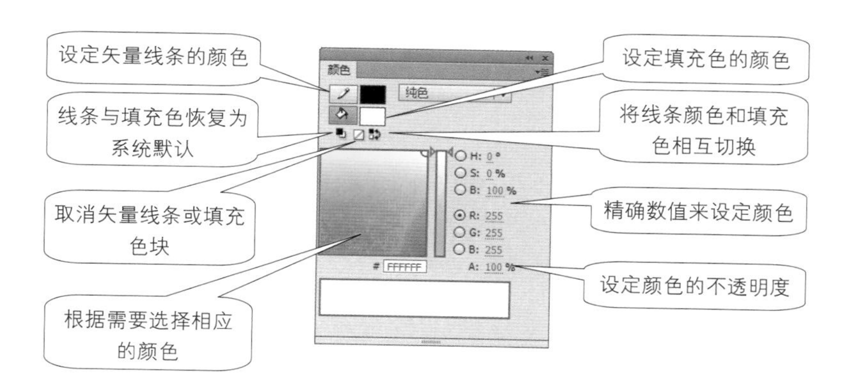

图 3-78

◎ 自定义径向渐变色

在“颜色”面板的“颜色类型”下拉列表中选择“径向渐变”选项，如图 3-81 所示。用与定义线性渐变色相同的方法在色带上定义径向渐变色，定义完成后，在面板的左下方显示出定义的渐变色，如图 3-82 所示。

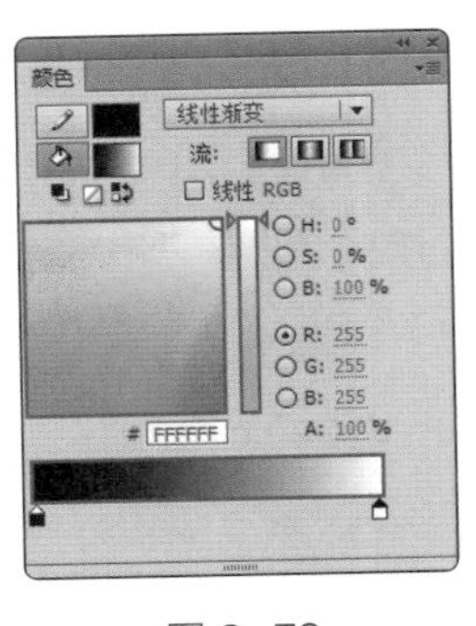
图 3-79

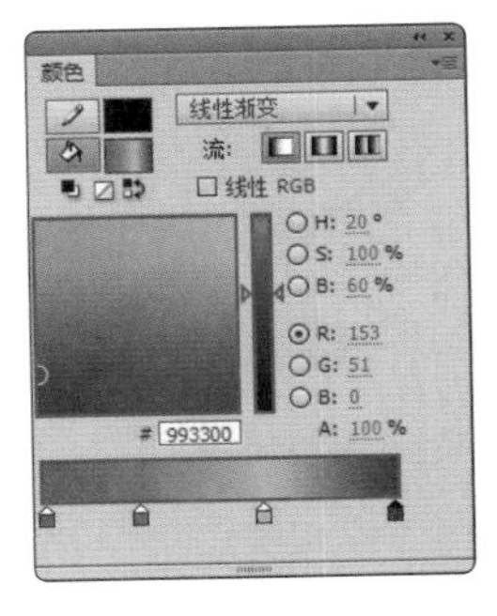
图 3-80

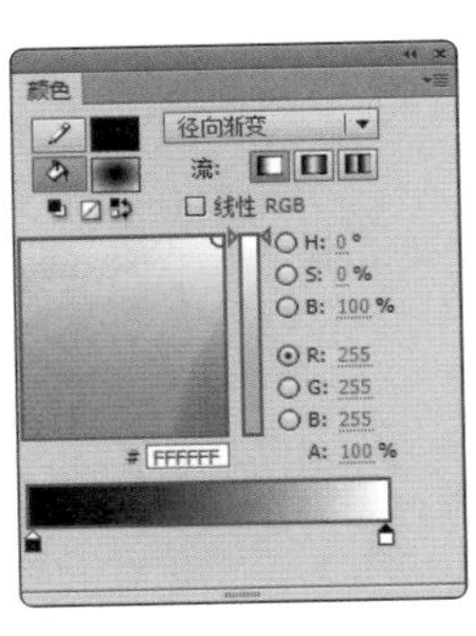
图 3-81

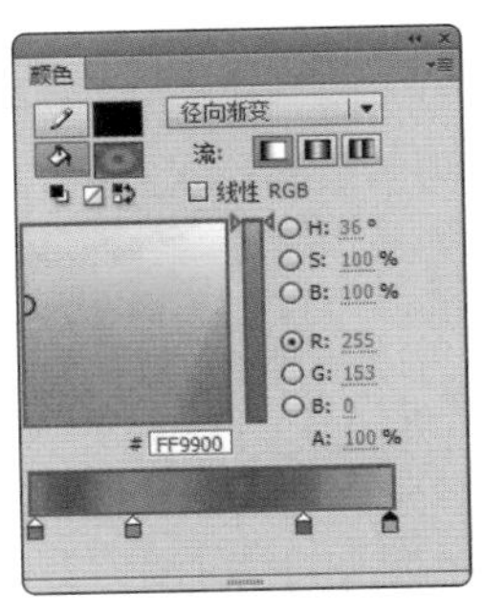
图 3-82

12 “任意变形”工具

在制作图形的过程中，可以应用“任意变形”工具来改变图形的大小及倾斜度，也可以应用“渐变变形”工具改变图形中渐变填充颜色的渐变效果。

打开云盘中的“基础素材 > Ch03 > 05”文件。选中图形，多次按 Ctrl+B 组合键将其打散。选择“任意变形”工具，在图形的周围出现控制点，如图 3-83 所示。拖曳控制点改变图形的大小，如图 3-84 和图 3-85 所示（按住 Shift 键再拖曳控制点，可等比例改变图形大小）。

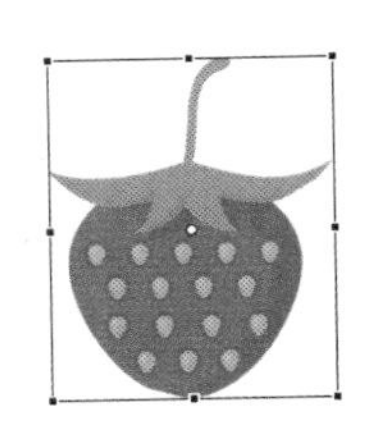
图 3-83

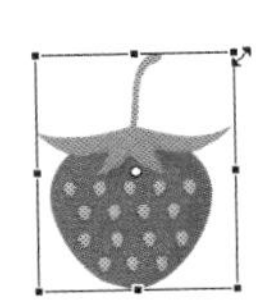
图 3-84

图 3-85

将鼠标指针放在 4 个角的控制点上，鼠标指针变为形状，如图 3-86 所示。拖曳鼠标旋转图形，效果如图 3-87 和图 3-88 所示。

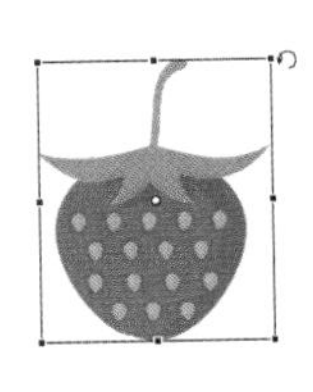
图 3-86

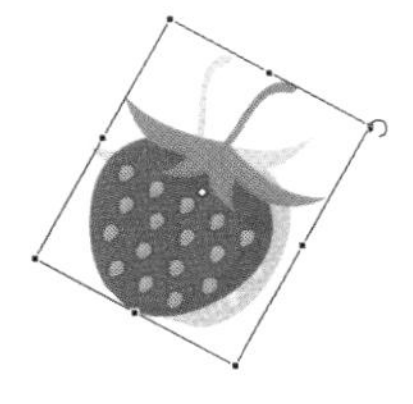
图 3-87

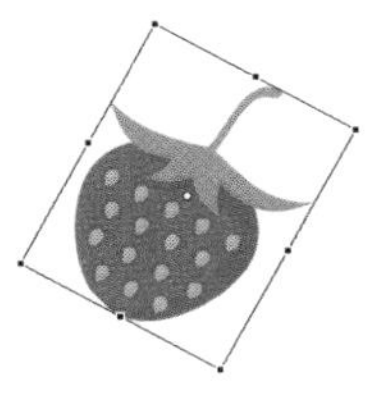
图 3-88

系统在工具箱的下方提供了 4 种变形模式，如图 3-89 所示。

图 3-89

- “旋转与倾斜”模式：选中图形，选择“旋转与倾斜”模式，将鼠标指针放在图形上方中间的控制点上，鼠标指针变为形状，按住鼠标左键不放，向右水平拖曳控制点，如图 3-90 所示。松开鼠标，图形变为倾斜状态，如图 3-91 所示。

• “缩放”模式：选中图形，选择“缩放”模式，将鼠标指针放在图形右上方的控制点上，鼠标指针变为形状，如图 3-92 所示，按住鼠标左键不放，向左下方拖曳控制点。松开鼠标，图形变小，如图 3-93 所示。

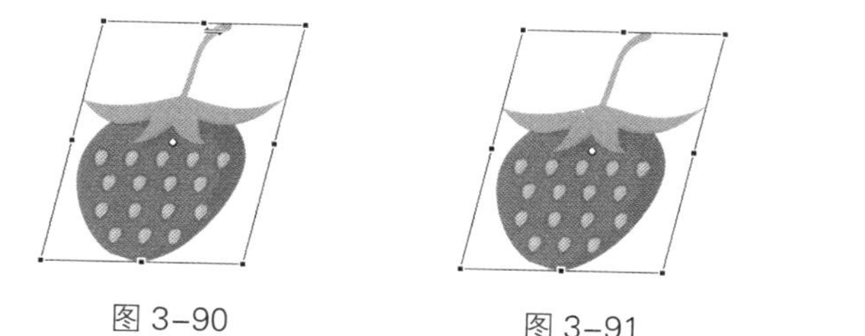
图 3-90　　图 3-91

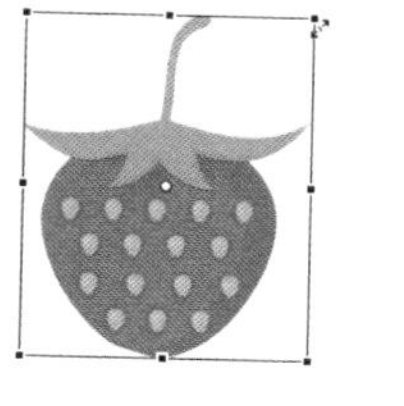
图 3-92

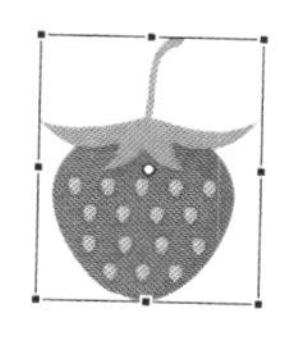
图 3-93

• “扭曲”模式：选中图形，选择“扭曲”模式，将鼠标指针放在图形右上方的控制点上，鼠标指针变为形状，按住鼠标左键不放，向左下方拖曳控制点，如图 3-94 所示。松开鼠标，图形扭曲，如图 3-95 所示。

• “封套”模式：选中图形，选择“封套”模式，图形周围出现节点，调节这些节点可以改变图形的形状。当鼠标指针变为形状时拖曳节点，如图 3-96 所示。松开鼠标，图形形状被改变，效果如图 3-97 所示。

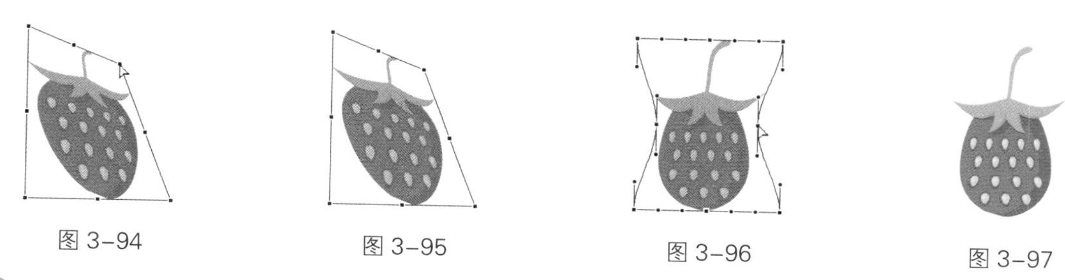
图 3-94　　图 3-95　　图 3-96　　图 3-97

13 图层的设置

◎ 创建图层

为了分门别类地组织动画内容，需要创建图层。选择“插入 > 时间轴 > 图层”命令，创建一个新的图层，或者在“时间轴”面板下方单击“新建图层”按钮，创建一个新的图层。

默认状态下，新创建的图层按“图层 1”“图层 2”……的顺序命名，也可以根据需要自行设定图层的名称。

◎ 选取图层

选取图层就是将图层变为当前图层，用户可以在当前图层上放置对象、添加文本和图形，以及进行编辑。使图层成为当前图层的方法很简单，在“时间轴”面板中选中该图层即可。当前图层会在“时间轴”面板中以蓝色显示，铅笔图标表示可以对该图层进行编辑，如图 3-98 所示。

在按住 Ctrl 键的同时，在要选择的图层上单击，可以一次选择多个图层，如图 3-99 所示。在按住 Shift 键的同时，单击两个图层，在这两个图层之间的其他图层也会被同时选中，如图 3-100 所示。

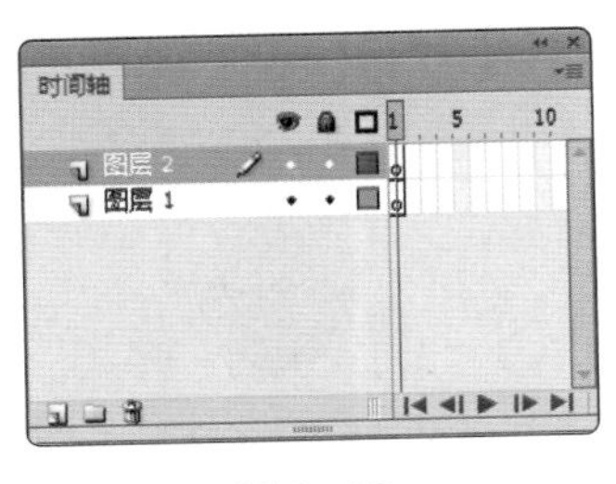

图 3–98

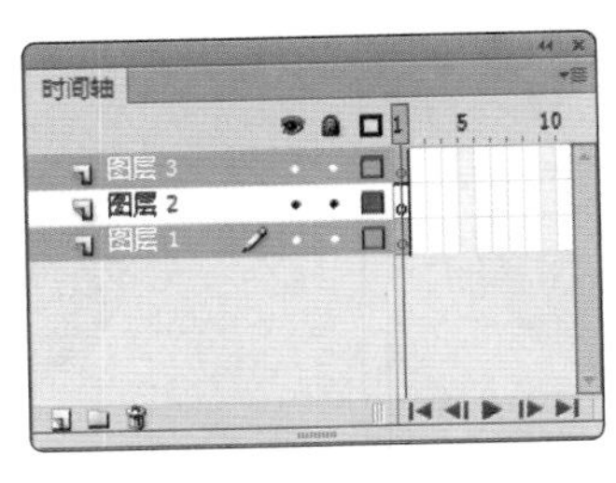

图 3–99

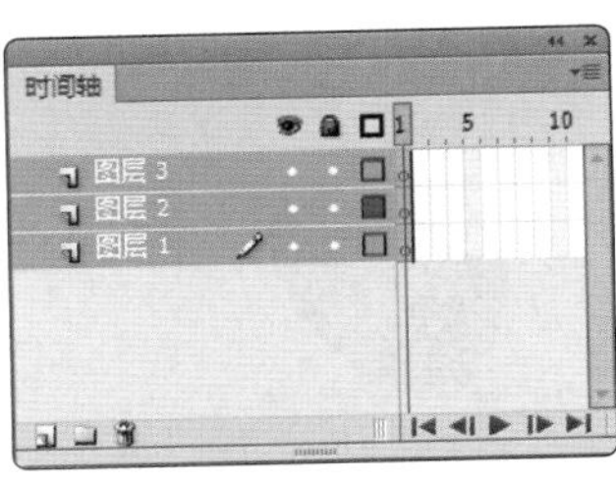

图 3–100

◎ 排列图层

可以根据需要，在“时间轴”面板中为图层重新排序。

在“时间轴”面板中选中“图层 3”，如图 3-101 所示，按住鼠标左键不放，将“图层 3”向下拖曳，这时会出现一条黑色实线，如图 3-102 所示，将其拖曳到“图层 1”的下方，松开鼠标，则“图层 3”移动到“图层 1”的下方，如图 3-103 所示。

图 3–101

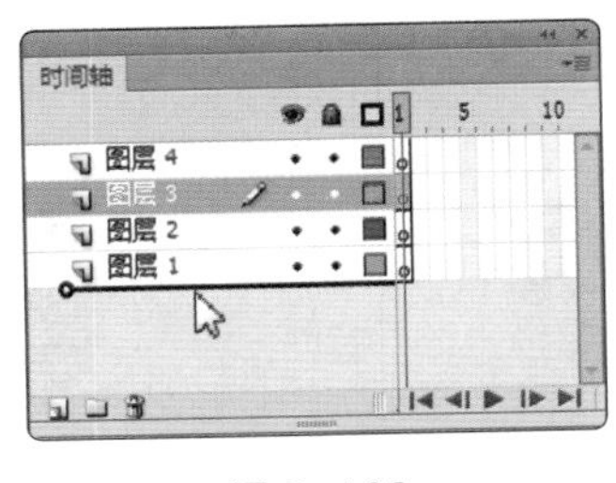

图 3–102

图 3–103

◎ 复制、粘贴图层

可以根据需要，将图层中的所有对象复制并粘贴到其他图层或场景中。

在“时间轴”面板中单击要复制的图层，如图 3-104 所示，选择“编辑 > 时间轴 > 复制帧”命令进行复制。在“时间轴”面板下方单击“新建图层”按钮，创建一个新的图层，选中新的图层，如图 3-105 所示。选择“编辑 > 时间轴 > 粘贴帧”命令，可以在新建的图层中粘贴复制过的内容，如图 3-106 所示。

图 3–104

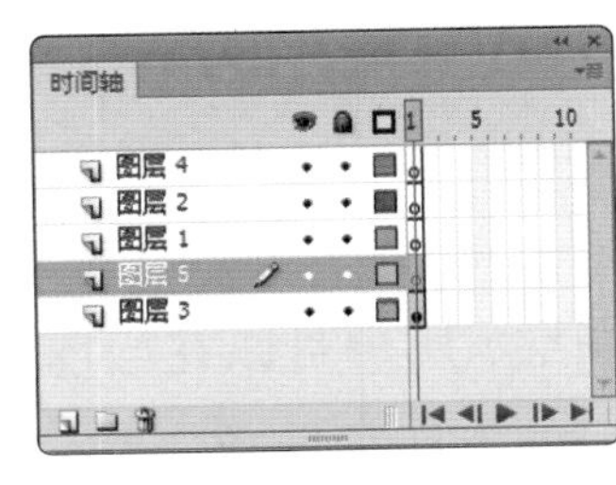

图 3–105

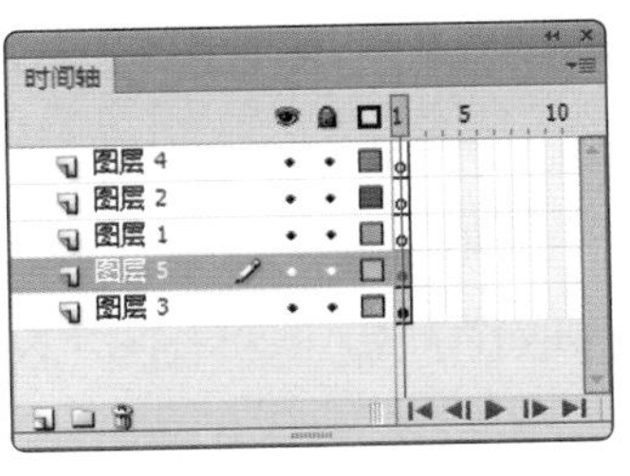

图 3–106

◎ 删除图层

如果不再需要某个图层，可以将其删除。删除图层有两种方法：一种是在“时间轴”

面板中选中要删除的图层，在面板下方单击“删除图层”按钮，即可删除选中的图层，如图 3-107 所示；另一种是在“时间轴”面板中选中要删除的图层，按住鼠标左键不放，将其向下拖曳，这时会出现黑色实线，将图层拖曳到“删除图层”按钮上删除，如图 3-108 所示。

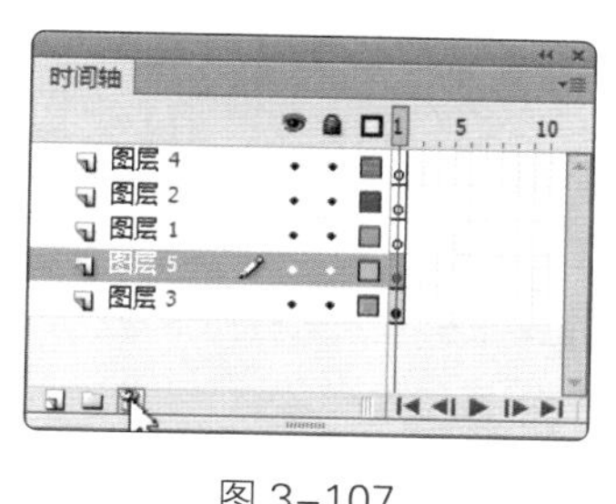

图 3-107

图 3-108

◎ 隐藏、锁定图层和图层的线框显示模式

（1）隐藏图层：动画经常是多个图层叠加在一起的效果，为了便于观察某个图层中对象的效果，可以把其他的图层先隐藏起来。

在“时间轴”面板中单击“显示或隐藏所有图层”按钮下方的小黑圆点，这时小黑圆点所在的图层被隐藏，在该图层上显示出一个叉号图标✕，如图 3-109 所示，此时该图层不能被编辑。

在“时间轴”面板中单击“显示或隐藏所有图层”按钮，面板中的所有图层被同时隐藏，如图 3-110 所示。再次单击此按钮，即可解除隐藏。

图 3-109

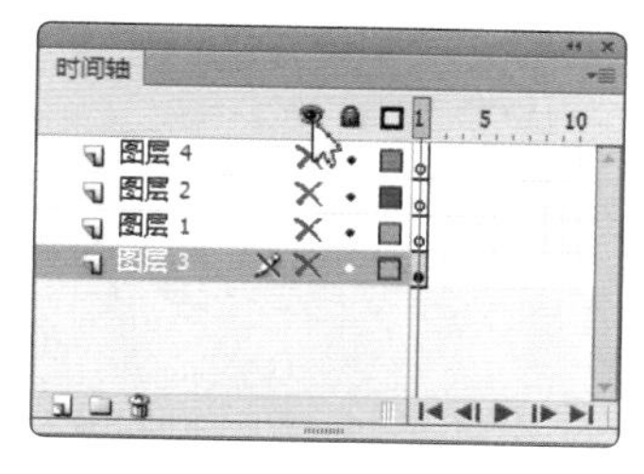

图 3-110

（2）锁定图层：如果某个图层上的内容已符合要求，则可以锁定该图层，以避免内容被意外更改。

在“时间轴”面板中单击“锁定或解除锁定所有图层”按钮下方的小黑圆点，这时小黑圆点所在的图层被锁定，在该图层上显示出一个锁状图标，如图 3-111 所示，此时该图层不能被编辑。

在“时间轴”面板中单击“锁定或解除锁定所有图层”按钮，面板中的所有图层将被同时锁定，如图 3-112 所示。再次单击此按钮，即可解除锁定。

（3）图层的线框显示模式：为了便于观察图层中的对象，可以将对象以线框的模式显示。

在“时间轴”面板中单击“将所有图层显示为轮廓”按钮下方的实色正方形，这时实色正方形所在图层中的对象呈线框模式显示，该图层的实色正方形变为线框图标，如图 3-113 所示，此时并不影响编辑图层。

在“时间轴”面板中单击“将所有图层显示为轮廓”按钮□，面板中的所有图层将同时以线框模式显示，如图 3-114 所示。再次单击此按钮，即可返回到普通模式。

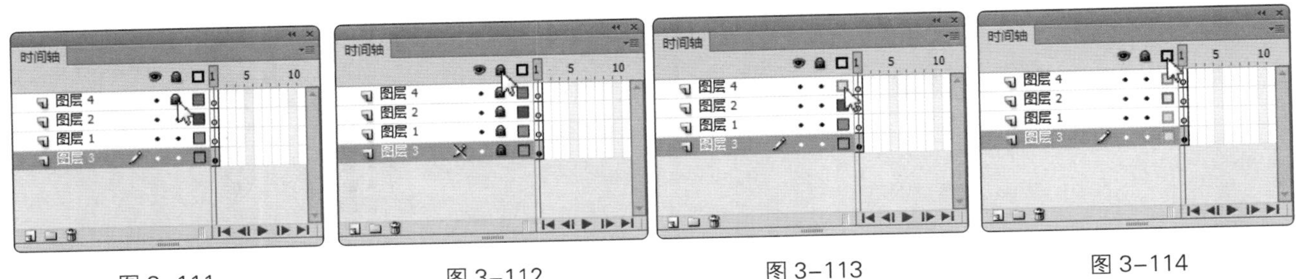

图 3–111　图 3–112　图 3–113　图 3–114

◎ 重命名图层

可以根据需要更改图层的名称。更改图层的名称有以下两种方法。

（1）双击“时间轴”面板中的图层名称，名称变为可编辑状态，如图 3-115 所示。输入要更改的图层名称，如图 3-116 所示。在图层旁边单击，完成图层名称的修改，如图 3-117 所示。

图 3–115

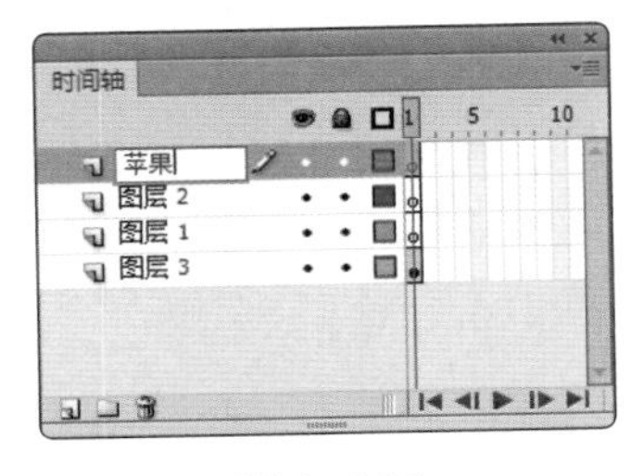

图 3–116

图 3–117

（2）选中要修改名称的图层，选择“修改 > 时间轴 > 图层属性”命令，弹出“图层属性”对话框，如图 3-118 所示。在“名称”文本框中可以重新设置图层的名称，如图 3-119 所示。单击“确定”按钮，完成图层名称的修改。

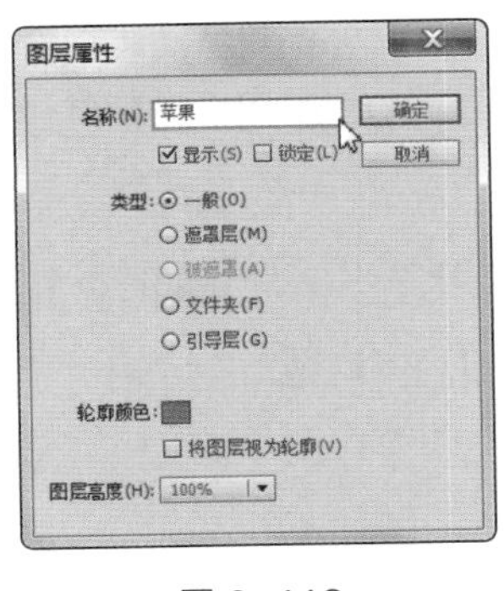

图 3–118

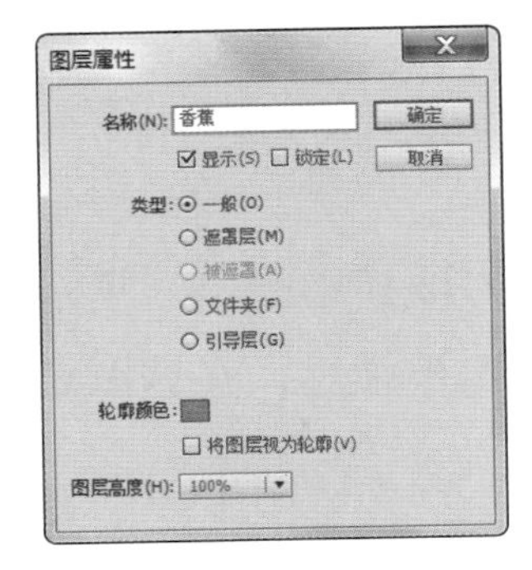

图 3–119

14 组合对象

打开云盘中的“基础素材 > Ch03 > 06”文件。选中多个图形，如图 3-120 所示。选择“修改 > 组合”命令，或按 Ctrl+G 组合键，将选中的图形进行组合，如图 3-121 所示。

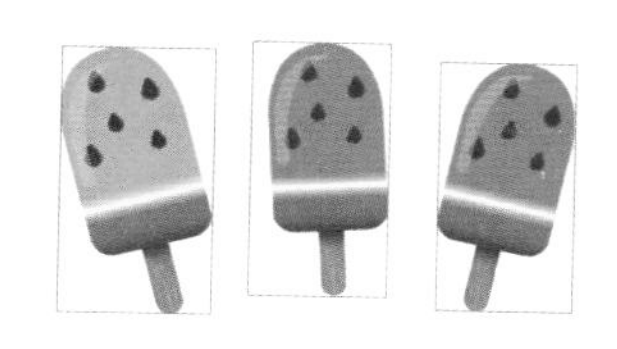

图 3-120

图 3-121

15 导入图像素材

Flash CS6 可以识别多种不同的位图和矢量图的文件格式，用户可以通过导入或粘贴的方法将素材导入 Flash CS6。

◎ 导入到舞台

（1）导入位图到舞台：当导入位图到舞台上时，舞台显示出该位图，位图同时被保存在“库”面板中。

选择“文件 > 导入 > 导入到舞台”命令，或按 Ctrl+R 组合键，弹出“导入”对话框。在对话框中选择云盘中的“基础素材 > Ch03 > 07”文件，如图 3-122 所示。单击“打开”按钮，弹出提示对话框，如图 3-123 所示。

图 3-122

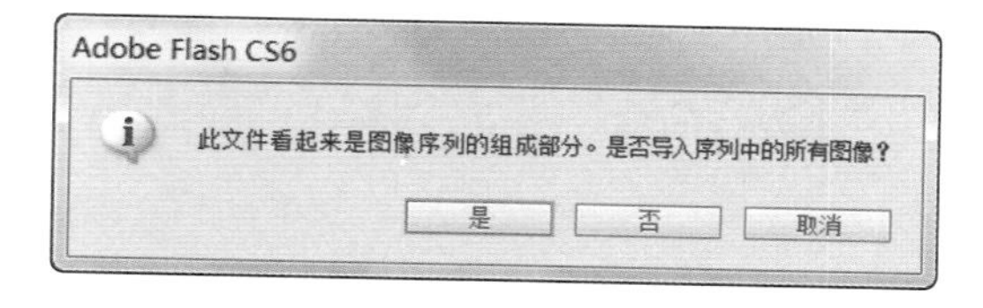

图 3-123

单击“否”按钮时，选择的“07”文件被导入舞台，这时，舞台、“库”面板和“时间轴”面板显示的效果分别如图 3-124 ～图 3-126 所示。

图 3-124

图 3-125

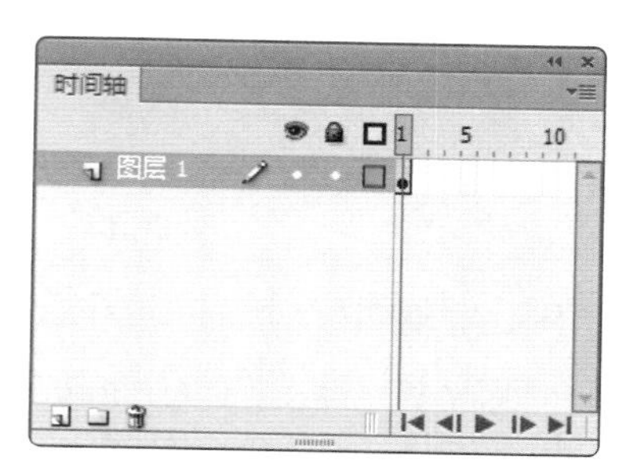

图 3-126

单击“是”按钮时，“07”“08”文件全部被导入舞台，这时，舞台、“库”面板和“时间轴”面板显示的效果分别如图 3-127 ～图 3-129 所示。

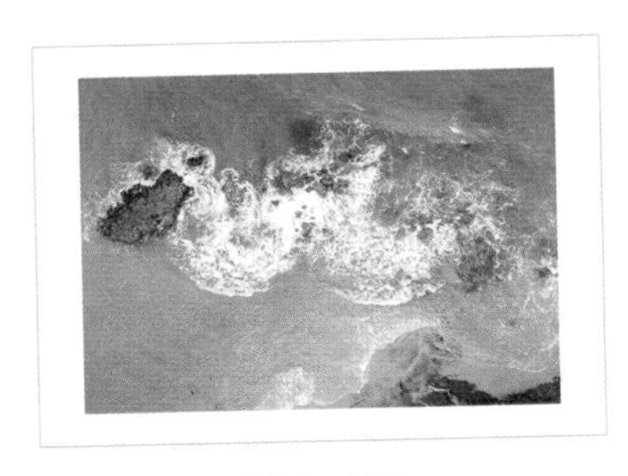

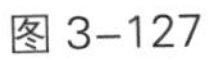
图 3-127

图 3-128

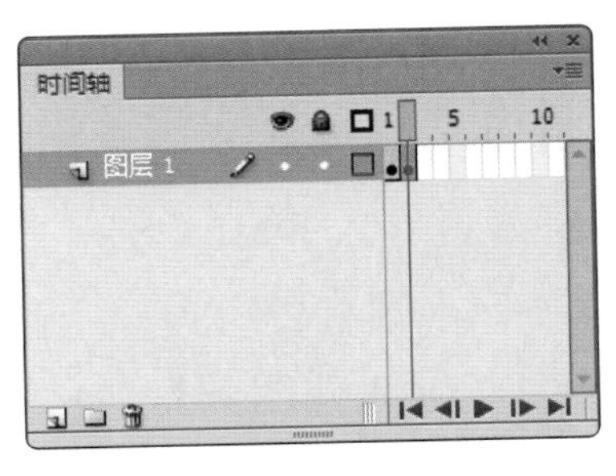

图 3-129

可以用多种方式将位图导入 Flash CS6，也可以从 Flash CS6 中启动 Fireworks 或其他外部图像编辑器，从而在这些编辑应用程序中修改导入的位图。可以对导入的位图应用压缩和消除锯齿功能，以控制位图在 Flash CS6 中的大小和外观，还可以将导入的位图作为填充应用到对象中。

（2）导入矢量图到舞台：导入矢量图到舞台上时，舞台显示该矢量图，但矢量图并不会被保存到“库”面板中。

选择“文件 > 导入 > 导入到舞台”命令，或按 Ctrl+R 组合键，弹出“导入”对话框。在对话框中选择云盘中的“基础素材 > Ch03 > 09”文件，如图 3-130 所示。单击“打开”按钮，弹出“将‘09.ai’导入到舞台”对话框，如图 3-131 所示。

图 3-130

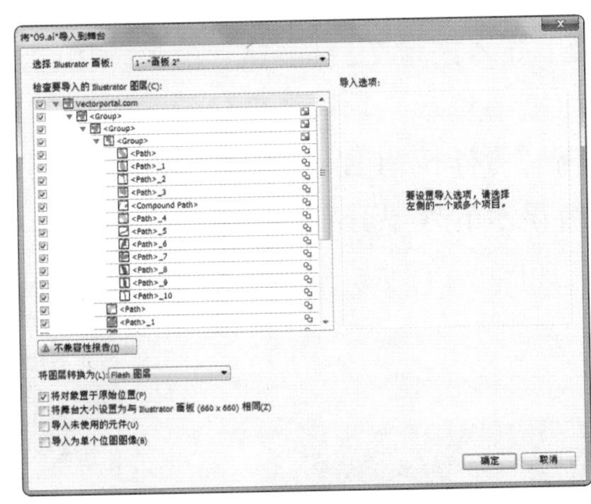

图 3-131

单击“确定”按钮，矢量图被导入到舞台中，如图 3-132 所示。此时，查看“库”面板，并没有保存矢量图“09”，如图 3-133 所示。

图 3-132

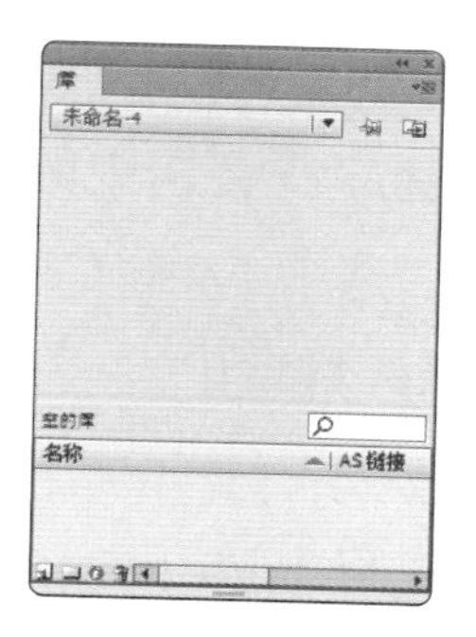

图 3-133

◎ 导入到库

（1）导入位图到库：当导入位图到“库”面板时，该位图不在舞台上显示，只在“库”面板中显示。

选择“文件 > 导入 > 导入到库”命令，弹出“导入到库”对话框。选择云盘中的“基础素材 > Ch03 > 08”文件，如图 3-134 所示。单击“打开”按钮，位图被导入到“库”面板中，如图 3-135 所示。

图 3-134

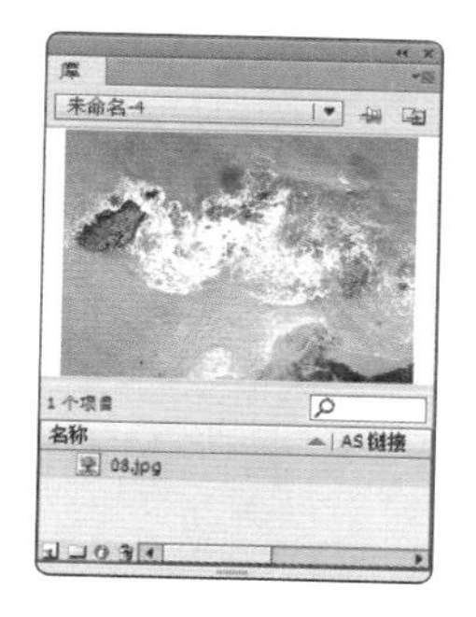

图 3-135

（2）导入矢量图到库：当导入矢量图到“库”面板时，该矢量图不在舞台上显示，只在“库”面板中显示。

选择“文件 > 导入 > 导入到库”命令，弹出“导入到库”对话框。选择云盘中的“基础素材 > Ch03 > 10”文件，如图 3-136 所示。单击“打开”按钮，弹出“将‘10.ai’导入到库”对话框，如图 3-137 所示。单击“确定”按钮，矢量图被导入到“库”面板中，如图 3-138 所示。

图 3-136

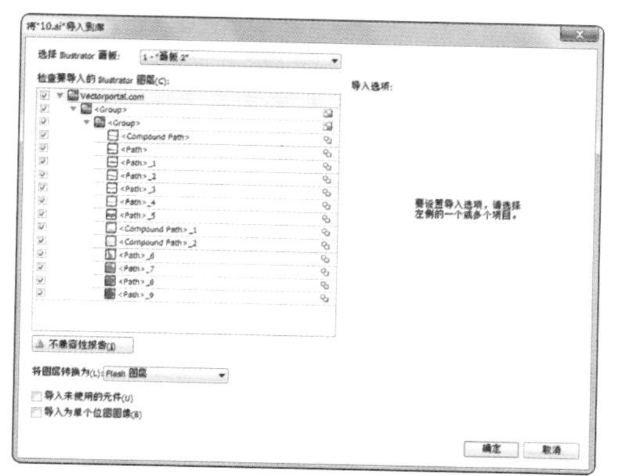

图 3-137

图 3-138

◎ 外部粘贴

也可以将其他程序或文档中的位图粘贴到 Flash CS6 的舞台中。其方法为，在其他程序或文档中复制图像，选中 Flash CS6 文件，按 Ctrl+V 组合键将复制的图像粘贴，这时图像出现在 Flash CS6 文档的舞台中。

3.1.4 任务实施

（1）选择“文件 > 新建”命令，弹出“新建文档”对话框。在“常规”选项卡中选择“ActionScript 3.0”选项，将“宽”选项设为 550，“高”选项设为 400，单击“确定”按钮，完成文档的创建。

（2）在“时间轴”面板中，将“图层 1”重命名为“云”。选择“基本椭圆”工具，在“基本椭圆”工具的“属性”面板中，将“笔触颜色”设为黑色，“填充颜色”设为无，“笔触”选项设为 1，其他选项的设置如图 3-139 所示。在舞台窗口中绘制一个圆形，效果如图 3-140 所示。用相同的方法绘制多个圆形，效果如图 3-141 所示。

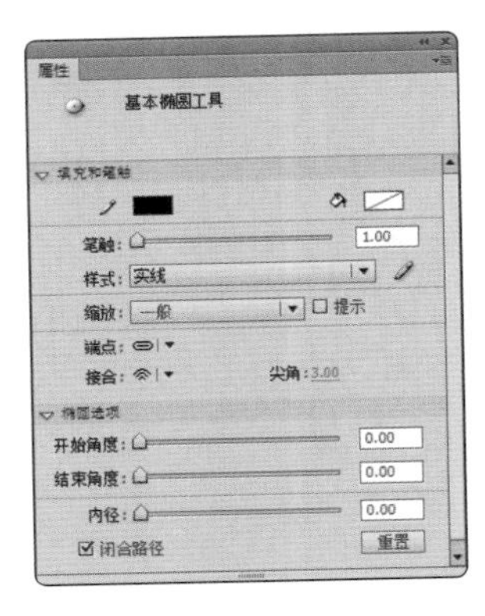

图 3-139

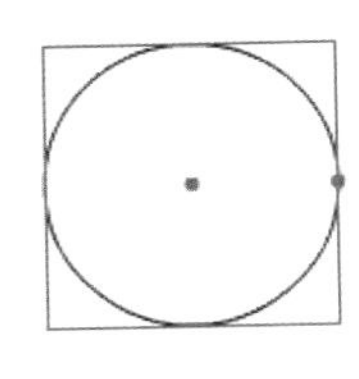

图 3-140

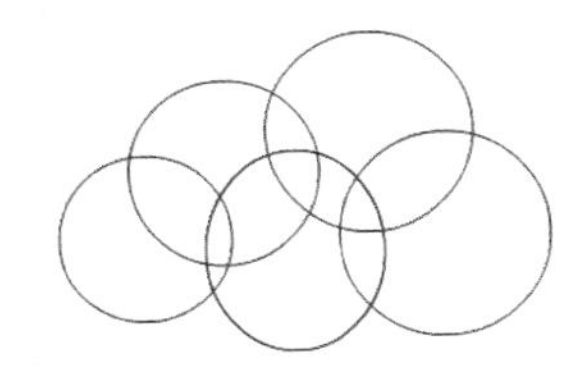

图 3-141

（3）选择“选择”工具，在舞台窗口中选中所有圆形，如图 3-142 所示。在工具箱中将“填充颜色”设为深蓝色（#0085D0），“笔触颜色”设为无，效果如图 3-143 所示。按 Ctrl+B 组合键，将图形打散，效果如图 3-144 所示。

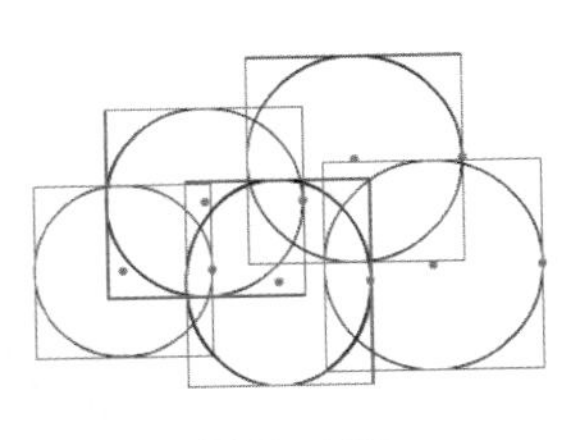

图 3-142

图 3-143

图 3-144

（4）选择“椭圆”工具，在工具箱中将“填充颜色”设为无，“笔触颜色”设为黑色，在舞台窗口中绘制一个椭圆形，如图 3-145 所示。选择“窗口 > 变形”命令，弹出“变形”面板，将“旋转”选项设为 -8.5，按 Enter 键确认操作，效果如图 3-146 所示。

（5）选择“选择”工具，选中图 3-147 所示的图形，在工具箱中将“填充颜色”设为蓝色（#00A1E9），效果如图 3-148 所示。

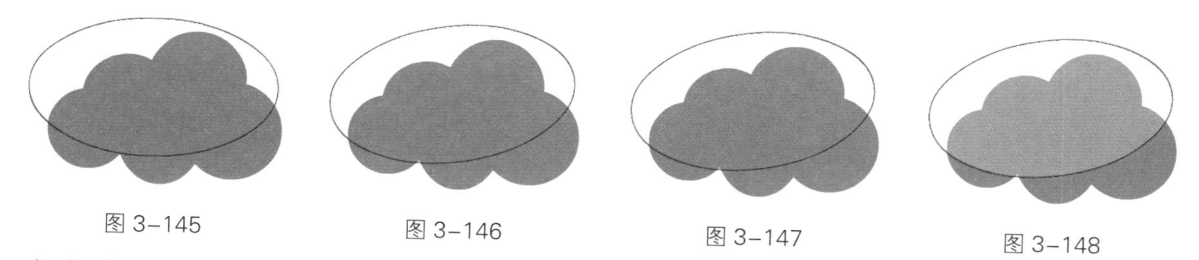

图 3-145　　图 3-146　　图 3-147　　图 3-148

（6）在黑色边线上双击将其选中，如图 3-149 所示。按 Delete 键，将其删除，效果如图 3-150 所示。

（7）单击“时间轴”面板下方的“新建图层”按钮，创建新图层并将其命名为“眼睛”。选择“椭圆”工具，在工具箱中将“笔触颜色”设为无，“填充颜色”设为白色，单击工具箱下方的“对象绘制”按钮，在按住 Shift 键的同时，在舞台窗口中绘制一个圆形，如图 3-151 所示。用相同的方法绘制多个圆形，并分别填充相应的颜色，效果如图 3-152 所示。

图 3-149　　图 3-150　　图 3-151　　图 3-152

（8）在“时间轴”面板中单击“眼睛”图层，将该层中的图形全部选中，如图 3-153 所示。按 Ctrl+G 组合键，将选中的图形编组，效果如图 3-154 所示。

图 3-153　　图 3-154

（9）选择“选择”工具，选中组合对象，在按住 Alt 键的同时将其向右拖曳到适当的位置，松开鼠标，复制图形，效果如图 3-155 所示。在“变形”面板中，将“缩放宽度”选项和“缩放高度”选项均设为 150%，“旋转”选项设为 125，如图 3-156 所示，效果如图 3-157 所示。

图 3-155

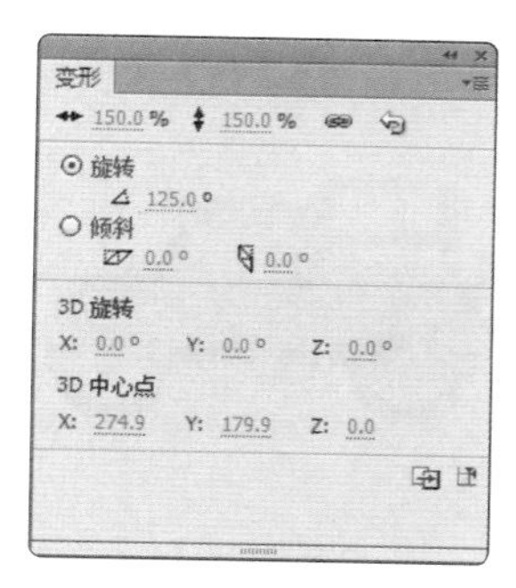

图 3-156

图 3-157

（10）单击“时间轴”面板下方的“新建图层”按钮，创建新图层并将其命名为“线条”。选择“线条”工具，在“线条”工具的“属性”面板中，将“笔触颜色”设为蓝色（#00A1E9），“笔触”选项设为11，“端点”选项设为“圆角”，其他选项的设置如图3-158所示。在舞台窗口中，在按住Shift键的同时绘制一条直线，效果如图3-159所示。

图3–158

图3–159

（11）选择“选择”工具，选中线条，按住Alt键的同时向下拖曳线条到适当的位置，松开鼠标，复制线条，效果如图3-160所示。按两次Ctrl+Y组合键，重复上次操作复制线条，线条效果如图3-161所示。用上述方法制作出图3-162所示的效果。天气插画绘制完成，按Ctrl+Enter组合键即可查看效果。

图3–160

图3–161

图3–162

3.1.5 扩展实践：绘制小汽车插画

使用“钢笔”工具、“基本矩形”工具，绘制小汽车外形；使用“选择”工具，移动并复制图形；使用“椭圆”工具和“颜色”面板，绘制汽车车轮。最终效果参看云盘中的“Ch03 > 效果 > 绘制小汽车插画”，如图3-163所示。

图3–163

任务 3.2 绘制甜品插画

3.2.1 任务引入

本任务是为一个餐饮类 App 绘制一幅甜品插画，要求设计风格可爱，颜色亮丽，能够快速吸引用户的目光。

3.2.2 设计理念

在设计时，使用橙黄色的背景，搭配简洁清新的底纹，令观者心情愉悦；画面的主体是一个方形的甜甜圈，形状独特，并增加了投影，营造出立体感。可爱的风格和对比强烈的色彩，使其在同类作品中更出彩。最终效果参看云盘中的“Ch03 > 效果 > 绘制甜品插画”，如图 3-164 所示。

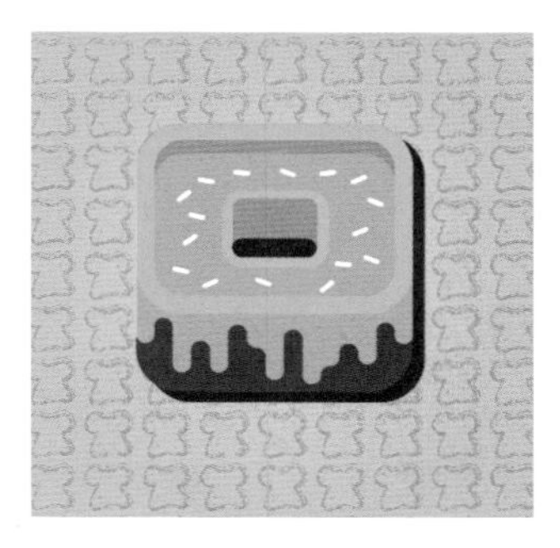

图 3-164

3.2.3 任务知识：“滴管”工具和“橡皮擦”工具

1 “滴管”工具

使用“滴管”工具可以吸取矢量图的线型和色彩，然后利用“颜料桶”工具，可以快速修改其他矢量图内部的填充色。利用“墨水瓶”工具，可以快速修改其他矢量图的笔触颜色及线型。

◎ 吸取填充色

打开云盘中的“基础素材 > Ch03 > 11”文件。选择“滴管”工具，将鼠标指针移到左边图形的填充色上，鼠标指针变为形状，在填充色上单击鼠标，吸取填充色样本，如图 3-165 所示。

单击鼠标左键后，鼠标指针变为形状，表示填充色被锁定。在工具箱的下方，取消对“锁定填充”按钮的选取，鼠标指针变为形状，在右边图形的填充色上单击鼠标左键，图形的颜色被修改，效果如图 3-166 所示。

图 3-165

图 3-166

◎ 吸取边框属性

选择“滴管”工具，将鼠标指针放在左边图形的外边框上，鼠标指针变为形状，在外边框上单击鼠标左键，吸取边框样本，如图 3-167 所示。单击鼠标左键后，鼠标指针变为形状，在右边图形的外边框上单击鼠标左键，添加边线，如图 3-168 所示。

图 3-167

图 3-168

◎ 吸取位图图案

“滴管”工具可以吸取外部引入的位图图案。导入云盘中的“基础素材 > Ch03 > 12”文件，如图 3-169 所示，按 Ctrl+B 组合键将其打散。绘制一个圆形图形，如图 3-170 所示。

选择“滴管”工具，将鼠标指针放在位图上，鼠标指针变为形状，单击鼠标左键，吸取图案样本，如图 3-171 所示。单击鼠标左键后，鼠标指针变为形状，在圆形图形上单击鼠标左键，图案被填充，效果如图 3-172 所示。

图 3-169

图 3-170

图 3-171

图 3-172

选择“渐变变形”工具，单击被填充图案样本的圆形，出现控制点，如图 3-173 所示。按住 Shift 键，将左下方的控制点向中心拖曳，如图 3-174 所示。松开鼠标，填充图案变小，效果如图 3-175 所示。

图 3-173

图 3-174

图 3-175

◎ 吸取文字属性

“滴管”工具可以吸取文字的颜色。选择要修改的目标文字，如图 3-176 所示。选择“滴管”工具，将鼠标指针移到源文字上，鼠标指针变为形状，如图 3-177 所示。在源文字上单击鼠标左键，源文字的文字属性被应用到了目标文字上，效果如图 3-178 所示。

滴管工具 文字属性

图 3-176

滴管工具 文字属性

图 3-177

滴管工具 文字属性

图 3-178

2 柔化填充边缘

◎ 向外柔化填充边缘

打开云盘中的“基础素材 > Ch03 > 13”文件。选中图形，如图 3-179 所示，选择“修改 > 形状 > 柔化填充边缘”命令，弹出“柔化填充边缘”对话框。在“距离”数值框中输入 80 像素，在“步长数”数值框中输入 5，选中“扩展”单选按钮，如图 3-180 所示。单击“确定”按钮，效果如图 3-181 所示。

在“柔化填充边缘”对话框中设置的数值不同，产生的效果也不相同。

选中图形，选择“修改 > 形状 > 柔化填充边缘”命令，弹出“柔化填充边缘”对话框。在“距离”数值框中输入 30 像素，在“步长数”数值框中输入 20，选中“扩展”单选按钮，如图 3-182 所示。单击“确定”按钮，效果如图 3-183 所示。

图 3–179

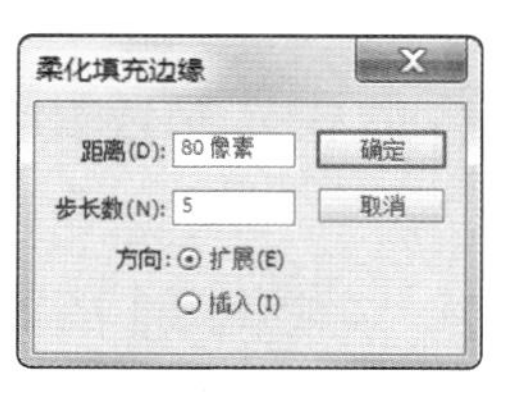

图 3–180

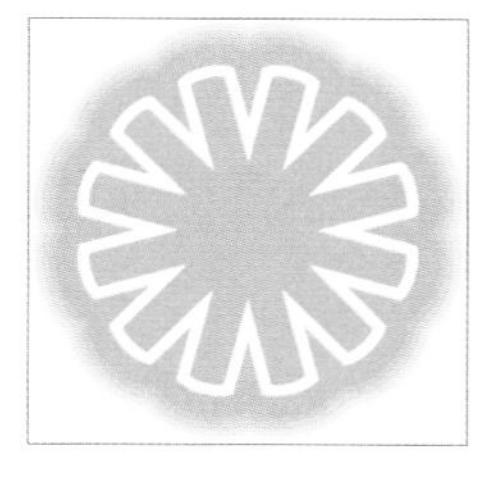

图 3–181

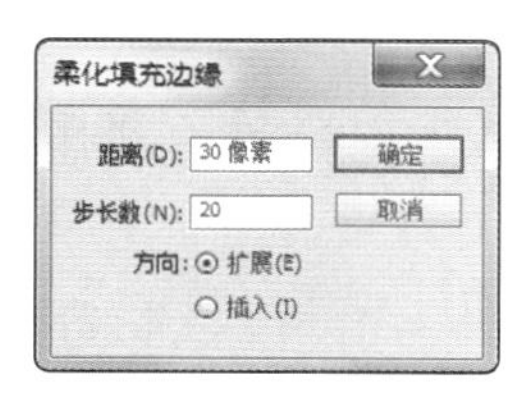

图 3–182

图 3–183

◎ 向内柔化填充边缘

选中图形，如图 3-184 所示，选择“修改 > 形状 > 柔化填充边缘”命令，弹出“柔化填充边缘”对话框。在“距离”数值框中输入 50 像素，在“步长数”数值框中输入 5，选中“插入”单选按钮，如图 3-185 所示。单击“确定”按钮，效果如图 3-186 所示。

选中图形，选择“修改 > 形状 > 柔化填充边缘”命令，弹出“柔化填充边缘”对话框。在“距离”数值框中输入 30 像素，在“步长数”数值框中输入 20，选中“插入”单选按钮，如图 3-187 所示。单击“确定”按钮，效果如图 3-188 所示。

图 3–184

图 3–185

图 3–186

图 3–187

图 3–188

3 “橡皮擦”工具

打开云盘中的“基础素材 > Ch03 > 14”文件。选择“橡皮擦”工具，在图形上想要删除的地方按住鼠标左键并拖曳鼠标，图形被擦除，如图 3-189 所示。在工具箱下方的“橡皮擦形状”按钮的下拉列表中，可以选择橡皮擦的形状与大小。

如果想得到特殊的擦除效果，可以选择工具箱下方的 5 种擦除模式，如图 3-190 所示。

- “标准擦除”模式：擦除同一层的线条和填充。选择此模式擦除图形的前后对照效果如图 3-191 所示。
- “擦除填色”模式：仅擦除填充区域，其他部分（如边框线）不受影响。选择此模式擦除图形的前后对照效果如图 3-192 所示。

图 3-189

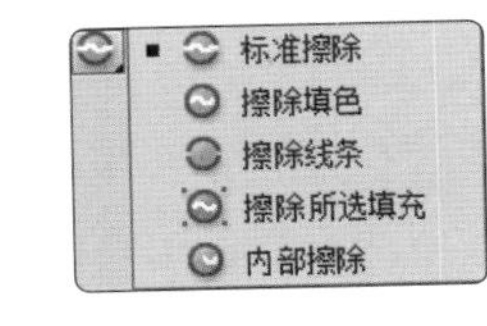

图 3-190

图 3-191

图 3-192

- “擦除线条”模式：仅擦除图形的线条部分，不影响其填充部分。选择此模式擦除图形的前后对照效果如图 3-193 所示。
- “擦除所选填充”模式：仅擦除已经选择的填充部分，不影响其他未被选择的部分（如果场景中没有任何填充被选择，那么擦除命令无效）。选择此模式擦除图形的前后对照效果如图 3-194 所示。
- “内部擦除”模式：仅擦除起点所在的填充区域部分，不影响线条填充区域外的部分。选择此模式擦除图形的前后对照效果如图 3-195 所示。

图 3-193

图 3-194

图 3-195

要想快速擦除舞台上的所有对象，双击“橡皮擦”工具即可。

要想擦除矢量图上的线段或填充区域，可以选择“橡皮擦”工具，再选中工具箱中的“水龙头”按钮，然后单击舞台上想要擦除的线段或填充区域即可，如图 3-196 和图 3-197 所示。

图 3-196

图 3-197

因为导入的位图和文字不是矢量图，不能擦除它们的部分或全部，所以必须先选择“修改 > 分离”命令，将它们分离成矢量图，才能使用“橡皮擦”工具擦除它们的部分或全部。

4 自定义位图填充

选择“颜色”面板，再选择“填充颜色”选项，在“颜色类型”下拉列表中选择“位图填充”选项，如图 3-198 所示。在弹出的“导入到库”对话框中选择要导入的图片，如图 3-199 所示。

单击“打开”按钮，图片被导入到“颜色”面板中，如图 3-200 所示。选择“椭圆”工具，在舞台窗口中绘制一个椭圆，椭圆被刚才导入的位图填充，效果如图 3-201 所示。

图 3-198

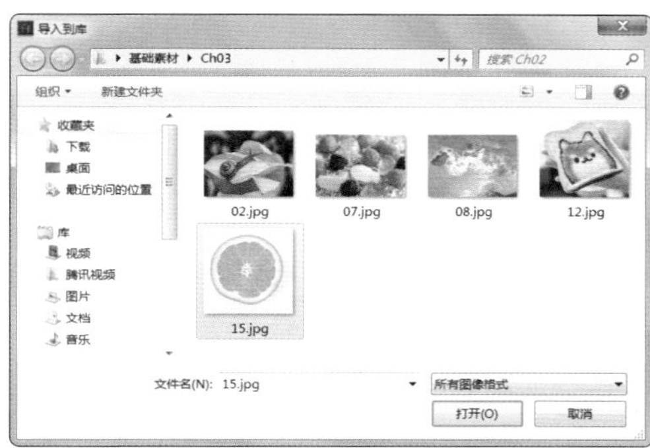

图 3-199

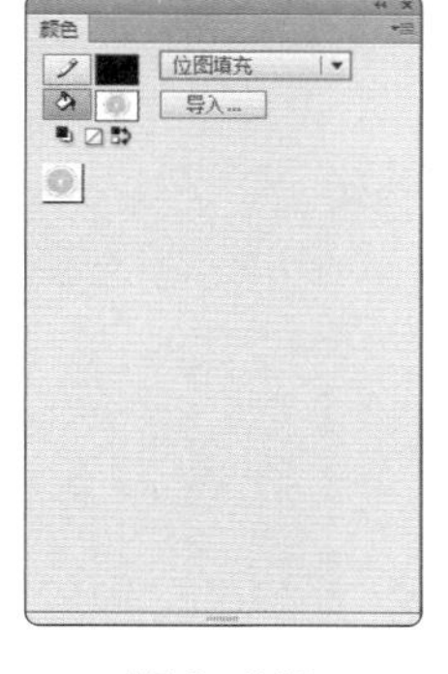

图 3-200

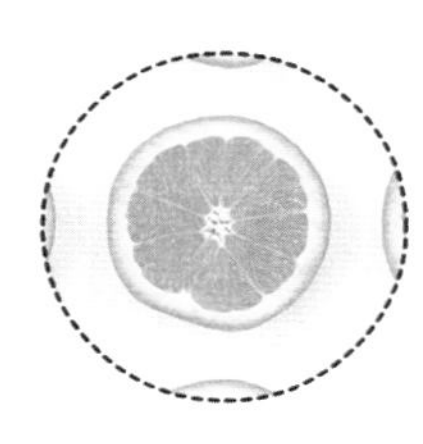
图 3-201

选择“渐变变形”工具，在填充位图上单击，出现控制点。向内拖曳左下方的圆形控制点，如图 3-202 所示，松开鼠标后的效果如图 3-203 所示。向上拖曳右上方的圆形控制点，改变填充位图的角度，如图 3-204 所示。松开鼠标后的效果如图 3-205 所示。

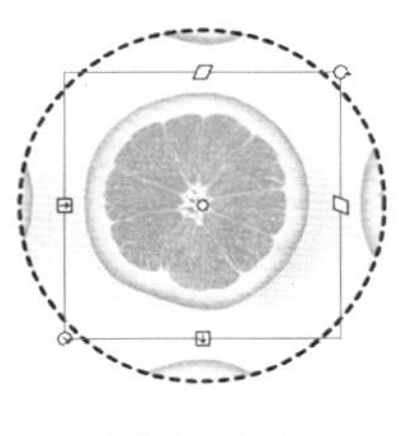
图 3-202

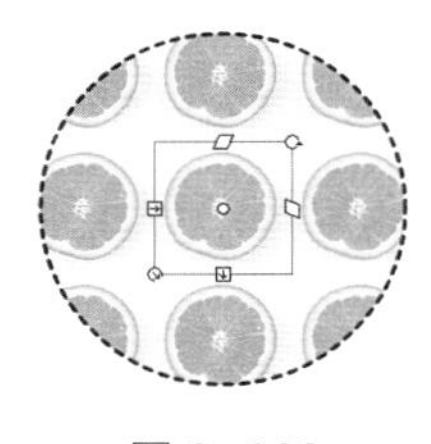
图 3-203

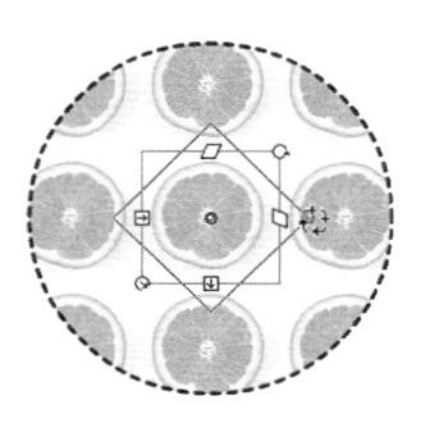
图 3-204

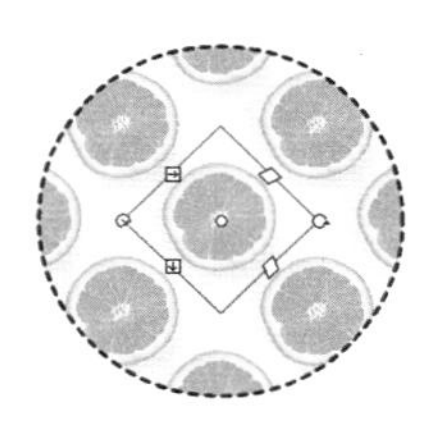
图 3-205

3.2.4 任务实施

1 绘制背景

（1）选择“文件 > 新建”命令，弹出“新建文档”对话框。在“常规”选项卡中选择“ActionScript 3.0”选项，将“宽”和“高”均设为 500，单击“确定”按钮，完成文件的创建。将“图层 1”重命名为“渐变背景”。

（2）选择“窗口 > 颜色”命令，弹出“颜色”面板。选择“填充颜色”选项，在“颜色类型”下拉列表中选择“径向渐变”选项，在色带上将左边的颜色控制点设为黄色（#FFF100），将右边的颜色控制点设为橙黄色（#FCC900），生成渐变色，如图 3-206 所示。

（3）选择“矩形”工具，在工具箱中将“笔触颜色”设为无，“填充颜色”设为刚设置的渐变色，单击工具箱下方的“对象绘制”按钮，在舞台窗口中绘制一个矩形，效果如图 3-207 所示。

（4）选择“选择”工具，在舞台窗口中选中矩形，按 Ctrl+C 组合键，将其复制。单击“时间轴”面板下方的“新建图层”按钮，创建新图层并将其命名为“图案”。按 Ctrl+Shift+V 组合键，将复制的矩形原位粘贴到“图案”图层中。

（5）选择“文件 > 导入 > 导入到库”命令，弹出“导入到库”对话框。选择云盘中的“Ch03 > 素材 > 绘制甜品插画 > 01”文件，单击“打开”按钮，将文件导入到“库”面板中，如图 3-208 所示。

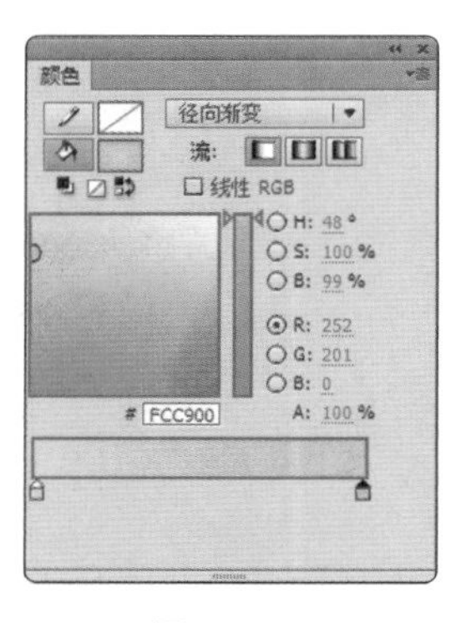

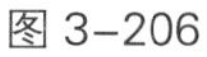
图 3-206

图 3-207

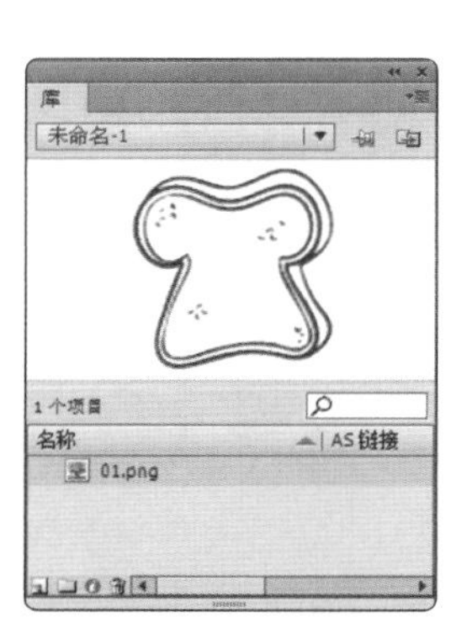

图 3-208

（6）在“时间轴”面板中单击“图案”图层，将该层中的对象选中。在“颜色”面板中选择“填充颜色”选项，在“颜色类型”下拉列表中选择“位图填充”选项，在下方的图案选择区域中选择需要的图案，如图 3-209 所示，效果如图 3-210 所示。

（7）选择“渐变变形”工具，在填充的位图上单击，周围出现控制框，如图 3-211 所示。向内拖曳左下方的控制点改变图案大小，效果如图 3-212 所示。

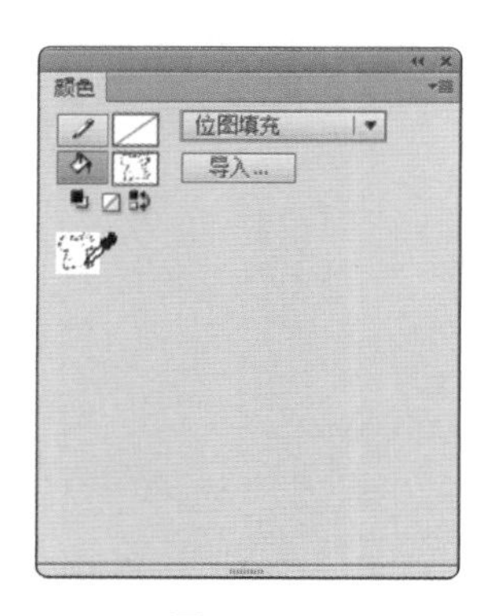

图 3-209

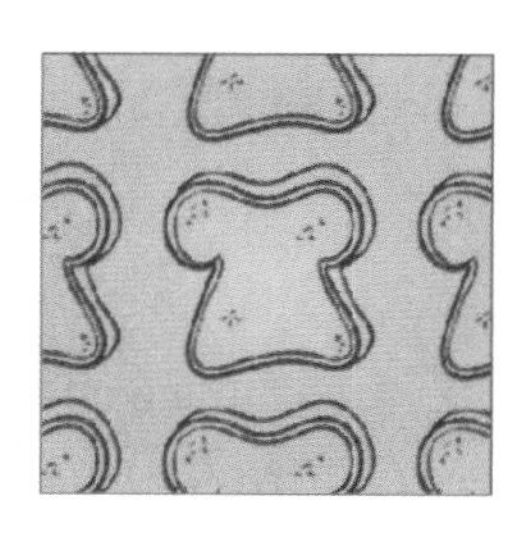
图 3-210

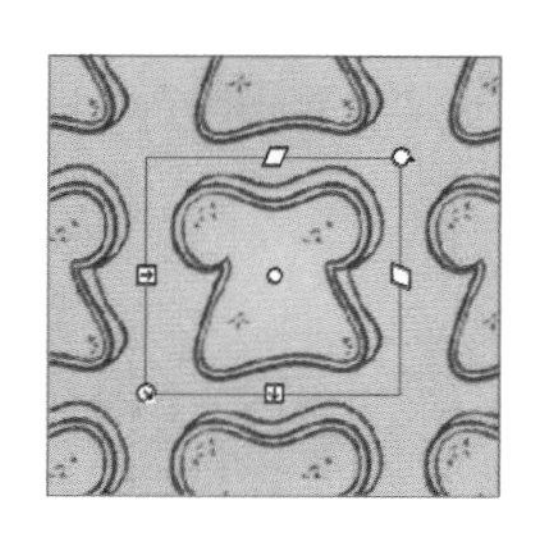
图 3-211

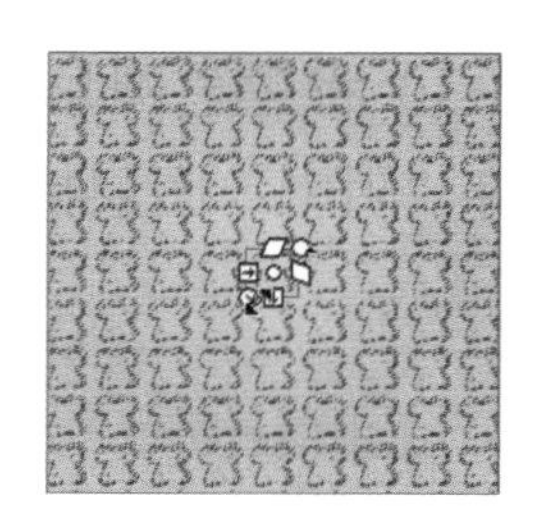
图 3-212

（8）在“时间轴”面板中单击“图案”图层，按 F8 键，在弹出的“转换为元件”对话框中进行设置，如图 3-213 所示。单击“确定”按钮，将其转换为图形元件。选择“选择”工具，在舞台窗口中选中“图案”实例，在图形“属性”面板中选择“色彩效果”选项组，在“样式”下拉列表中选择“Alpha”，将其值设为 30%，如图 3-214 所示。舞台窗口中的效果如图 3-215 所示。

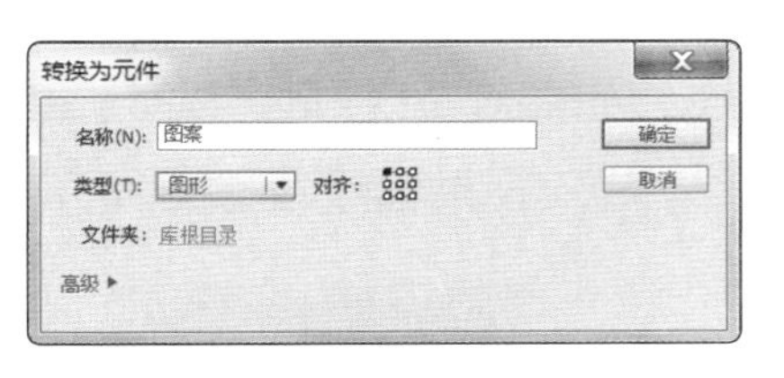

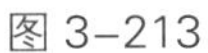
图 3-213

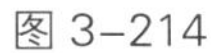
图 3-214

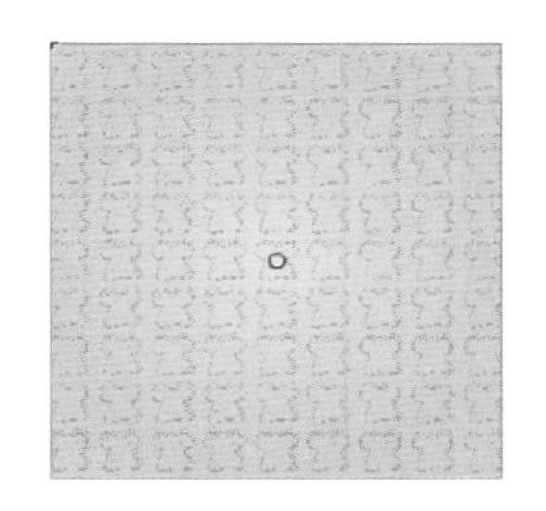
图 3-215

2 绘制按钮图形

（1）单击“时间轴”面板下方的“新建图层”按钮，创建新图层并将其命名为“主体”。选择“基本矩形”工具，在“基本矩形”工具的“属性”面板中将“笔触颜色”设为无，“填充颜色”设为深红色（#5E1818），将“矩形边角半径”设为43，其他选项的设置如图3-216所示。在按住Shift键的同时，在舞台窗口中绘制一个圆角矩形，效果如图3-217所示。

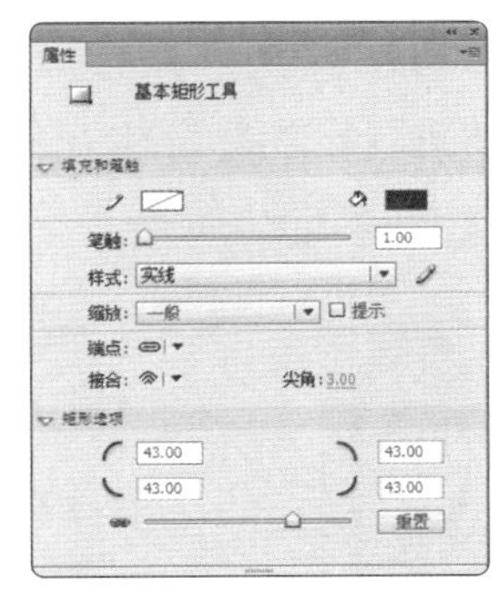

图 3-216

图 3-217

（2）用鼠标右键单击“时间轴”面板中的“主体”图层，在弹出的快捷菜单中选择“复制图层”命令，直接复制并生成“主体 复制”图层，如图3-218所示。将“主体 复制”图层重命名为“阴影”。选择“选择”工具，选中圆角矩形，在工具箱中将“填充颜色”设为黑色，效果如图3-219所示。

（3）将黑色圆角矩形向右下方拖曳到适当的位置，如图3-220所示。在“时间轴”面板中将“阴影”图层拖曳到“主体”图层的下方，调整图层的顺序，效果如图3-221所示。

图 3-218

图 3-219

图 3-220

图 3-221

（4）选中“主体”图层，单击“时间轴”面板下方的“新建图层”按钮，创建新图层并将其命名为“装饰”。选择“钢笔”工具，在工具箱中将“笔触颜色”设为白色，单击工具箱下方的“对象绘制”按钮，在舞台窗口中绘制一条闭合边线，效果如图 3-222 所示。

（5）选择“选择”工具，在舞台窗口中选中闭合边线，如图 3-223 所示。在工具箱中将“填充颜色”设为洋红色（#F08D7E），“笔触颜色”设为无，效果如图 3-224 所示。

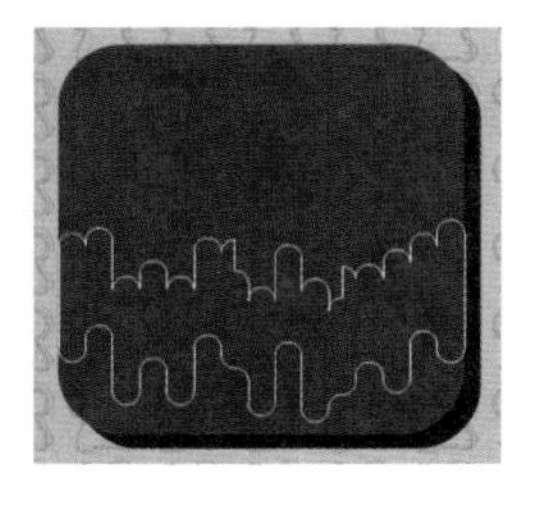

图 3-222

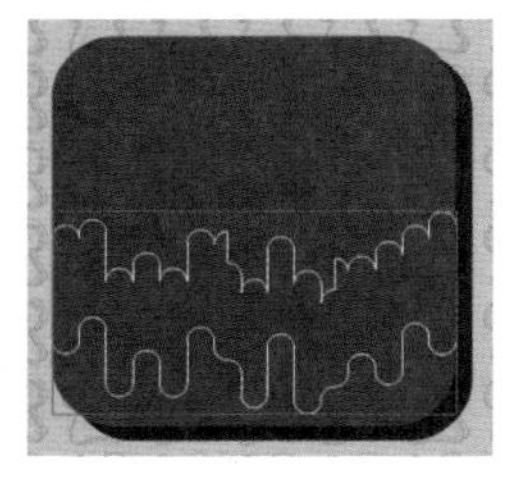
图 3-223

图 3-224

（6）在“时间轴”面板中单击“主体”图层将该层中的对象选中，按 Ctrl+C 组合键，将其复制。在“装饰”图层的上方创建新图层并将其命名为“圆角矩形 1”，如图 3-225 所示。按 Ctrl+Shift+V 组合键，将复制的图形原位粘贴到“圆角矩形 1”图层中。

（7）保持图形的选取状态，在工具箱中将“填充颜色”设为粉色（#F3A599），效果如图 3-226 所示。按 Ctrl+B 组合键，将其打散，效果如图 3-227 所示。

图 3-225

图 3-226

图 3-227

（8）选择“部分选取”工具，在打散对象的边缘单击，周围出现多个节点，如图 3-228 所示。在按住 Shift 键的同时，将下方的 6 个节点同时选中，如图 3-229 所示。多次按向上的方向键，移动所选节点到适当的位置，效果如图 3-230 所示。

图 3-228

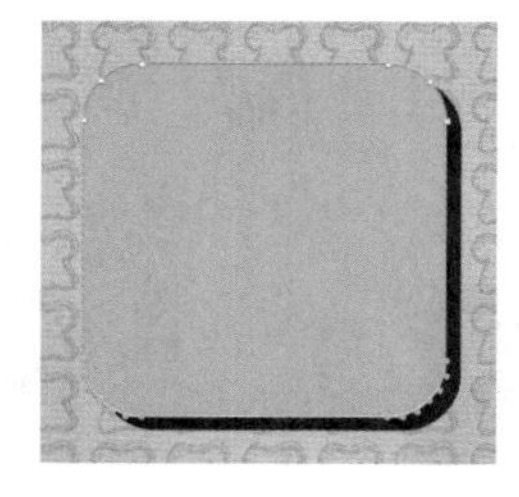
图 3-229

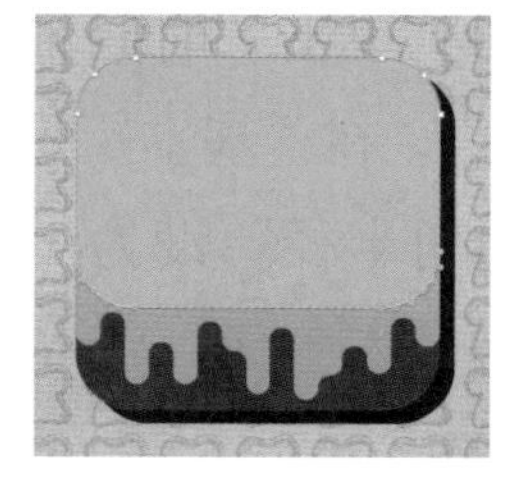
图 3-230

（9）单击“时间轴”面板下方的“新建图层”按钮，创建新图层并将其命名为“圆角矩形 2”。选择“基本矩形”工具，在“基本矩形”工具的“属性”面板中将“笔触颜色”设为无，“填充颜色”设为洋红色（#F08D7E），将“矩形边角半径”设为 30，其他选项的设置如图 3-231 所示。在舞台窗口中绘制一个圆角矩形，效果如图 3-232 所示。

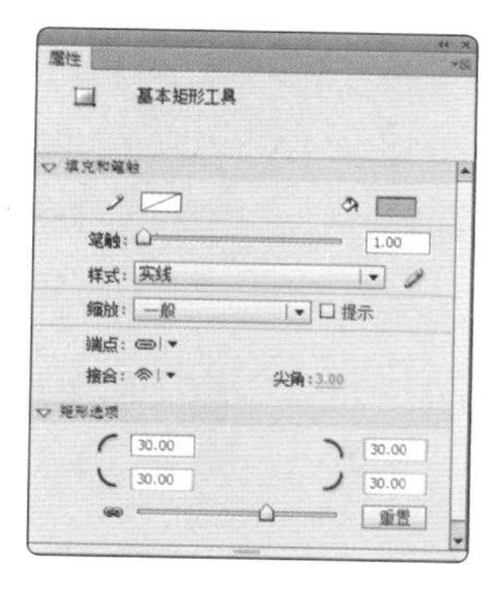

图 3-231

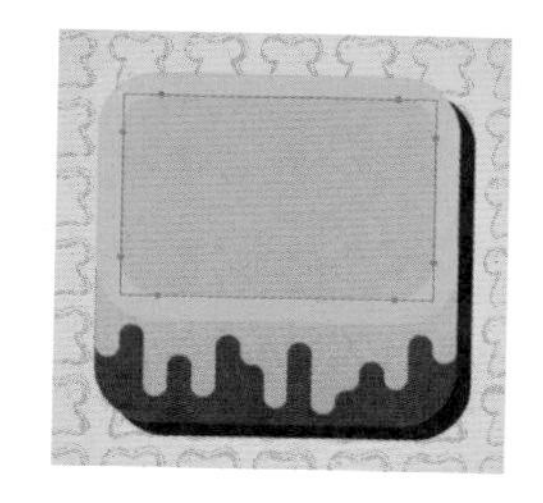
图 3-232

（10）保持图形的选取状态，按 Ctrl+C 组合键，将其复制。单击“时间轴”面板下方的“新建图层”按钮，创建新图层并将其命名为“内阴影”。按 Ctrl+Shift+V 组合键，将复制的图形原位粘贴到“内阴影”图层中。在工具箱中将“填充颜色”设为橘红色（#E5624B），效果如图 3-233 所示。

（11）按 Ctrl+B 组合键，将其打散，效果如图 3-234 所示。选择“选择”工具，在按住 Alt 键的同时，向下拖曳图形到适当的位置，松开鼠标，复制图形，效果如图 3-235 所示。按 Delete 键，将其删除，效果如图 3-236 所示。

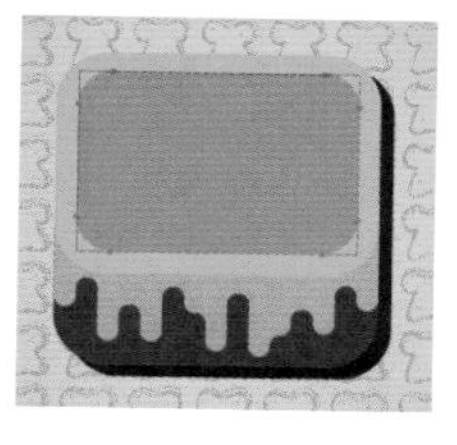
图 3-233

图 3-234

图 3-235

图 3-236

（12）单击“时间轴”面板下方的“新建图层”按钮，创建新图层并将其命名为“圆角矩形 3”。选择“基本矩形”工具，在“基本矩形”工具的“属性”面板中将“笔触颜色”设为无，“填充颜色”设为粉色（#F3A599），将“矩形边角半径”设为 21，其他选项的设置如图 3-237 所示。在舞台窗口中绘制一个圆角矩形，效果如图 3-238 所示。

（13）单击“时间轴”面板下方的“新建图层”按钮，创建新图层并将其命名为“圆角矩形 4”。在“基本矩形”工具的“属性”面板中，将“填充颜色”设为橘红色（#E5624B），“矩形边角半径”设为 11.5，在舞台窗口中再次绘制一个圆角矩形，效果如图 3-239 所示。

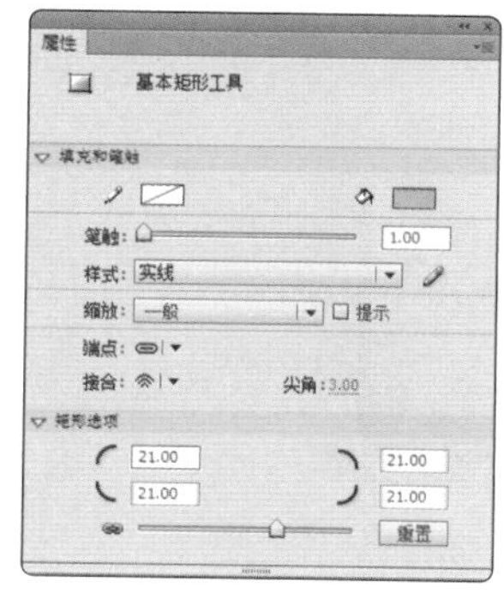

图 3-237

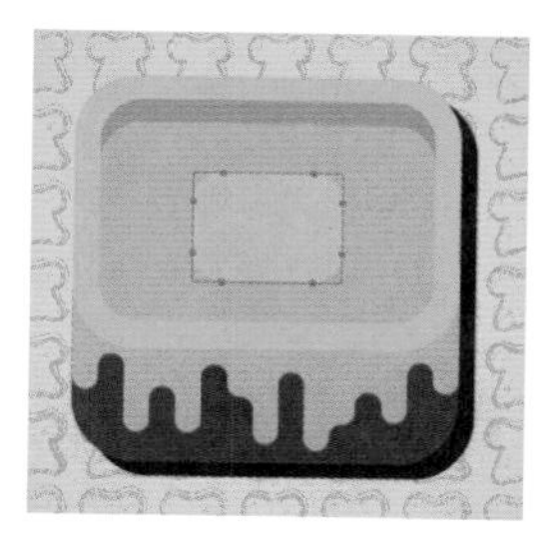
图 3-238

图 3-239

（14）保持图形的选取状态，按 Ctrl+C 组合键，将其复制。单击“时间轴”面板下方的“新建图层”按钮，创建新图层并将其命名为“黑色矩形”。按 Ctrl+Shift+V 组合键，将复制的图形原位粘贴到“黑色矩形”图层中。在工具箱中将“填充颜色”设为黑色，“笔触颜色”设为白色，效果如图 3-240 所示。

（15）按 Ctrl+B 组合键，将其打散，效果如图 3-241 所示。按 Esc 键，取消对象的选择。选择“选择”工具，在白色边线上双击，将其选中，如图 3-242 所示。

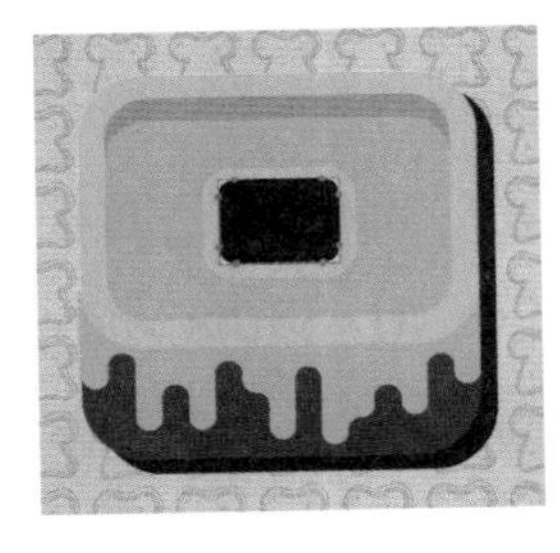
图 3-240

图 3-241

图 3-242

（16）在舞台窗口中将白色边线垂直向下拖曳到适当的位置，如图 3-243 所示。按 Esc 键，取消对象的选择。选中图 3-244 所示的图形，按 Delete 键，将其删除，效果如图 3-245 所示。在白色边线上双击将其选中，按 Delete 键，将其删除，效果如图 3-246 所示。

图 3-243

图 3-244

图 3-245

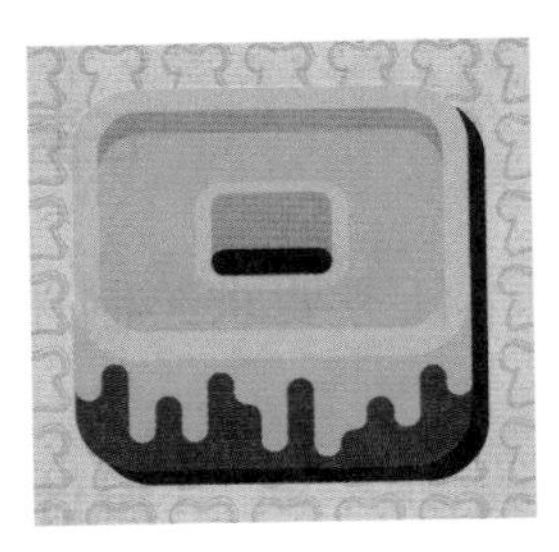
图 3-246

（17）单击“时间轴”面板下方的“新建图层”按钮，创建新图层并将其命名为“线条装饰”。选择“线条”工具，在“线条”工具的“属性”面板中，将“笔触颜色”设为白色，“笔触”设为 5，其他选项的设置如图 3-247 所示。在舞台窗口中绘制多个线条，效果如图 3-248 所示。甜品插画绘制完成，按 Ctrl+Enter 组合键即可查看效果。

图 3-247

图 3-248

3.2.5 扩展实践：绘制黄昏风景插画

使用“椭圆”工具绘制太阳图形；使用“柔化填充边缘”命令制作太阳光晕效果；使用“钢笔”工具和“颜料桶”工具绘制山川图形。最终效果参看云盘中的“Ch03 > 效果 > 绘制黄昏风景插画”，如图 3-249 所示。

图 3-249

任务 3.3 项目演练：绘制迷你太空插画

3.3.1 任务引入

本任务要求绘制迷你太空插画用于宣传科技展，要求设计简洁、大方，能突出科技主题。

3.3.2 设计理念

在设计时，使用深绿色的背景给人深邃的感觉；画面的主体是一个穿梭于太空的火箭，生动活泼，容易吸引儿童受众；火箭周围点缀的星星和圆形，体现了宇宙的浩瀚，增加了画面的科技感。最终效果参看云盘中的“Ch03 > 效果 > 绘制迷你太空插画”，如图 3-250 所示。

图 3-250

04

项目4

制作品牌形象
——标志设计

标志是一种用于传达事物特征的特定视觉符号，可以代表企业的形象或宣扬企业文化。在企业视觉推广战略中，标志起着举足轻重的作用。通过本项目的学习，读者可以掌握标志的设计方法和制作技巧。

学习引导

知识目标

- 了解标志的概念
- 了解标志的功能和设计原则

能力目标

- 熟悉标志的设计思路
- 掌握标志的绘制方法和技巧

素养目标

- 培养品牌意识
- 培养联想能力

实训项目

- 绘制果汁标志
- 绘制淑女堂标志

相关知识：标志设计基础

1 标志的概念

标志是指用于传递某种信息或表达某种特殊含义的图形和文字的组合。标志是将具体的事物和抽象的情感通过特定的图形和符号固定下来，如图 4-1 所示，使人们在看到标志的同时，自然地产生联想，从而产生对某种事物和情感的认同感。

图 4-1

2 标志的功能

标志的主要功能包括识别功能、美化功能、交流功能、引导功能、宣传功能等。图 4-2 所示为几种功能性标志。

图 4-2

3 标志的设计原则

标志设计要遵循一些基本原则，其中包括表达意念明确，内容丰富深刻，设计鲜明独特，造型简洁大方，适应性能良好且具有持久性与时代性。图 4-3 所示为遵循了设计原则的标志范例。

图 4-3

任务 4.1　绘制果汁标志

4.1.1 任务引入

本任务要求为果蜜汁公司制作果汁标志，要求设计简洁，能体现公司的理念和特色。

4.1.2 设计理念

图 4–4

在设计时，通过绿色和蓝色的对比背景营造出清爽的氛围，起到衬托的作用；画面中间的果汁和水果图形表明了宣传主题；字体的变形处理增加了画面的动感，令人印象深刻。最终效果参看云盘中的“Ch04 > 效果 > 绘制果汁标志”，如图 4-4 所示。

4.1.3 任务知识：“文本”工具、变形文本和填充文本

1 创建文本

◎ TLF 文本

TLF 文本是 Flash CS6 中新添加的一种文本引擎，也是 Flash CS6 中的默认文本类型。

选择“文本”工具T，再选择“窗口 > 属性”命令，弹出“文本”工具的“属性”面板，如图 4-5 所示。

选择“文本”工具T，在舞台窗口中单击插入点文本，如图 4-6 所示，直接输入文本即可，如图 4-7 所示。

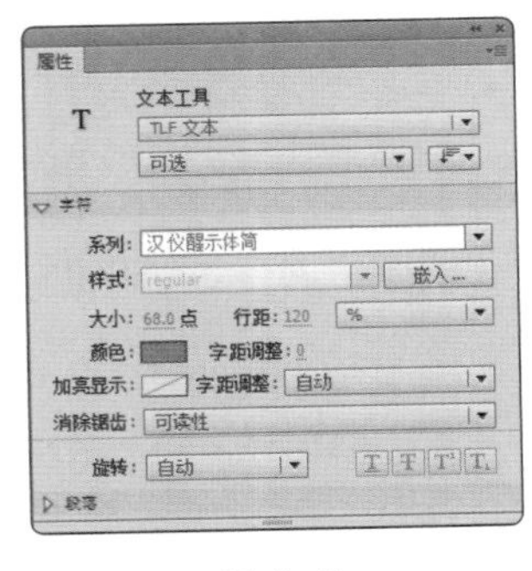

图 4–5

图 4–6

图 4–7

选择“文本”工具T，在舞台窗口中单击并按住鼠标左键，向右拖曳出一个文本框，如图 4-8 所示。在文本框中输入文字，文字被限定在文本框中，如果输入的文字较多，文本将会挤在一起，如图 4-9 所示。将鼠标指针放置在文本框右边的小方框上，指针形状如图 4-10 所示。向右拖曳文本框到适当的位置，如图 4-11 所示，文字将全部显示，效果如图 4-12 所示。

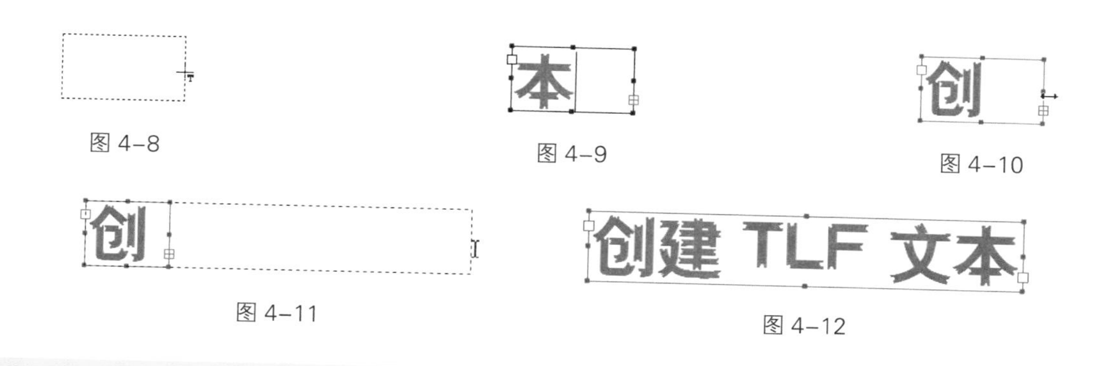

图 4-8　图 4-9　图 4-10　图 4-11　图 4-12

默认情况下，输入的文本为点文本。若想将点文本更改为区域文本，可使用“选择”工具调整其大小或双击文本框右下角的小圆圈。

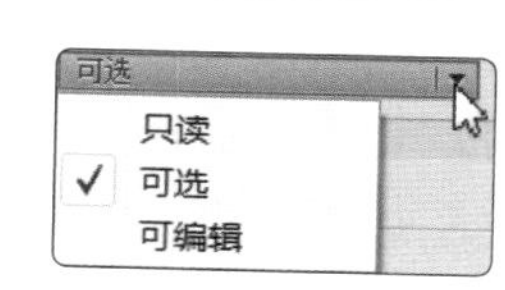

图 4-13

单击“文本”工具“属性”面板中“可选”右侧的下拉按钮，弹出 TLF 文本的 3 种类型，如图 4-13 所示。

- 只读：当作为 SWF 文件发布时，文本无法被选中或编辑。
- 可选：当作为 SWF 文件发布时，文本可以被选中并可复制到剪贴板中，但不可以编辑。对于 TLF 文本，此类型是默认设置。
- 可编辑：当作为 SWF 文件发布时，文本可以被选中或编辑。

使用 TLF 文本时，在“文本 > 字体”菜单中找不到 PostScript 字体。如果对 TLF 文本对象使用了某种 PostScript 字体，Flash 会将此字体替换为 _sans 设备字体。

TLF 文本要求在 FLA 文件的发布设置中指定 ActionScript 3.0、Flash Player 10 或更高版本。

在制作时，不能将 TLF 文本用作图层蒙版。要创建带有文本的遮罩层，可使用 ActionScript 3.0 创建遮罩层，或者为遮罩层使用传统文本。

◎ 传统文本

选择“文本”工具T，再选择“窗口 > 属性”命令，弹出“文本”工具的“属性”面板，如图 4-14 所示。

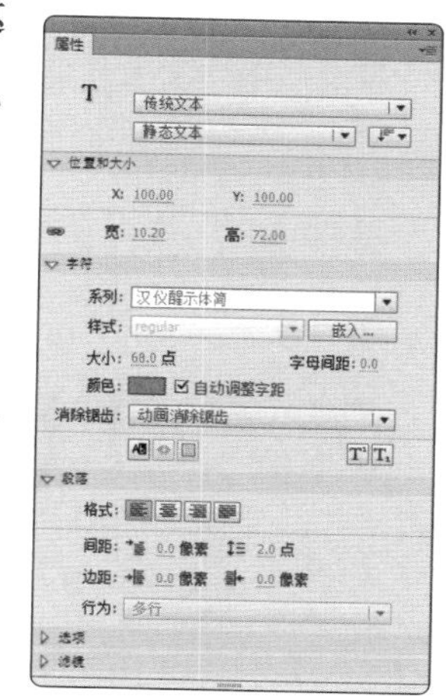

图 4-14

将鼠标指针放置在舞台窗口中，指针变为形状。在舞台窗口中单击，出现文本输入光标，如图 4-15 所示。直接输入文字即可，如图 4-16 所示。

在舞台窗口中单击并按住鼠标左键，向右下角方向拖曳出一个文本框，如图 4-17 所示。松开鼠标，出现文本输入光标，如图 4-18 所示。

在文本框中输入文字，文字被限定在文本框中，如果输入的文字较多，会自动转到下一行显示，如图 4-19 所示。

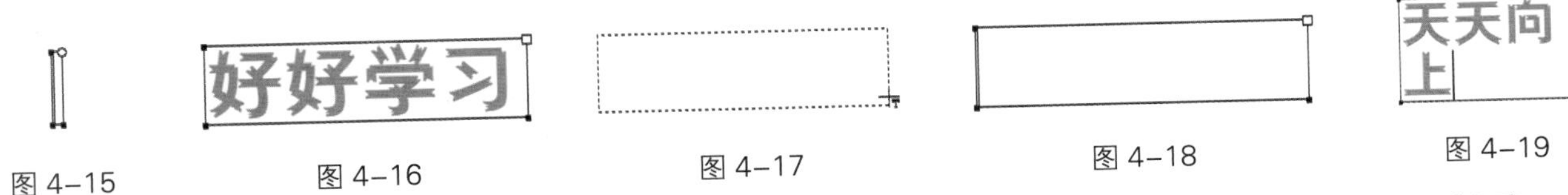

图 4-15　图 4-16　图 4-17　图 4-18　图 4-19

用鼠标向左拖曳文本框上方的方形控制点，可以缩小文字的行宽，如图 4-20 所示；向右拖曳控制点可以扩大文字的行宽，如图 4-21 所示。

双击文本框上方的方形控制点，如图 4-22 所示，文字将转换成单行显示状态，方形控制点转换为圆形控制点，如图 4-23 所示。

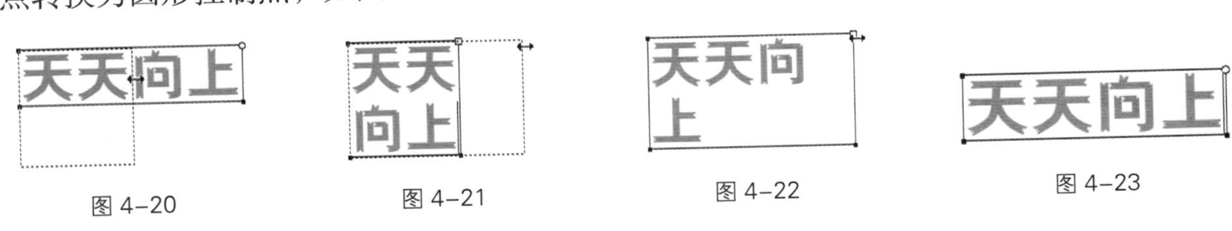

图 4-20　图 4-21　图 4-22　图 4-23

2 文本属性

下面以“传统文本”为例，介绍“文本”工具“属性”面板的文本属性设置，如图 4-24 所示。

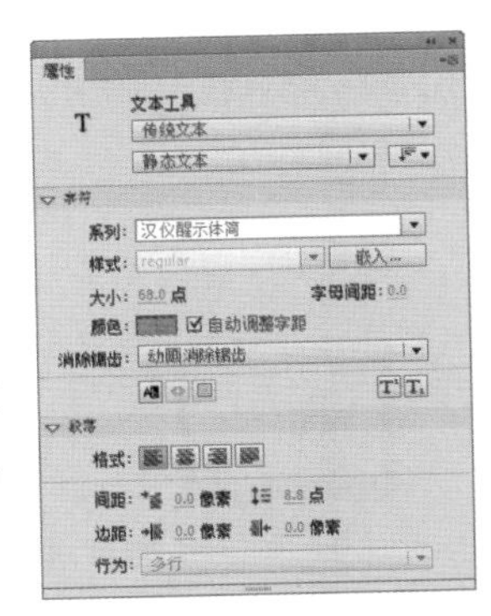

图 4-24

◎ 设置文本的字体、字体大小、样式和颜色

“系列”选项用于设定选定字符或整个文本块的文字字体。选中文字，如图 4-25 所示，在“文本”工具“属性”面板的“字符”选项组的“系列”下拉列表中选择要转换的字体，如图 4-26 所示。单击鼠标左键，文字的字体被转换，效果如图 4-27 所示。

图 4-25

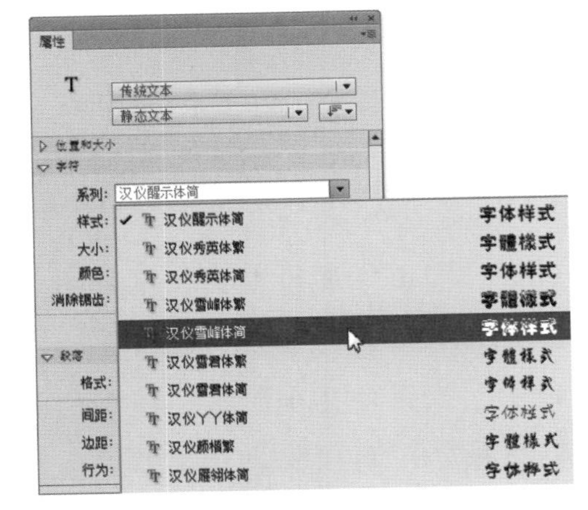

图 4-26

图 4-27

“大小”选项用于设定选定字符或整个文本块的文字字号。选项值越大，文字越大。选中文字，如图 4-28 所示，在“文本”工具“属性”面板的“大小”数值框中输入设定的数值，

如图 4-29 所示，文字的字号变小，效果如图 4-30 所示。

图 4-28

图 4-29

图 4-30

“颜色”按钮用于为选定字符或整个文本块的文字设定颜色。选中文字，如图 4-31 所示，在“文本”工具的“属性”面板中单击“颜色”按钮，弹出“颜色”面板。选择需要的颜色，如图 4-32 所示，为文字替换颜色，效果如图 4-33 所示。

图 4-31

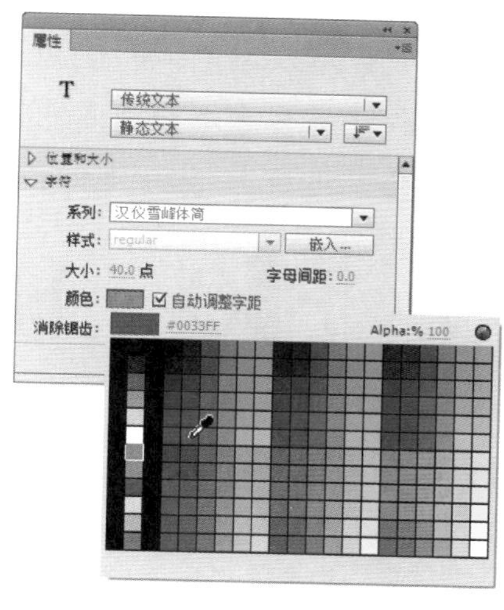

图 4-32

图 4-33

文字只能使用纯色，不能使用渐变色。要想为文本添加渐变色，必须将该文本转换为组成它的线条和填充。

单击“改变文本方向”按钮，在其下拉列表中选择需要的选项可以改变文字的排列方向。

打开云盘中的“基础素材 > Ch04 > 01”文件。选中文字，如图 4-34 所示，单击“改变文本方向”按钮，在其下拉列表中选择“垂直”命令，如图 4-35 所示。文字将从右向左排列，效果如图 4-36 所示。如果在其下拉列表中选择“垂直，从左向右”命令，如图 4-37 所示，文字将从左向右排列，效果如图 4-38 所示。

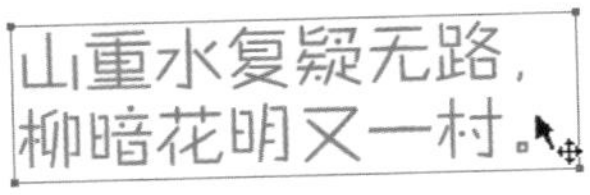

图 4-34

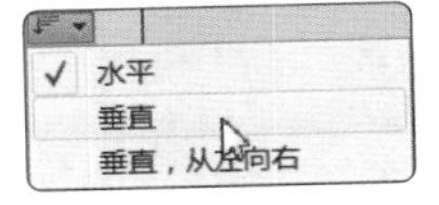

图 4-35

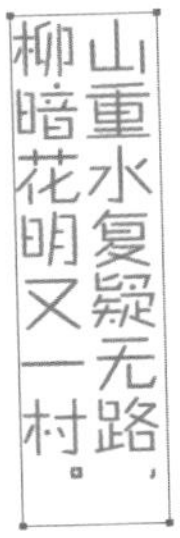

图 4-36

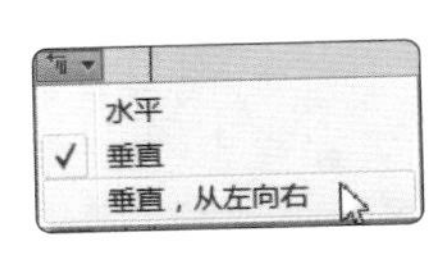

图 4-37

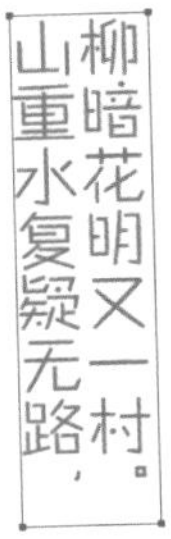

图 4-38

“字母间距”选项用于设置需要的数值，控制字符之间的相对位置。设置不同文字间距的文字效果如图 4-39 所示。

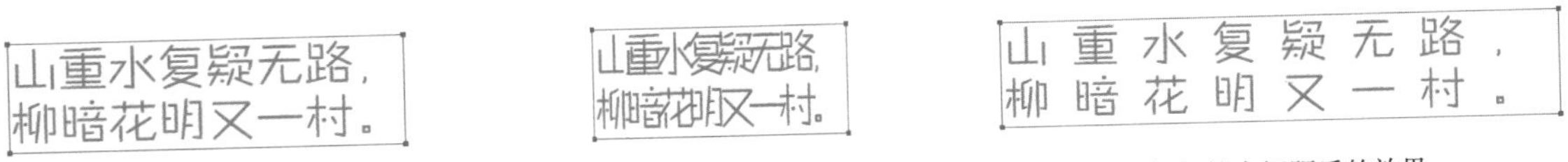

（a）间距为 0 时的效果

（b）缩小间距后的效果

（c）扩大间距后的效果

图 4-39

“上标”按钮用于将水平文本放在基线之上或将垂直文本放在基线的右边。

“下标”按钮用于将水平文本放在基线之下或将垂直文本放在基线的左边。

选中要设置字符位置的文字，单击“上标”按钮，文字在基线以上，如图 4-40 所示。

图 4-40

设置不同字符位置的文字效果如图 4-41 所示。

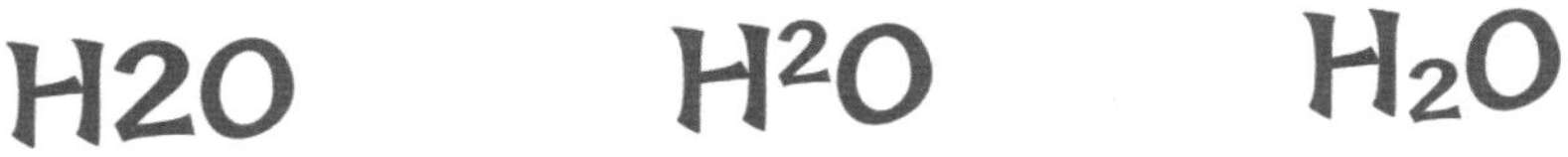

（a）平排位置

（b）上标位置

（c）下标位置

图 4-41

◎ 设置字符与段落

文本对齐方式按钮用于将文字以不同的形式排列。

- “左对齐”按钮：用于将文字按文本框的左边线对齐。
- “居中对齐”按钮：用于将文字按文本框的中线对齐。
- “右对齐”按钮：用于将文字按文本框的右边线对齐。
- “两端对齐”按钮：用于将文字按文本框的两端对齐。

打开云盘中的“基础素材 > Ch04 > 02”文件，选择不同的对齐方式，文字排列的效果如图 4-42 所示。

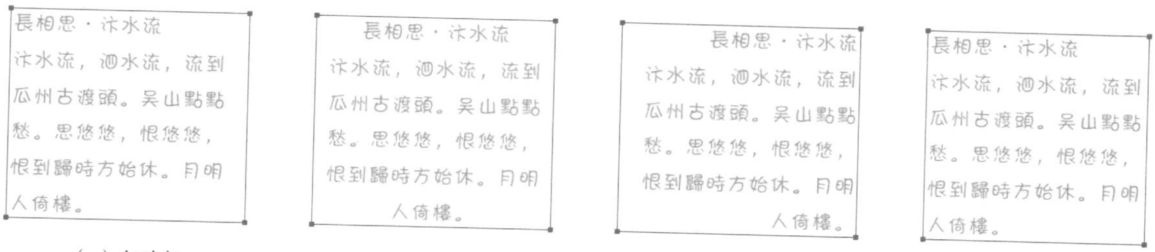

長相思·汴水流
汴水流，泗水流，流到瓜州古渡頭。吳山點點愁。思悠悠，恨悠悠，恨到歸時方始休。月明人倚樓。

（a）左对齐

長相思·汴水流
汴水流，泗水流，流到瓜州古渡頭。吳山點點愁。思悠悠，恨悠悠，恨到歸時方始休。月明人倚樓。

（b）居中对齐

長相思·汴水流
汴水流，泗水流，流到瓜州古渡頭。吳山點點愁。思悠悠，恨悠悠，恨到歸時方始休。月明人倚樓。

（c）右对齐

長相思·汴水流
汴水流，泗水流，流到瓜州古渡頭。吳山點點愁。思悠悠，恨悠悠，恨到歸時方始休。月明人倚樓。

（d）两端对齐

图 4-42

- “缩进”选项：用于调整文本段落的首行缩进。
- “行距”选项：用于调整文本段落的行距。
- “左边距”选项：用于调整文本段落的左侧间隙。
- “右边距”选项：用于调整文本段落的右侧间隙。

选中文本段落，如图 4-43 所示。在“段落”选项中设置，如图 4-44 所示。文本段落的格式发生改变，效果如图 4-45 所示。

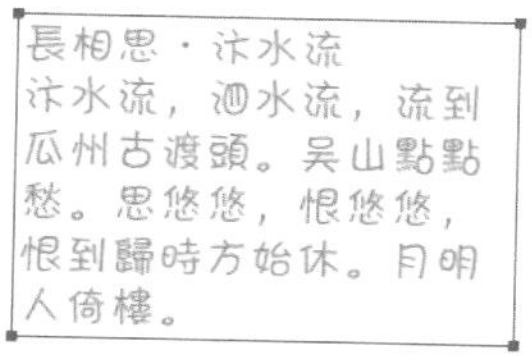

長相思·汴水流
汴水流，泗水流，流到瓜州古渡頭。吳山點點愁。思悠悠，恨悠悠，恨到歸時方始休。月明人倚樓。

图 4-43

图 4-44

長相思·汴水流
汴水流，泗水流，流到瓜州古渡頭。吳山點點愁。思悠悠，恨悠悠，恨到歸時方始休。月明人倚樓。

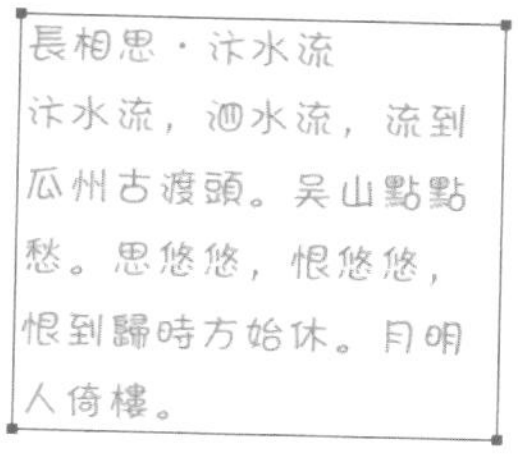

图 4-45

◎ 字体呈现方法

Flash CS6 中有 5 种字体呈现选项，如图 4-46 所示。

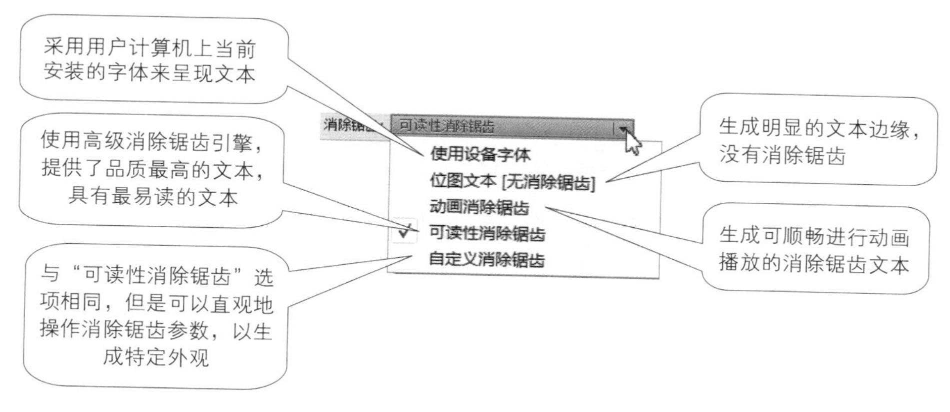

图 4-46

◎ 设置文本超链接

“链接”文本框用于输入网址，使当前的文字成为超链接文字。

“目标”下拉列表用于设置超链接的打开方式，有以下 4 种方式可以选择。

- _blank：链接页面在新打开的浏览器中打开。
- _parent：链接页面在父框架中打开。
- _self：链接页面在当前框架中打开。
- _top：链接页面在默认的顶部框架中打开。

输入文字并将其选中，如图 4-47 所示。在“文本”工具“属性”面板的“链接”文本框中输入链接的网址，如图 4-48 所示，在“目标”选项中设置好打开方式。设置完成后，文字的下方出现下划线，表示已经链接，如图 4-49 所示。

图 4-47

图 4-48

图 4-49

◎ 静态文本

选择“静态文本”选项，“属性”面板如图 4-50 所示。

◎ 动态文本

选择“动态文本”选项，“属性”面板如图 4-51 所示。动态文本可以作为对象来应用。

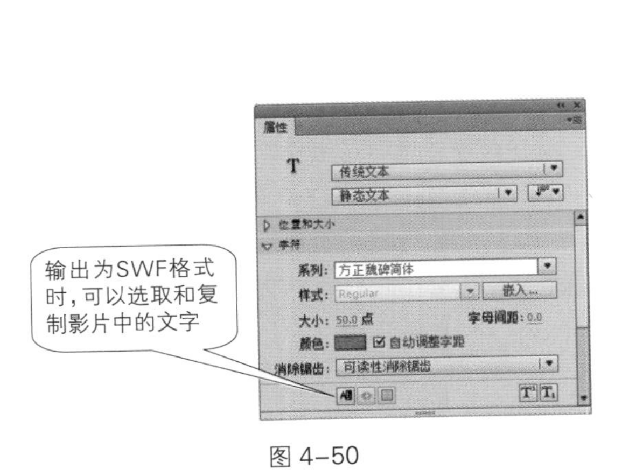

图 4-50

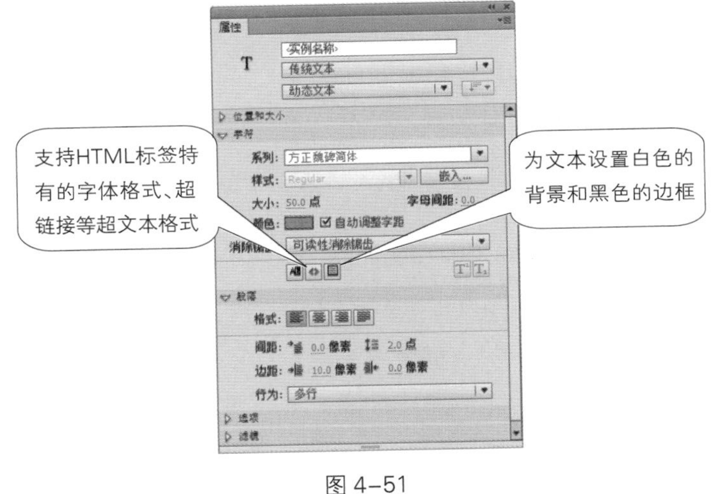

图 4-51

在“段落”选项组中的“行为”下拉列表中包括“单行”“多行”“多行不换行”3 个选项。选择“单行”选项，文本以单行方式显示；选择“多行”选项，如果输入的文本大于设置的文本限制，则输入的文本被自动换行；选择“多行不换行”选项，输入的文本为多行时，不会自动换行。

“选项”选项组中的“变量”文本框用于定义保存字符串数据的变量。此文本框需结合动作脚本使用。

◎ 输入文本

选择“输入文本”选项，“属性”面板如图 4-52 所示。

“段落”选项组中的“行为”下拉列表中新增了“密码”选项，选择此选项，当文件输出为 SWF 格式时，影片中的文字将显示为星号“****”。

“选项”选项组中的“最大字符数”选项用于限制输入的字符数。默认值为 0，即为不限制。如果设置数值，则此数值即为输出 SWF 影片时，显示文字的最大数目。

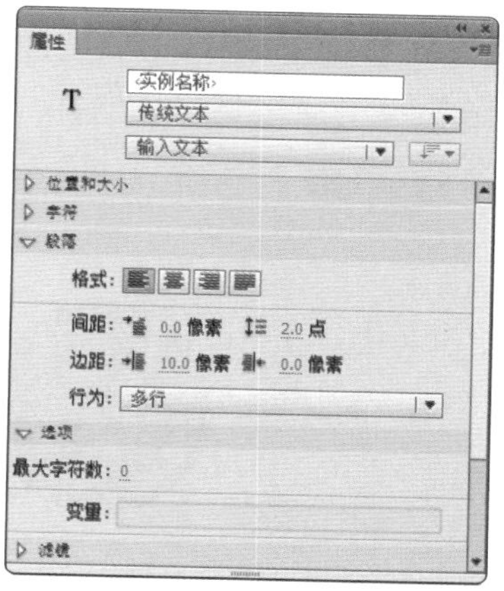

图 4-52

3 变形文本

在舞台窗口输入需要的文字，并选中文字，如图 4-53 所示。按两次 Ctrl+B 组合键，将文字打散，如图 4-54 所示。

图 4-53

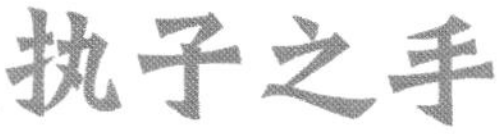

图 4-54

选择“修改 > 变形 > 封套”命令，在文字的周围出现控制点，如图 4-55 所示。拖曳控制点，改变文字的形状，如图 4-56 所示，变形完成后的文字效果如图 4-57 所示。

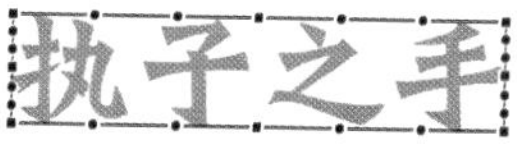

图 4-55

图 4-56

图 4-57

4 分离对象

要修改多个图形的组合、图像、文字或组件的一部分时，可以使用“修改 > 分离”命令。另外，制作变形动画时，需用“分离”命令将图形的组合、图像、文字或组件转变成图形。

打开云盘中的“基础素材 > Ch04 > 03”文件。选中图形组合，如图 4-58 所示。选择“修改 > 分离”命令，或按 Ctrl+B 组合键，将组合的图形打散，多次使用“分离”命令后的效果如图 4-59 所示。

图 4-58

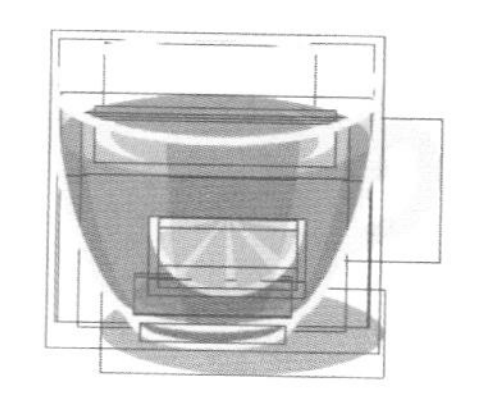

图 4-59

5 “墨水瓶”工具

使用“墨水瓶”工具可以修改矢量图的边线。打开云盘中的“基础素材 > Ch04 > 04”文件，如图 4-60 所示。选择“墨水瓶”工具，在“属性”面板中设置笔触颜色、笔触大小及笔触样式，如图 4-61 所示。

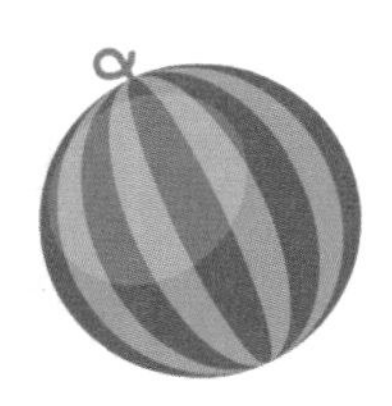

图 4-60

图 4-61

这时，鼠标指针变为形状，在图形上单击，为图形添加设置好的边线，效果如图 4-62 所示。在“属性”面板中设置不同的属性，所绘制的边线效果也不同，如图 4-63 所示。

图 4-62

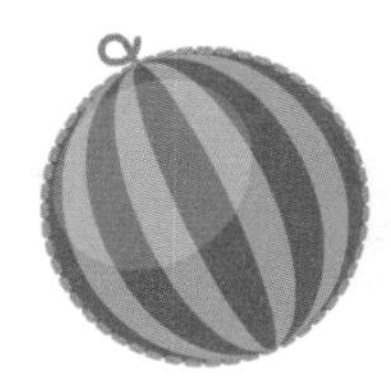

图 4-63

4.1.4 任务实施

（1）选择“文件 > 打开”命令，弹出“打开”对话框。选择云盘中的“Ch04 > 素材 > 绘制果汁标志 > 01”文件，单击“打开”按钮，效果如图 4-64 所示。

（2）单击“时间轴”面板下方的“新建图层”按钮，创建新图层并将其命名为“图片”。选择“文件 > 导入 > 导入到舞台”命令，弹出“导入”对话框。选择云盘中的“Ch04 > 素材 > 绘制果汁标志 > 02”文件，单击“打开”按钮，文件被导入到舞台窗口中。在图片的“属性”面板中，将“宽”设为 417，并拖曳图片到窗口的中心位置，效果如图 4-65 所示。

图 4-64

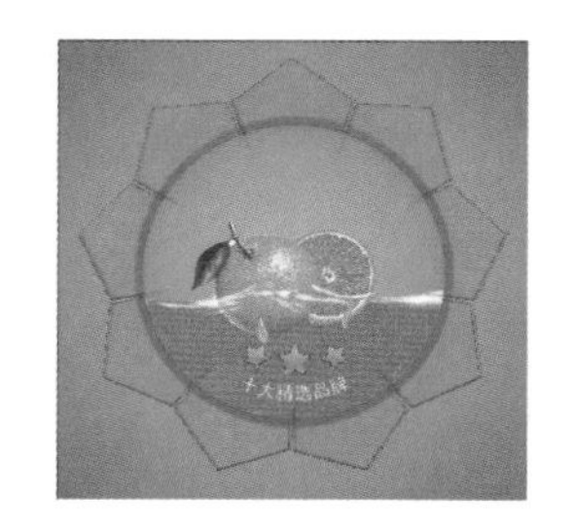

图 4-65

（3）单击“时间轴”面板下方的“新建图层”按钮，创建新图层并将其命名为“文字”。选择“文本”工具，在“文本”工具的“属性”面板中进行设置，在舞台窗口中的适当位置输入大小为 40、字体为“方正美黑简体”的橙色（#FF6600）文字，文字效果如图 4-66 所示。

（4）选中文字“蜜”，如图 4-67 所示，在“文本”工具的“属性”面板中，选择“字符”选项组“系列”下拉列表中的“汉仪萝卜体简”，效果如图 4-68 所示。

图 4-66

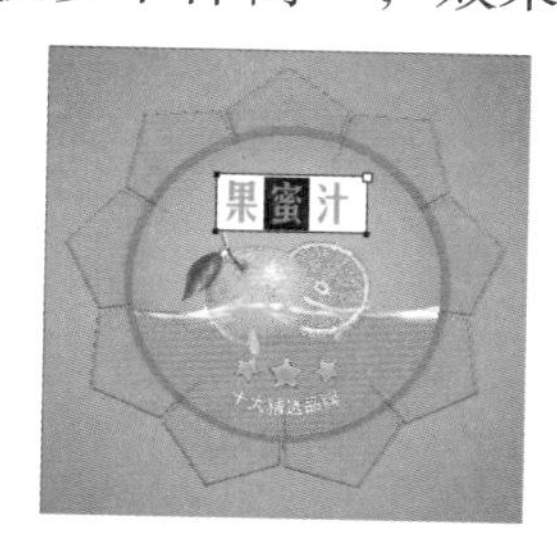

图 4-67

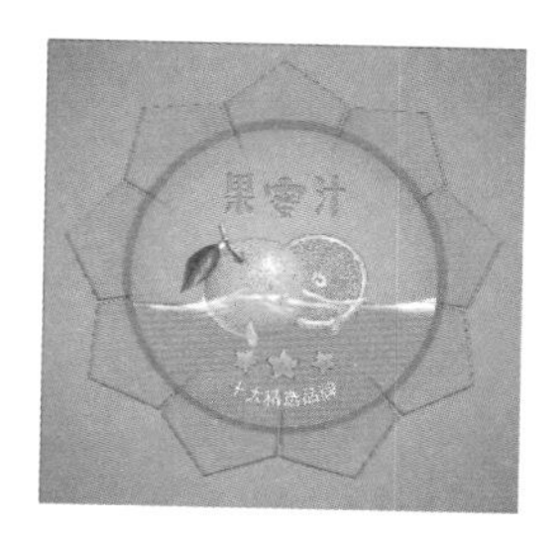

图 4-68

（5）选择“选择”工具，选中文字，按两次 Ctrl+B 组合键，将文字打散。选择“修改 > 变形 > 封套”命令，在文字图形上出现控制点，如图 4-69 所示。将鼠标指针移到上方中间的控制点上，指针变为形状，用鼠标拖曳控制点，如图 4-70 所示，调整文字图形上的其他控制点，使文字图形产生相应的变形，如图 4-71 所示。

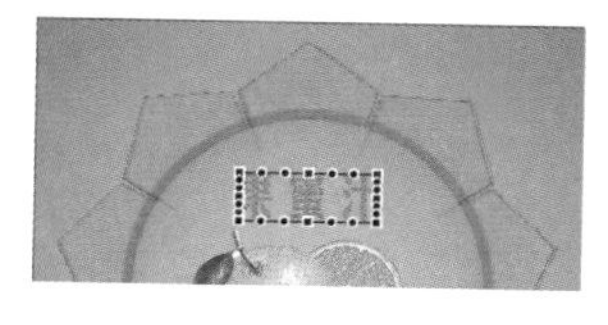

图 4-69

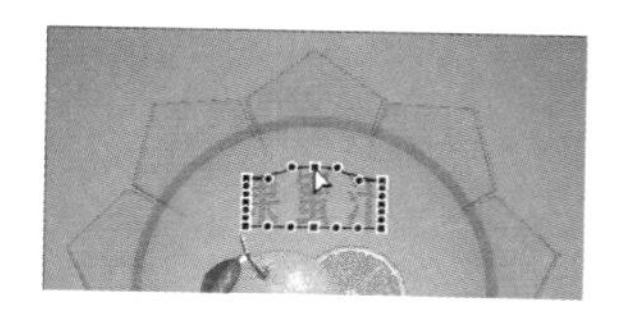

图 4-70

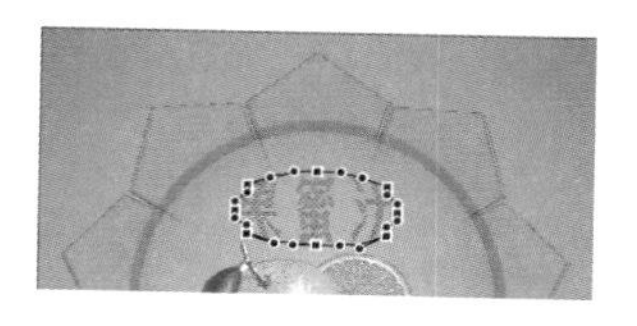

图 4-71

（6）选择“墨水瓶”工具，在“墨水瓶”工具的“属性”面板中将“笔触颜色”设为白色，“笔触大小”设为 1.50，如图 4-72 所示。鼠标指针变为形状，在“果”文字外侧单击，为文字图形添加边线。使用相同的方法为其他文字添加边线，效果如图 4-73 所示。果汁标志绘制完成，按 Ctrl+Enter 组合键查看效果，如图 4-74 所示。

图 4-72

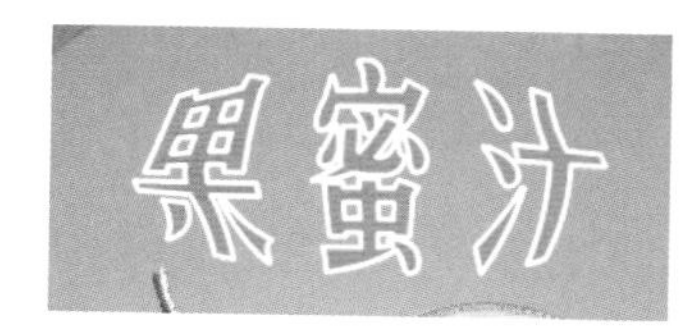

图 4-73

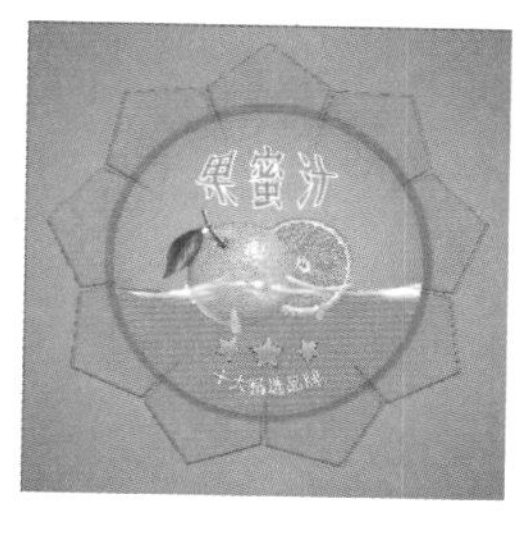

图 4-74

4.1.5 扩展实践：绘制可乐瓶盖标志

使用“文本”工具输入文字；使用“封套”命令对文字进行变形；使用“墨水瓶”工具为文字添加描边效果。最终效果参看云盘中的“Ch04 > 效果 > 绘制可乐瓶盖标志”，如图 4-75 所示。

图 4-75

任务 4.2 绘制淑女堂标志

4.2.1 任务引入

本任务要求为淑女堂化妆品公司设计、制作网页标志，要求设计能体现出女性青春的气息和活力。

4.2.2 设计理念

在设计时，从公司的名称入手，对“淑女堂”3 个字进行变形设计和处理，强化品牌特色；文字周围添加枝芽图形，使画面更加鲜活，充满青春气息；标志以粉色、白色为基调，营造出甜美、温柔的氛围。最终效果参看云盘中的“Ch04 > 效果 > 绘制淑女堂标志”，如图 4-76 所示。

图 4-76

4.2.3 任务知识：“套索”工具、“部分选取”工具和“变形”面板

1 “套索”工具

选择“套索”工具，导入云盘中的“基础素材 > Ch04 > 05”文件，按 Ctrl+B 组合键，将位图分离。用鼠标在位图上任意勾选想要的区域，形成一个封闭的选区，如图 4-77 所示。松开鼠标，选区中的图像被选中，如图 4-78 所示。

图 4-77

图 4-78

在选择“套索”工具后，工具箱的下方出现图 4-79 所示的按钮。

- “魔术棒”按钮：用于以单击的方式选择颜色相似的位图图像。

选中“魔术棒”按钮，将鼠标指针移到位图上，指针变为形状，在要选择的位图上单击，如图 4-80 所示。颜色相近的图像区域被选中，如图 4-81 所示。

图 4-79

图 4-80

图 4-81

- “魔术棒设置”按钮：用于设置魔术棒的属性，设置的属性不同，魔术棒选取图像区域的大小也不相同。

单击“魔术棒设置”按钮，弹出“魔术棒设置”对话框，如图 4-82 所示。

在“魔术棒设置”对话框中设置不同数值后，产生的不同效果如图 4-83 所示。

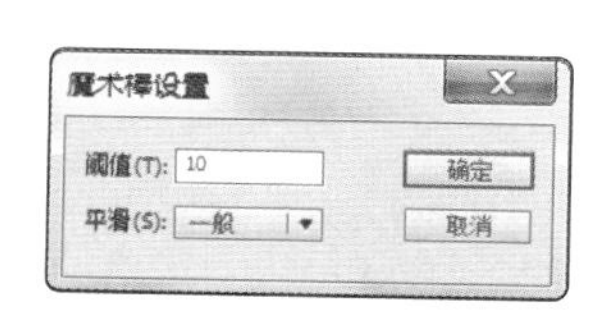

图 4-82

（a）阈值为 10 时选取图像的区域

（b）阈值为 50 时选取图像的区域

图 4-83

- “多边形模式”按钮：用于使用鼠标精确勾画想要选中的图像。

导入云盘中的“基础素材 > Ch04 > 06”文件，按 Ctrl+B 组合键，将位图分离。选中“多边形模式”按钮，在图像上单击，确定第一个定位点，松开鼠标并将鼠标指针移至下一个定位点，再次单击，用相同的方法确定多个定位点，直到勾画出想要的图像，并使选区处于封闭状态，如图 4-84 所示。双击鼠标，选区中的图像被选中，如图 4-85 所示。

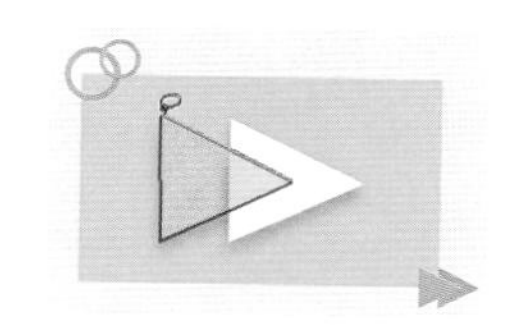

图 4-84

图 4-85

2 “部分选取”工具

打开云盘中的“基础素材 > Ch04 > 07”文件。选择“部分选取”工具，在对象的外边线上单击，对象上出现多个节点，如图 4-86 所示。拖曳节点调整控制线的长度和斜率，从而改变对象的曲线形状，如图 4-87 所示。

若要增加图形上的节点，可使用“钢笔”工具在图形上单击。

在改变对象的形状时，“部分选取”工具的指针呈不同的形状，各种形状的含义也不同。

- 带黑色方块的指针：当鼠标指针放置在节点以外的线段上时，指针变为形状，如图 4-88 所示。这时，可以移动对象到其他位置，如图 4-89 和图 4-90 所示。

图 4-86

图 4-87

图 4-88

图 4-89

图 4-90

• 带白色方块的指针：当鼠标指针放置在节点上时，指针变为形状，如图 4-91 所示。这时，可以移动单个节点到其他位置，如图 4-92 和图 4-93 所示。

• 变为小箭头的指针：当鼠标指针放置在节点调节手柄的尽头时，指针变为形状，如图 4-94 所示。这时，可以调节与该节点相连的线段的弯曲度，如图 4-95 和图 4-96 所示。

图 4–91　图 4–92　图 4–93　图 4–94　图 4–95　图 4–96

提示　在调整节点的手柄时，调整一个手柄，另一个相对的手柄也会随之发生变化。如果只想调整其中的一个手柄，按住 Alt 键再调整即可。

此外，用户还可以将直线节点转换为曲线节点，并调节弯曲度。打开云盘中的“基础素材 > Ch04 > 08”文件。选择“部分选取”工具，在对象的外边线上单击，对象上显示出节点，如图 4-97 所示。单击要转换的节点，节点从空心变为实心，表示可编辑，如图 4-98 所示。

按住 Alt 键，将节点向外拖曳，节点增加两个调节手柄，如图 4-99 所示。应用调节手柄可调节线段的弯曲度，如图 4-100 所示。

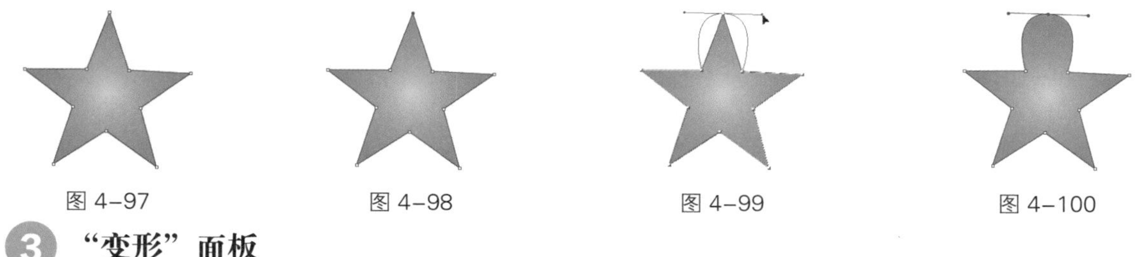

图 4–97　图 4–98　图 4–99　图 4–100

3 “变形”面板

选择“窗口 > 变形”命令，弹出“变形”面板，如图 4-101 所示。

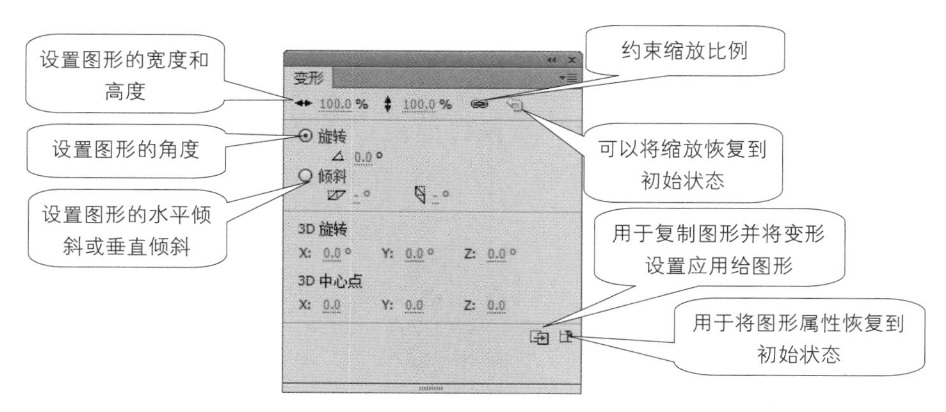

图 4–101

“变形”面板中的设置不同，产生的效果也不相同。打开云盘中的“基础素材 > Ch04 > 09”文件，如图 4-102 所示。

选中图形，在“变形”面板中将“缩放宽度”设为 50%，按 Enter 键确定操作，如图 4-103 所示，图形的宽度被改变，效果如图 4-104 所示。

选中图形，在“变形”面板中单击“约束”按钮，将“缩放宽度”设为 50%，“缩放高度”也随之变为 50%，按 Enter 键确定操作，如图 4-105 所示，图形的宽度和高度等比例缩小，效果如图 4-106 所示。

选中图形，在“变形”面板中单击“约束”按钮，将“旋转”设为 35°，按 Enter 键确定操作，如图 4-107 所示。图形被旋转，效果如图 4-108 所示。

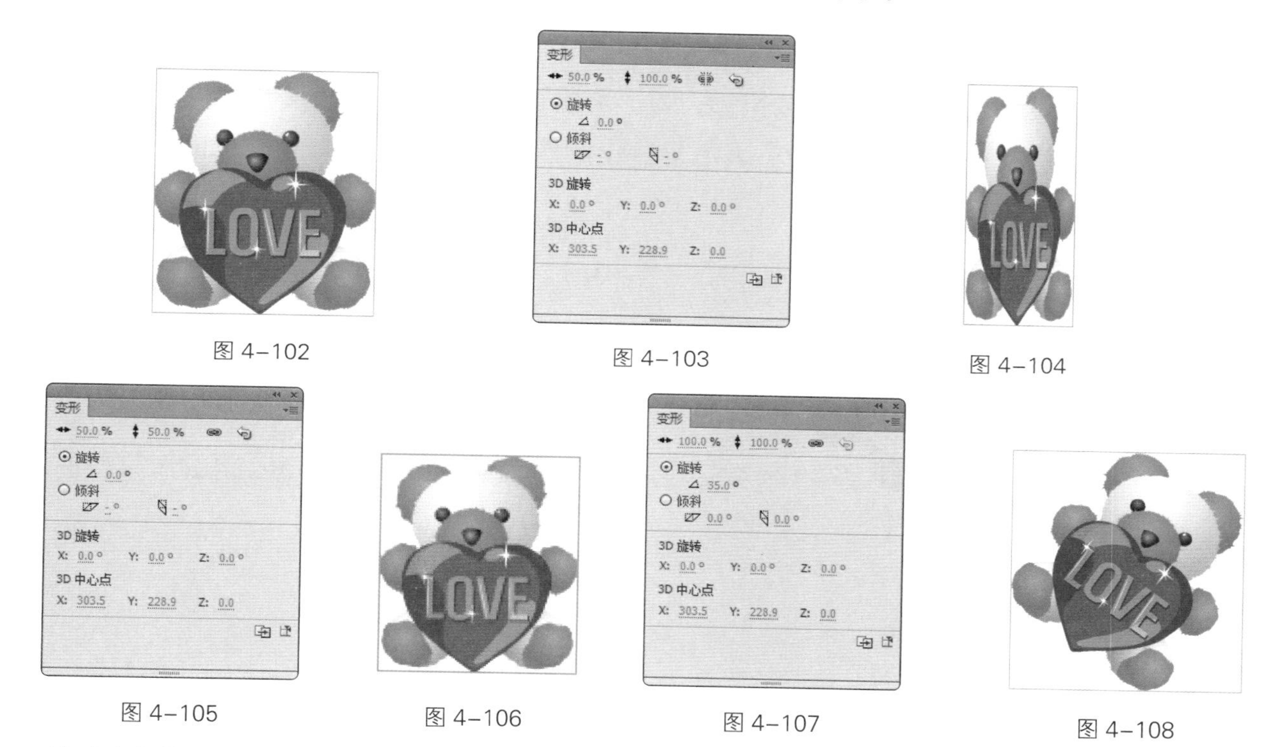

图 4-102　图 4-103　图 4-104

图 4-105　图 4-106　图 4-107　图 4-108

选中图形，在“变形”面板中选中“倾斜”单选按钮，将“水平倾斜”设为 30°，按 Enter 键确定操作，如图 4-109 所示。图形进行水平倾斜变形，效果如图 4-110 所示。

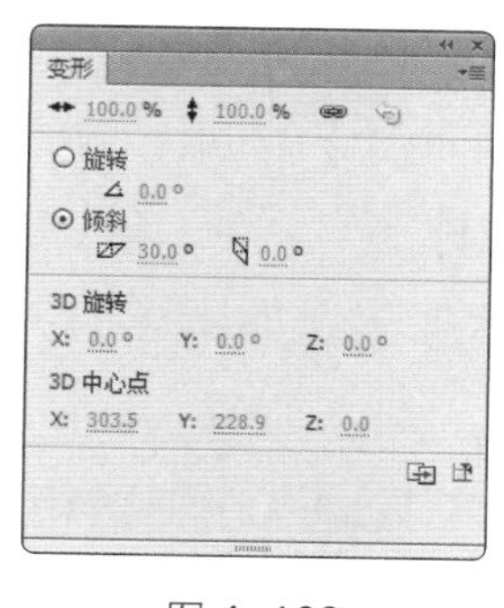

图 4-109

图 4-110

选中图形，在“变形”面板中选中“倾斜”单选按钮，将“垂直倾斜”设为 -20°，按

Enter 键确定操作，如图 4-111 所示。图形进行垂直倾斜变形，效果如图 4-112 所示。

选中图形，在“变形”面板中将“旋转”设为 35°，单击“重置选区和变形”按钮，如图 4-113 所示。图形被复制并沿其中心点旋转了 35°，效果如图 4-114 所示。

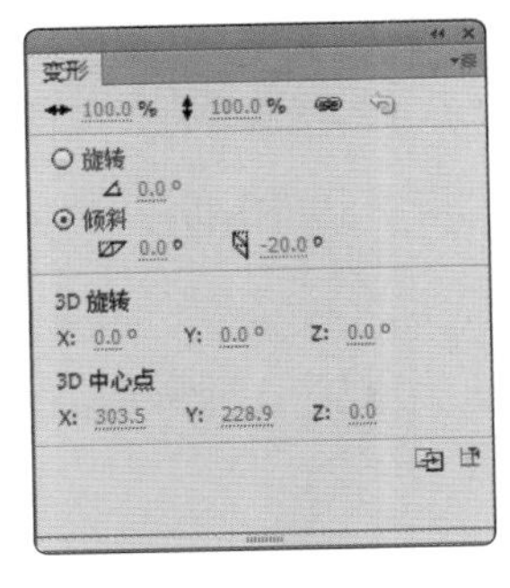

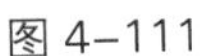
图 4-111

图 4-112

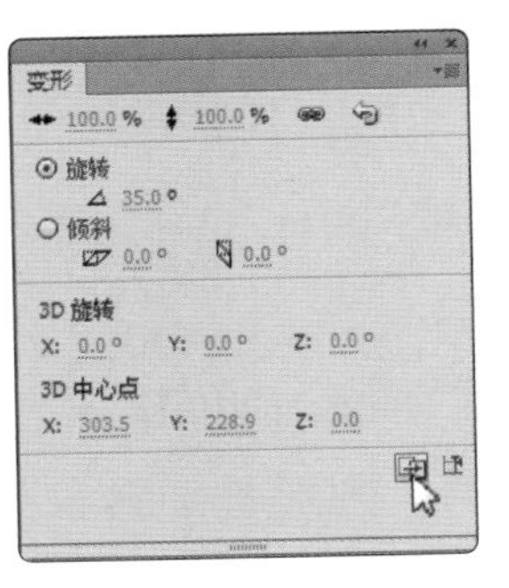

图 4-113

图 4-114

再次单击“重制选区和变形”按钮，图形再次被复制并旋转了 35°，如图 4-115 所示。此时，面板中显示旋转角度为 105°，表示复制出的图形当前角度为 180°，如图 4-116 所示。

图 4-115

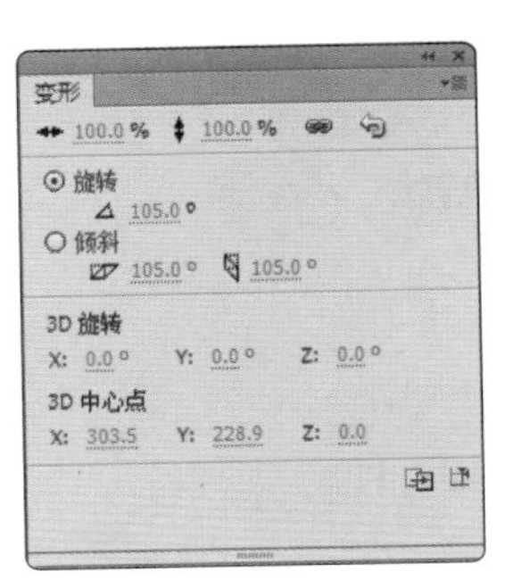

图 4-116

4.2.4 任务实施

1 绘制底图

（1）选择“文件 > 新建”命令，弹出“新建文档”对话框。在“常规”选项卡中选择“ActionScript 3.0”选项，将“宽”设为 450，“高”设为 300，单击“确定”按钮，完成文档的创建。

（2）按 Ctrl+L 组合键，弹出“库”面板。在“库”面板下方单击“新建元件”按钮，弹出“创建新元件”对话框。在“名称”文本框中输入“标志”，在“类型”下拉列表中选择“图形”，单击“确定”按钮，新建一个图形元件“标志”，如图 4-117 所示，舞台窗口也随之转换为图形元件的舞台窗口。

（3）将“图层 1”重命名为“椭圆形”。选择“椭圆”工具，在工具箱中将“笔触颜色”设为无，“填充颜色”设为深粉色（#FB1F8D），在舞台窗口中绘制一个椭圆形。选中图形，在形状“属性”面板中将“宽”设为 280，“高”设为 120，效果如图 4-118 所示。

❷ 添加并编辑文字

（1）单击“时间轴”面板下方的“新建图层”按钮，创建新图层并将其命名为“文字”。选择“文本”工具T，在“文本”工具的“属性”面板中进行设置，在舞台窗口中的适当位置输入大小为50、字体为“方正准圆简体”的黑色文字，文字效果如图4-119所示。选择“选择”工具，选中文字，按两次Ctrl+B组合键，将文字打散。分别框选“女、堂”两个字，将其向右移动，将文字的间距扩大，效果如图4-120所示。

图 4-117

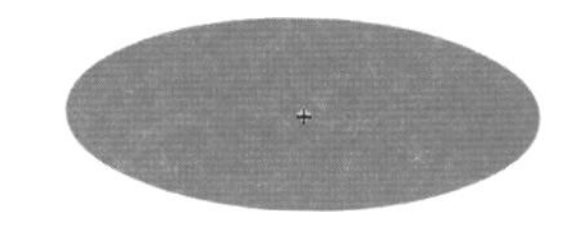

图 4-118

图 4-119

图 4-120

（2）删除“淑”字左侧的上、下两个点，将中间的点向左移动一些。选择“套索”工具，圈选“又”字右下角的笔画，如图4-121所示。按Delete键，将其删除，效果如图4-122所示。用“套索”工具圈选“女”字的下半部分，如图4-123所示。按Delete键，将其删除，效果如图4-124所示。

图 4-121

图 4-122

图 4-123

图 4-124

（3）使用相同的方法删除文字上多余的笔画，效果如图4-125所示。单击“时间轴”面板下方的“新建图层”按钮，创建新图层并将其命名为“修改笔画”。选择“钢笔”工具，在“钢笔”工具的“属性”面板中，将“笔触颜色”设为黑色，“笔触”为3.75，如图4-126所示。

图 4-125

图 4-126

（4）在“又”字的“撇”上单击，设置起始点，在字下方的空白处单击，设置第2个节点，按住鼠标左键不放，向旁边拖曳出控制手柄，通过调节控制手柄来改变路径的弯曲度，效果如图 4-127 所示。松开鼠标，绘制出一条曲线，效果如图 4-128 所示。在第 2 个节点的右侧单击，设置第 3 个节点，松开鼠标，效果如图 4-129 所示。

（5）在“女”字的下方单击，设置第 4 个节点，按住鼠标左键不放，向旁边拖曳出控制手柄，调节控制手柄来改变路径的弯曲度，效果如图 4-130 所示。

图 4-127 　图 4-128 　图 4-129 　图 4-130

（6）松开鼠标，“淑、女”两个字被连接起来，效果如图 4-131 所示。选择“选择”工具，绘制曲线上的路径消失，查看绘制效果。

（7）选择“钢笔”工具，在“女”字左侧的边线上单击设置起始点，再单击“堂”字下方的横线，设置第 2 个节点，按住鼠标左键不放，向旁边拖曳出控制手柄，通过调节控制手柄来改变路径的弯曲度，效果如图 4-132 所示。松开鼠标，绘制出一条曲线，效果如图 4-133 所示。

图 4-131 　图 4-132 　图 4-133

（8）选择“铅笔”工具，在工具箱下方的“铅笔模式”选项组下拉列表中选择“平滑”选项，如图 4-134 所示。在“女”字的左边绘制一条弯曲的螺旋状曲线，效果如图 4-135 所示。用相同的方法在“女”字的右侧也绘制一条曲线，效果如图 4-136 所示。

（9）在“淑”字的左下方绘制一条螺旋状曲线，选择“选择”工具，将鼠标指针移到曲线上，鼠标指针变为形状，拖曳曲线修改曲线的弧度，效果如图 4-137 所示。用相同的方法在“堂”字的右下方绘制螺旋状曲线，效果如图 4-138 所示。

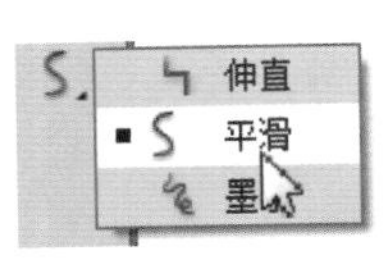

图 4-134 　图 4-135 　图 4-136 　图 4-137 　图 4-138

（10）选择“文件 > 导入 > 导入到舞台”命令，在弹出的“导入”对话框中选择“Ch04 > 素材 > 绘制淑女堂标志 > 01”文件，单击“打开”按钮，“01”图形被导入舞台窗口中。将“01”图形放置在“淑”字的左上方来作为“淑”字上方的点，效果如图 4-139 所示。选中“01”图形，多次按 Ctrl+B 组合键，将其打散。圈选所有的文字图形及变形曲线，将其放置在深粉色椭圆形的中心位置，效果如图 4-140 所示。保持文字图形及变形曲线的选中状态。

（11）在工具箱中将“笔触颜色”和“填充颜色”均设为白色，将文字图形及变形曲线的颜色更改为白色，效果如图 4-141 所示。取消对文字图形及变形曲线的选择。选择“文件 >

导入 > 导入到库”命令，在弹出的“导入到库”对话框中选择“Ch04 > 素材 > 绘制淑女堂标志 > 02”文件，单击“打开”按钮，文件被导入“库”面板中。

（12）单击“时间轴”面板下方的“新建图层”按钮，创建新图层并将其命名为“花纹”。选择“选择”工具，将“库”面板中的图形元件“01”拖曳到舞台窗口的中心位置，效果如图 4-142 所示。

图 4-139

图 4-140

图 4-141

图 4-142

3 绘制背景图形

（1）单击舞台窗口左上方的“场景 1”图标，进入“场景 1”的舞台窗口，将“图层 1”重命名为“花纹”。选择“矩形”工具，在“矩形”工具的“属性”面板中将“笔触颜色”设为黑色，“填充颜色”设为无，“笔触”设为 1，如图 4-143 所示。

（2）在舞台窗口中绘制一个和白色背景一样大的矩形框。选择“选择”工具，选中矩形框，在形状的“属性”面板中将“宽”设为 450，“高”设为 300，将 X、Y 均设为 0，如图 4-144 所示。选择“线条”工具，在按住 Shift 键的同时，在矩形框中从上到下绘制一条垂直线段，效果如图 4-145 所示。

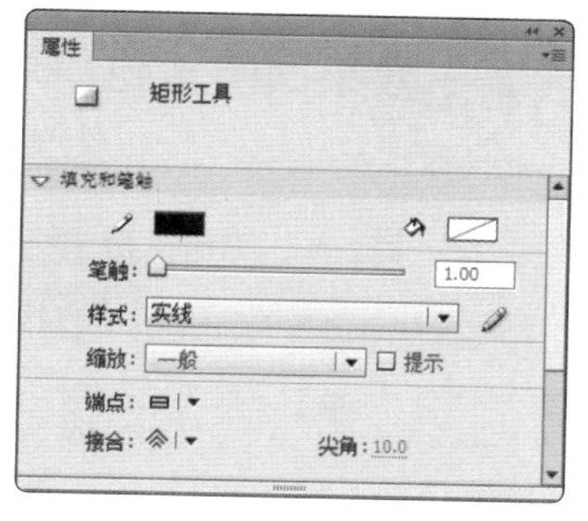

图 4-143

图 4-144

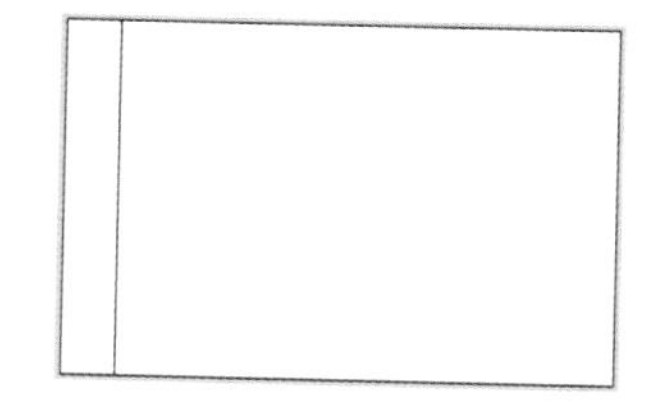
图 4-145

（3）用相同的方法绘制出多条垂直线段，效果如图 4-146 所示。选择“颜料桶”工具，在工具箱中将“填充颜色”设为淡粉色（#FDE1F0）。单击矩形框中间的区域，每隔一个矩形框，填充上粉色，效果如图 4-147 所示。选择“选择”工具，在舞台窗口中双击任意一条黑色线段，所有的黑色线段都被选中。按 Delete 键，删除选中的黑色线段，效果如图 4-148 所示。

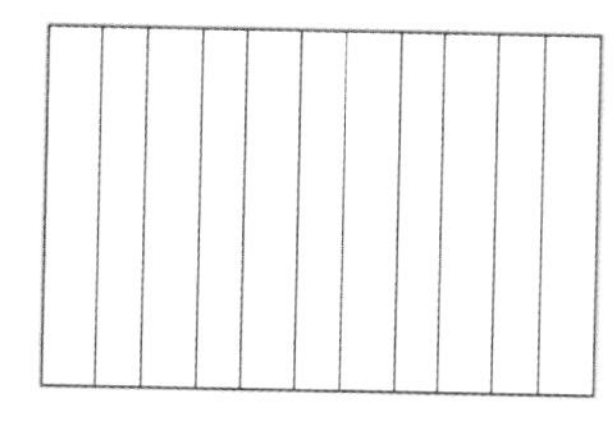
图 4-146

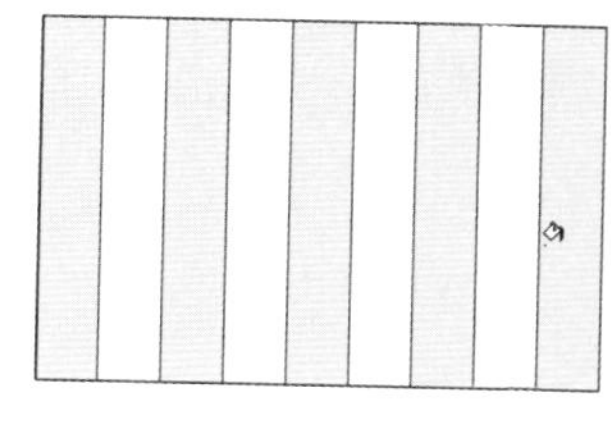
图 4-147

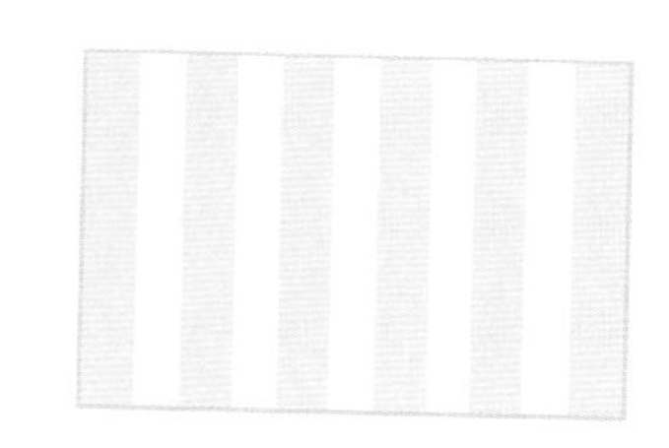
图 4-148

（4）将“库”面板中的图形元件“标志”拖曳到舞台窗口的中心位置，效果如图 4-149 所示。按 Ctrl+T 组合键，弹出“变形”面板，单击“约束”按钮，将“缩放宽度”设为 128%，“缩放高度”也随之转换为 128%。按 Enter 键，标志图形被扩大，效果如图 4-150 所示。淑女堂标志绘制完成，按 Ctrl+Enter 组合键即可查看效果。

图 4-149

图 4-150

4.2.5 扩展实践：绘制科杰龙电子标志

使用“选择”和“套索”工具删除多余的笔画；使用“部分选取”工具将文字变形；使用“椭圆”工具绘制圆形；使用“钢笔”和“颜料桶”工具添加笔画效果。最终效果参看云盘中的“Ch04 > 效果 > 绘制科杰龙电子标志”，如图 4-151 所示。

图 4-151

微课
4.2.5 扩展实践

任务 4.3 项目演练：绘制通信网络标志

4.3.1 任务引入

本任务是为万升网络公司制作通信网络标志，要求设计具有较强的识别性，能体现公司特色。

4.3.2 设计理念

在设计时，使用渐变的蓝绿色作为背景色，令人感觉稳重、大气；对公司名称“万升网络”进行艺术处理，体现网络公司的特色；背景中的图形一方面丰富了画面，另一方面突出了科技感。最终效果参看云盘中的“Ch04 > 效果 > 绘制通信网络标志”，如图 4-152 所示。

图 4-152

05

项目5

制作网络广告

——广告设计

广告具有实效性强、受众广泛、宣传力度大等特点，被广泛应用于多种领域。通过本项目的学习，读者可以掌握广告的设计方法和制作技巧。

学习引导

知识目标

- 了解广告的概念
- 了解广告的功能和特点

能力目标

- 熟悉广告的设计思路
- 掌握广告的制作方法和技巧

素养目标

- 培养创新思维
- 提高文字表述功底

实训项目

- 制作饮品广告
- 制作平板电脑广告
- 制作健身舞蹈广告

相关知识：广告设计基础

1 广告的概念

广义上的广告是指向公众通知某一件事并最终达到广而告之的目的；狭义上的广告主要指营利性的广告，即广告主为了某种特定的需要，通过各种媒介，耗费一定的费用，公开而广泛地向公众传递某种信息并最终从中获利。图 5-1 所示为广告范例。

2 广告的功能

从总体来看，现代广告的主要功能有交流功能、宣传功能、营销功能、心理功能、美学功能等。图 5-2 所示为广告范例。

图 5-1

图 5-2

3 广告的特点

一则成功的广告一般具备几个共同的特点，包括主题明确、艺术手法运用得当、内容通俗易懂等。图 5-3 所示为广告范例。

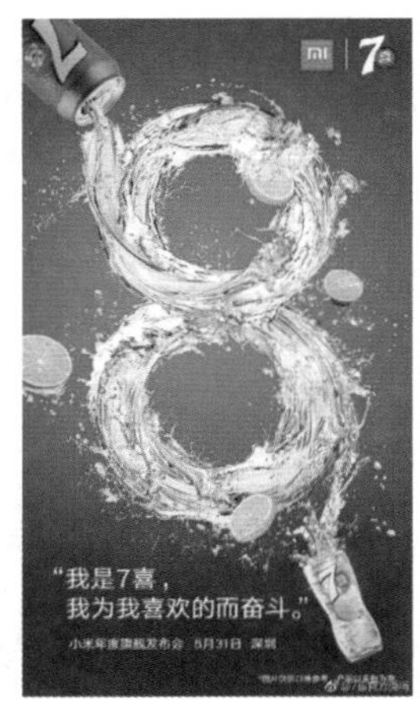

图 5-3

任务 5.1 制作饮品广告

微课

任务 5.1

5.1.1 任务引入

本任务要求为某饮品店制作广告，要求设计表现出清凉的感觉，主题突出。

图 5–4

5.1.2 设计理念

在设计时，通过蓝色的背景和下方的冰块图案营造出清爽的氛围；品种丰富的饮品占据画面的主要位置，产生视觉冲击感；经过变形处理的文字使画面更富动感。最终效果参看云盘中的“Ch05 > 效果 > 制作饮品广告”，如图 5-4 所示。

5.1.3 任务知识：导入图像素材

导入云盘中的“基础素材 > Ch05 > 01”文件并将其选中，如图 5-5 所示。选择“修改 > 位图 > 转换位图为矢量图”命令，弹出“转换位图为矢量图”对话框，如图 5-6 所示。单击“确定”按钮，位图转换为矢量图，如图 5-7 所示。

图 5–5

图 5–6

图 5–7

在“转换位图为矢量图”对话框中，设置的数值不同，产生的效果也不相同，如图 5-8 所示。

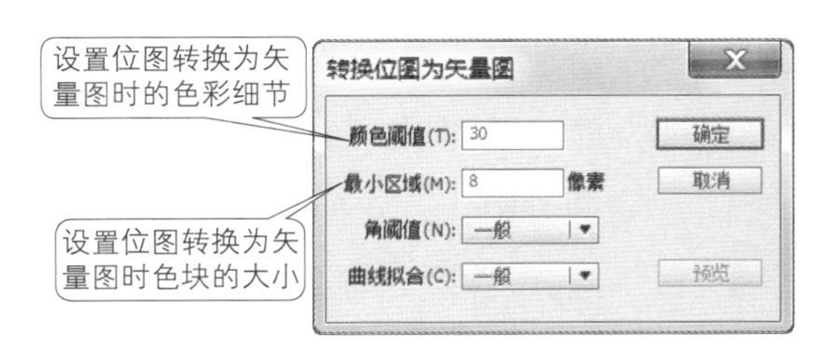

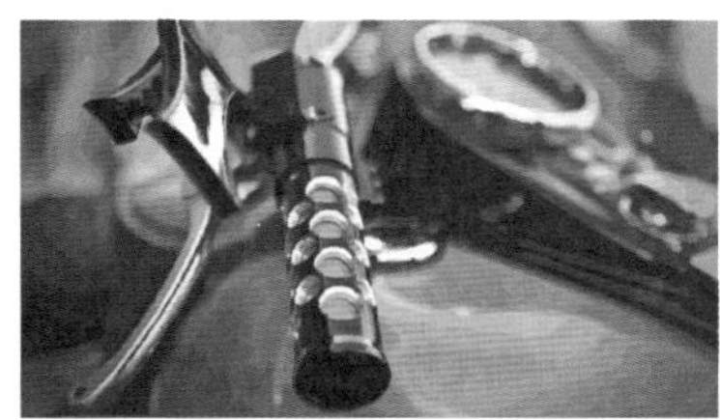
图 5–8

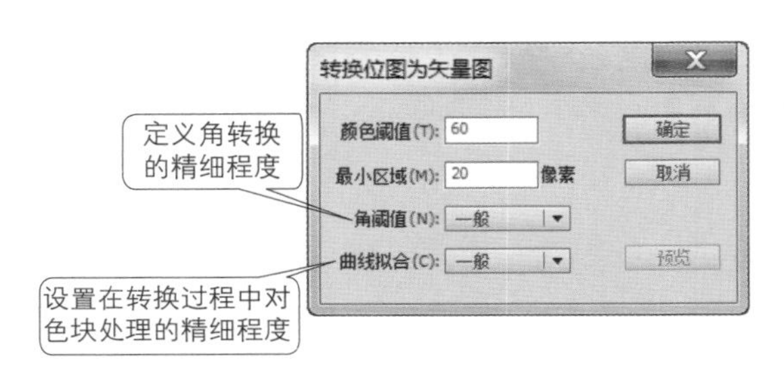

图 5-8（续）

将位图转换为矢量图后，可以应用“颜料桶”工具为其重新填色。

选择“颜料桶”工具，将“填充颜色”设置为黄色（#FFE719），在图形的粉色区域单击，为粉色区域填充黄色，如图 5-9 所示。

将位图转换为矢量图后，还可以用“滴管”工具对图形进行采样，然后将其用作填充。选择“滴管”工具，鼠标指针变为形状，在需要取样的颜色上单击，吸取色彩值，如图 5-10 所示。吸取后，鼠标指针变为形状，在适当的位置上单击，用吸取的颜色填充，效果如图 5-11 所示。

图 5-9

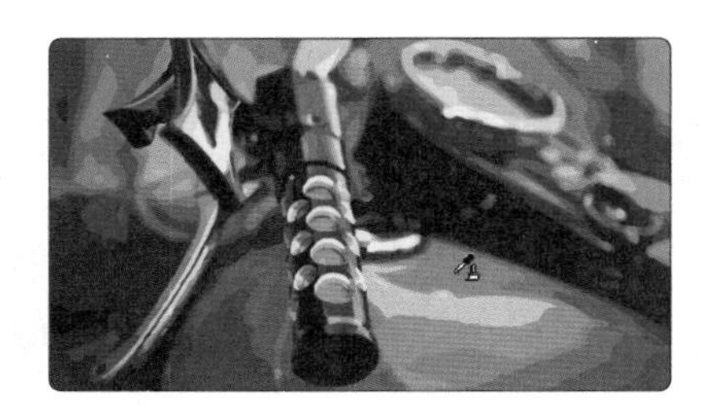

图 5-10

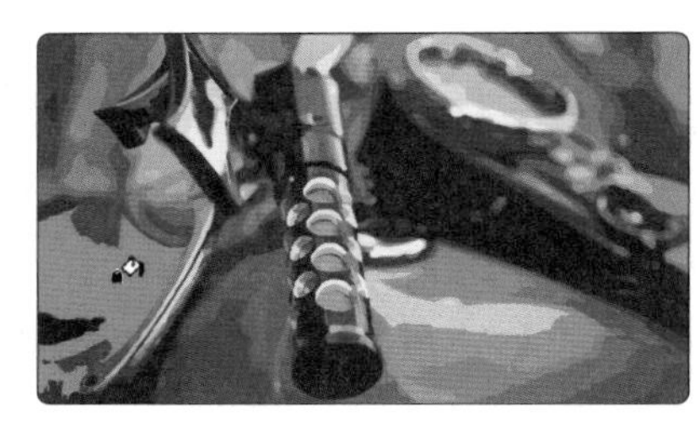

图 5-11

5.1.4 任务实施

（1）选择“文件 > 新建”命令，弹出“新建文档”对话框。在“常规”选项卡中选择“ActionScript 3.0”选项，将“宽”设为 450，“高”设为 630。单击“确定”按钮，完成文档的创建。

（2）将“图层 1”重命名为“底图”，选择“文件 > 导入 > 导入到舞台”命令，在弹出的“导入到舞台”对话框中选择云盘中的“Ch05 > 素材 > 制作饮品广告 > 01”文件，单击“打开”按钮，文件被导入舞台窗口，如图 5-12 所示。

（3）选择“修改 > 位图 > 转换位图为矢量图”命令，弹出“转换位图为矢量图”对话框，设置的选项如图 5-13 所示。单击“确定”按钮，效果如图 5-14 所示。

（4）选择“文件 > 导入 > 导入到库”命令，在弹出的“导入到库”对话框中选择云盘中的“Ch05 > 素材 > 制作饮品广告 > 02、03、04”文件，单击“打开”按钮，将文件导入“库”面板，如图 5-15 所示。

图 5-12

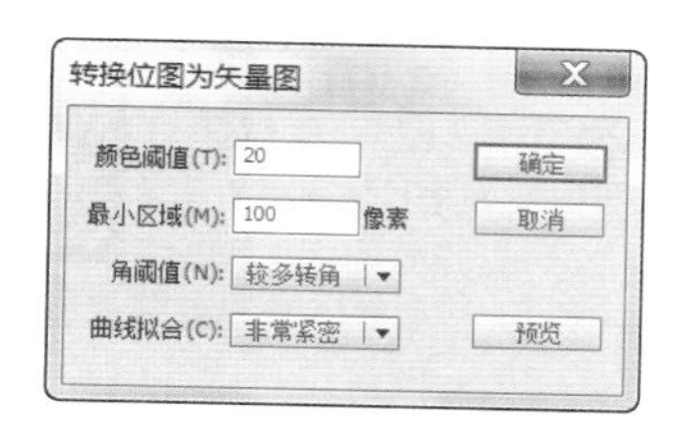

图 5-13

图 5-14

图 5-15

（5）单击“时间轴”面板下方的“新建图层”按钮，创建新图层并将其命名为“冰激凌”。分别将“库”面板中的位图“02”和“03”拖曳到舞台窗口中的适当位置，效果如图 5-16 和图 5-17 所示。

（6）单击“时间轴”面板下方的“新建图层”按钮，创建新图层并将其命名为“文字”。将“库”面板中的位图“04”拖曳到舞台窗口中的适当位置，效果如图 5-18 所示。饮品广告制作完成，按 Ctrl+Enter 组合键即可查看效果。

图 5-16

图 5-17

图 5-18

5.1.5 扩展实践：制作汉堡广告

微课

5.1.5 扩展实践

使用“导入到库”命令将素材导入“库”面板；使用“转换位图为矢量图”命令将位图转换为矢量图。最终效果参看云盘中的“Ch05 > 效果 > 制作汉堡广告”，如图 5-19 所示。

图 5-19

任务 5.2　制作平板电脑广告

5.2.1 任务引入

本任务要求为计算机公司制作平板电脑广告，要求设计风格简约，重点展示宣传产品。

5.2.2 设计理念

在设计时，使用模糊的背景来突出宣传主体；通过对产品多角度的展示，用户可以更多地了解产品；简洁的文字选用了白色、灰色，现代感十足。最终效果参看云盘中的“Ch05 > 效果 > 制作平板电脑广告”，如图 5-20 所示。

图 5-20

5.2.3 任务知识：导入视频素材

1 导入视频素材

◎ 视频素材格式

Flash CS6 对导入的视频格式做了严格的限制，只能导入 F4V 和 FLV 格式的视频，而 FLV 格式是当前网页视频的主流。

◎ FLV

FLV（Flash Video）文件适用于通信应用程序，如视频会议等。

◎ F4V

F4V 是 Adobe 公司在 FLV 格式之后推出的支持 H.264 的流媒体格式。它和 FLV 的主要区别在于，FLV 格式采用的是 H.263 编码，而 F4V 则支持 H.264 编码的高清晰度视频，码率最高可达 50 Mbit/s。

◎ 导入 FLV 视频

选择“文件 > 导入 > 导入视频”命令，弹出“导入视频”对话框。单击“浏览”按钮，在弹出的“打开”对话框中选择云盘中的“基础素材 > Ch05 > 02”文件，如图 5-21 所示。单击“打开”按钮，返回“导入视频”对话框，在对话框中选择“在 SWF 中嵌入 FLV 并在时间轴中播放”单选按钮，如图 5-22 所示，单击“下一步”按钮。

图 5-21

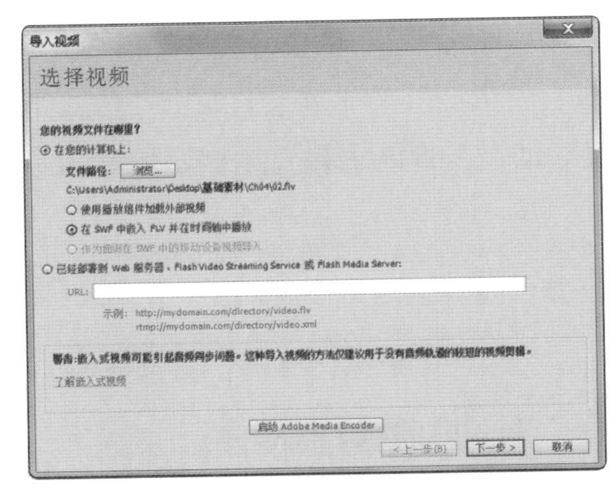

图 5-22

进入“嵌入”对话框，如图 5-23 所示。单击“下一步”按钮，弹出“完成视频导入”对话框，如图 5-24 所示。单击“完成”按钮完成视频的编辑。

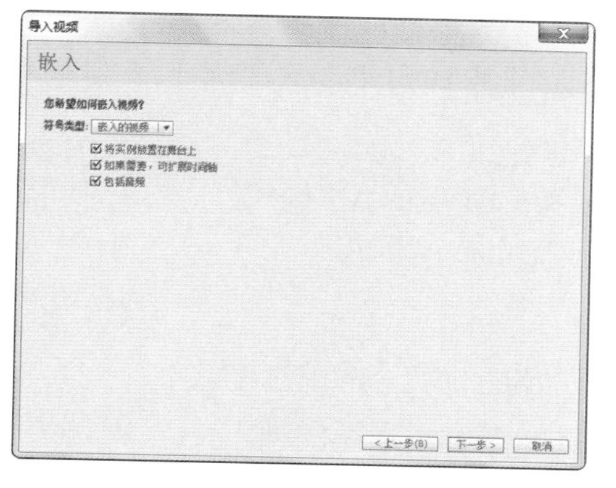

图 5-23

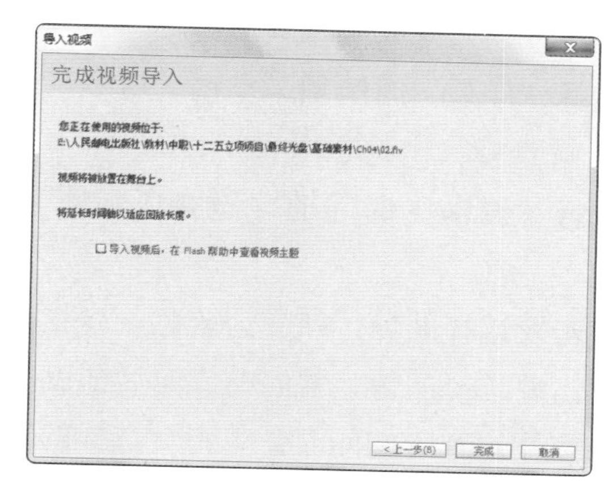

图 5-24

此时，舞台窗口、时间轴和“库”面板中的效果分别如图 5-25 ～图 5-27 所示。

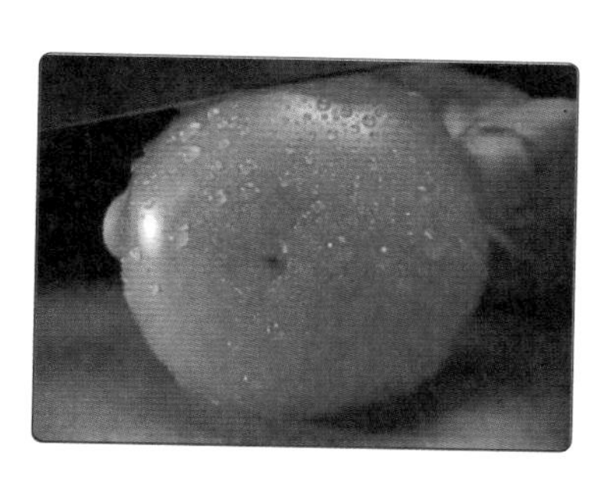

图 5-25

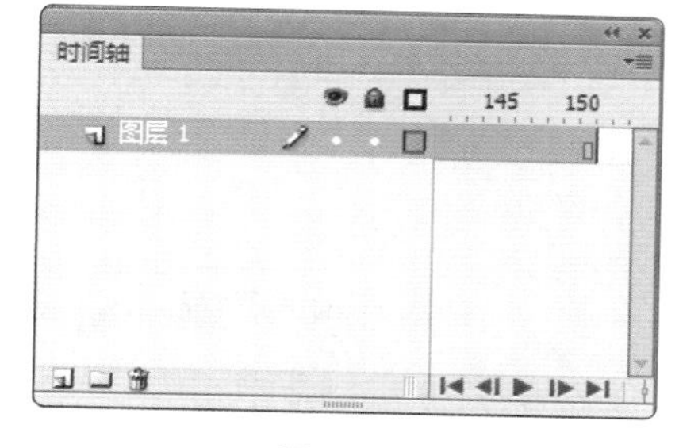

图 5-26

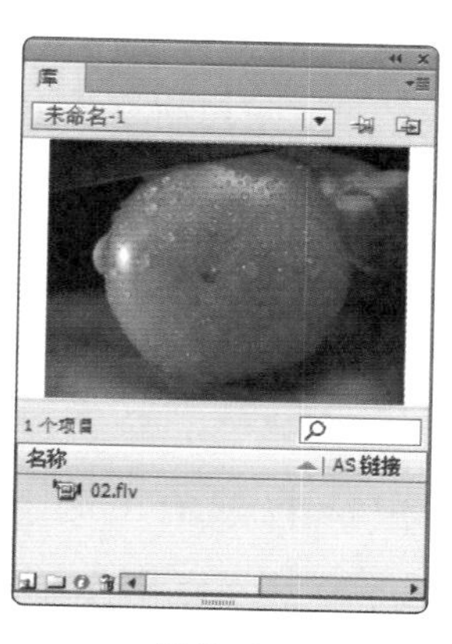

图 5-27

2 视频的属性

在“属性”面板中可以更改导入视频的属性。选中视频，选择“窗口 > 属性”命令，弹出视频的“属性”面板，如图 5-28 所示。

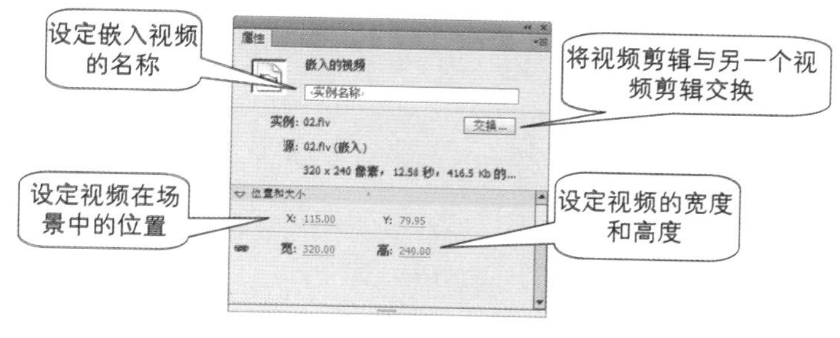

图 5-28

3 在“时间轴”面板中设置帧

在“时间轴”面板中可以对帧进行一系列操作。

◎ 插入帧

选择“插入 > 时间轴 > 帧”命令，或按 F5 键，可以在时间轴上插入一个普通帧。

选择“插入 > 时间轴 > 关键帧”命令，或按 F6 键，可以在时间轴上插入一个关键帧。

选择“插入 > 时间轴 > 空白关键帧”命令，可以在时间轴上插入一个空白关键帧。

◎ 选择帧

选择“编辑 > 时间轴 > 选择所有帧”命令，或按 Ctrl+Alt+A 组合键，选中时间轴中的所有帧。

单击要选择的帧，帧变为蓝色。

单击要选择的帧，再向前或向后拖曳，鼠标指针经过的帧全部被选中。

在按住 Ctrl 键的同时，单击要选择的帧，可以选择多个不连续的帧。

在按住 Shift 键的同时，单击要选择的两个帧，这两个帧中间的所有帧都被选中。

◎ 移动帧

选中一个或多个帧，按住鼠标左键并拖曳所选的帧到目标位置。在拖曳过程中，如果按住 Alt 键，会在目标位置上复制所选的帧。

选中一个或多个帧，选择“编辑 > 时间轴 > 剪切帧”命令，或按 Ctrl+Alt+X 组合键，剪切所选的帧。选中目标位置，选择“编辑 > 时间轴 > 粘贴帧”命令，或按 Ctrl+Alt+V 组合键，在目标位置上粘贴所选的帧。

◎ 删除帧

用鼠标右键单击要删除的帧，在弹出的快捷菜单中选择“清除帧”命令。选中要删除的普通帧，按 Shift+F5 组合键删除帧。选中要删除的关键帧，按 Shift+F6 组合键删除关键帧。

5.2.4 任务实施

（1）选择“文件 > 新建”命令，弹出“新建文档”对话框。在“常规”选项卡中选择“ActionScript 3.0”选项，将“宽”设为 600，“高”设为 424。单击“确定”按钮，完成文档的创建。

（2）选择“文件 > 导入 > 导入到舞台”命令，在弹出的“导入”对话框中选择云盘中的“Ch05 > 素材 > 制作平板电脑广告 > 01”文件，单击“打开”按钮，文件被导入舞台窗口，如图 5-29 所示。将“图层 1”重命名为“底图”。

（3）单击“时间轴”面板下方的“新建图层”按钮，创建新图层并将其命名为“视频”。选择“文件 > 导入 > 导入视频”命令，在弹出的“导入视频”对话框中单击“浏览”按钮，在弹出的“打开”对话框中选择云盘中的“Ch05 > 素材 > 制作平板电脑广告 > 02”文件，单击“打开”按钮返回“导入视频”对话框。选中“在 SWF 中嵌入 FLV 并在时间轴中播放”

单选按钮，如图 5-30 所示。

图 5-29

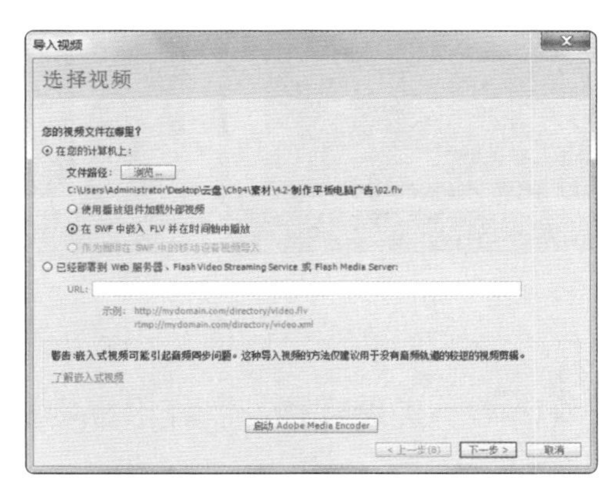

图 5-30

（4）单击“下一步”按钮，弹出“嵌入”对话框，选项的设置如图 5-31 所示。单击“下一步”按钮，弹出“完成视频导入”对话框。单击“完成”按钮，完成视频的导入，“02”视频文件被导入“库”面板，如图 5-32 所示。

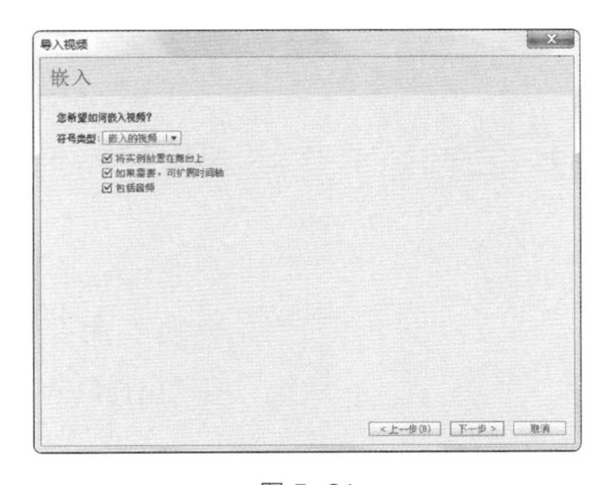

图 5-31

图 5-32

（5）选中“底图”和“视频”图层的第 41 帧，按 F5 键，在该帧上插入普通帧。选中舞台窗口中的视频实例，选择“任意变形”工具，在视频的周围出现控制点，将鼠标指针移到视频右上方的控制点上。鼠标指针变为形状，按住鼠标左键不放，向中间拖曳控制点，松开鼠标，视频缩小。将视频放置到适当的位置，在舞台窗口的任意位置单击，取消对视频的选取，效果如图 5-33 所示。

图 5-33

（6）创建新图层并将其命名为“视频边框”。选择“基本矩形”工具，在“基本矩形”工具的“属性”面板中将“笔触颜色”设为无，“填充颜色”设为黑色，在舞台窗口中绘制矩形，如图 5-34 所示。保持图形的选取状态，在按住 Alt+Shift 组合键的同时，水平向右拖曳图形到适当的位置，效果如图 5-35 所示。平板电脑广告制作完成，按 Ctrl+Enter 组合键查看效果，如图 5-36 所示。

图 5-34

图 5-35

图 5-36

5.2.5 扩展实践：制作液晶电视广告

使用“导入”命令导入视频；使用“变形”工具调整视频的大小；使用“属性”面板固定视频的位置；使用“矩形”工具绘制装饰边框。最终效果参看云盘中的“Ch05 > 效果 > 制作液晶电视广告”，如图 5-37 所示。

图 5-37

任务 5.3 制作健身舞蹈广告

5.3.1 任务引入

本任务要求制作健身舞蹈广告，要求设计风格现代、时尚，号召更多人积极参与。

5.3.2 设计理念

在设计时，以多彩的背景表现的多彩生活，以正在舞蹈的人物剪影表现出运动的生机和活力，以跃动的节奏图形和主题文字激发人们参与健身舞蹈的热情。最终效果参看云盘中的“Ch05 > 效果 > 制作健身舞蹈广告”，如图 5-38 所示。

图 5-38

5.3.3 任务知识：创建元件、补间动画

1 创建传统补间

新建空白文档，选择“文件 > 导入 > 导入到库”命令，将云盘中的“基础素材 > Ch05 > 03”文件导入“库”面板中。将图形元件“03.ai”拖曳到舞台的右侧，如图 5-39 所示。

选中第 10 帧，按 F6 键，插入关键帧，如图 5-40 所示。将图形拖曳到舞台的左侧，如图 5-41 所示。

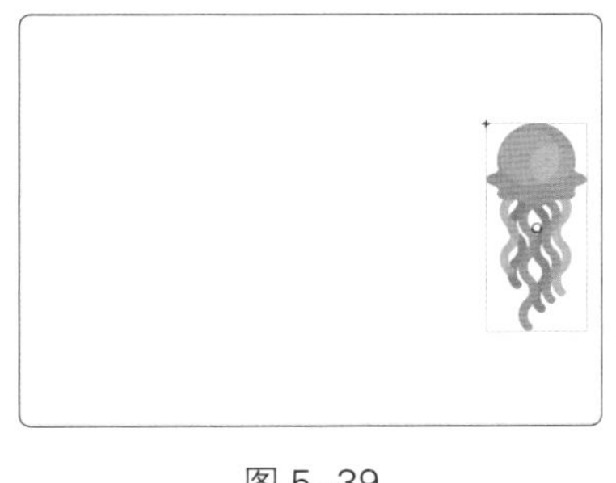

图 5-39

图 5-40

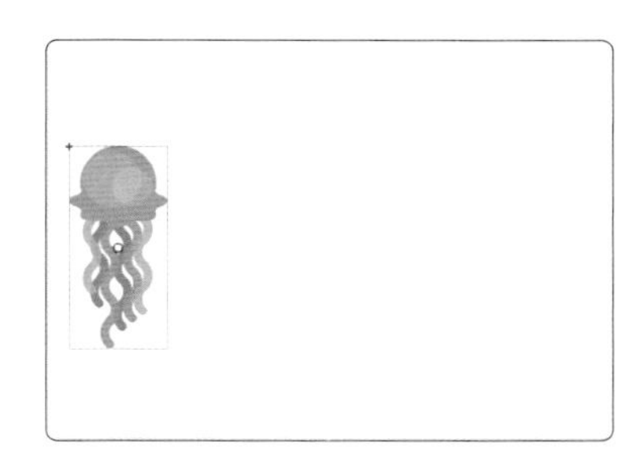

图 5-41

用鼠标右键单击第 1 帧，在弹出的快捷菜单中选择“创建传统补间”命令，创建传统补间动画。将其设为“传统补间动画”后，“属性”面板出现多个新的选项，如图 5-42 所示。

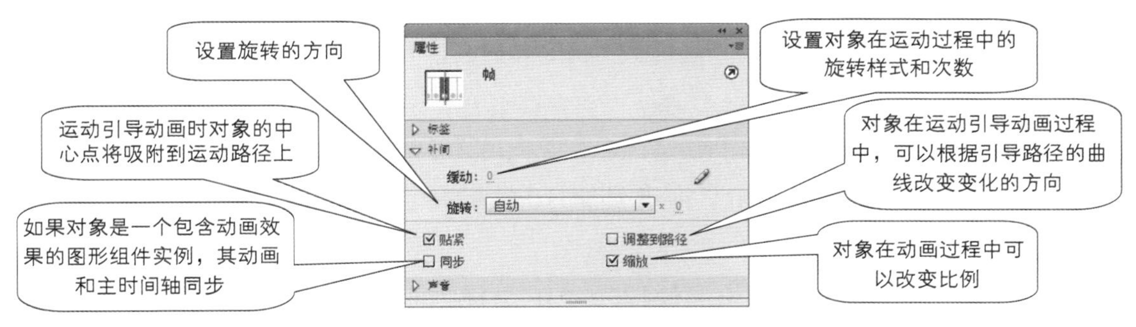

图 5-42

在“时间轴”面板中，第 1 ～ 10 帧出现蓝色的背景和黑色的箭头，表示生成传统补间动画，如图 5-43 所示。完成动作补间动画的制作，按 Enter 键让播放头播放，即可观看制作效果。

如果想观察制作的动作补间动画中每一帧产生的不同效果，可以单击“时间轴”面板下方的“绘图纸外观”按钮，并将标记点的起始点设为第 1 帧，终止点设为第 10 帧，如图 5-44 所示。舞台显示不同帧中图形位置的变化，效果如图 5-45 所示。

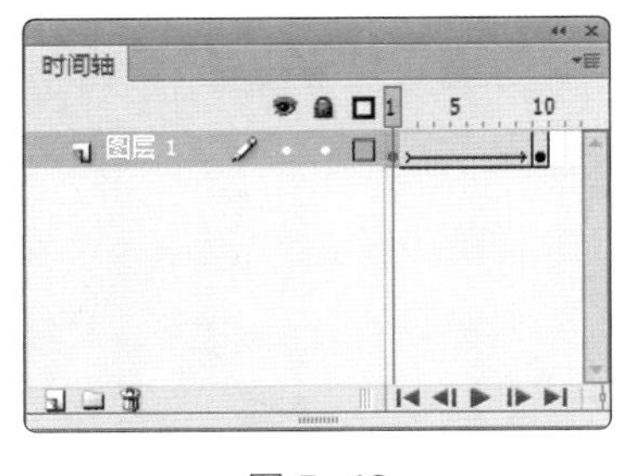

图 5-43

图 5-44

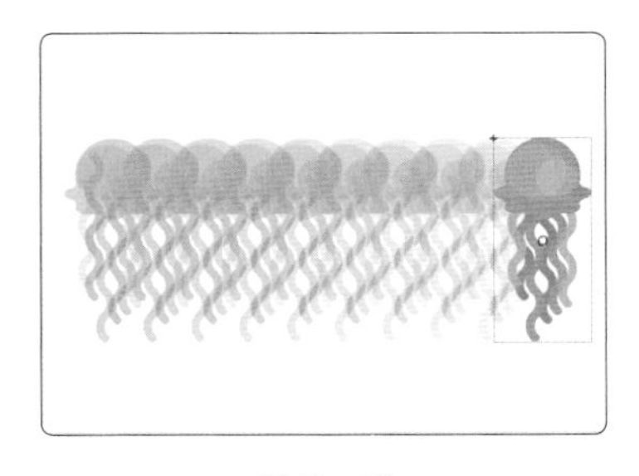

图 5-45

如果在帧“属性”面板中将“旋转”设为“逆时针”，如图 5-46 所示，那么在不同的帧中，图形位置的变化效果如图 5-47 所示。

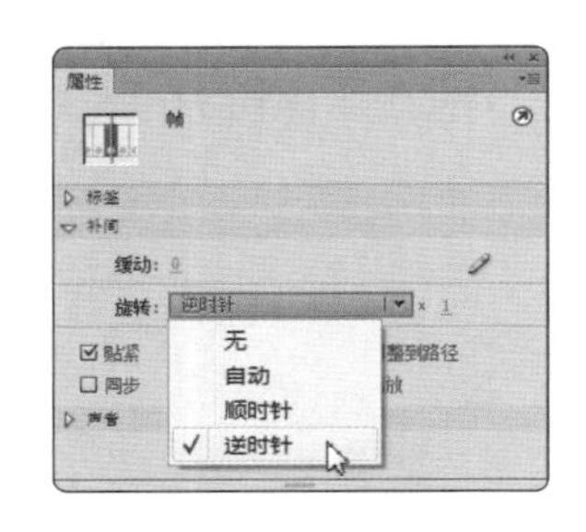

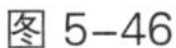
图 5-46

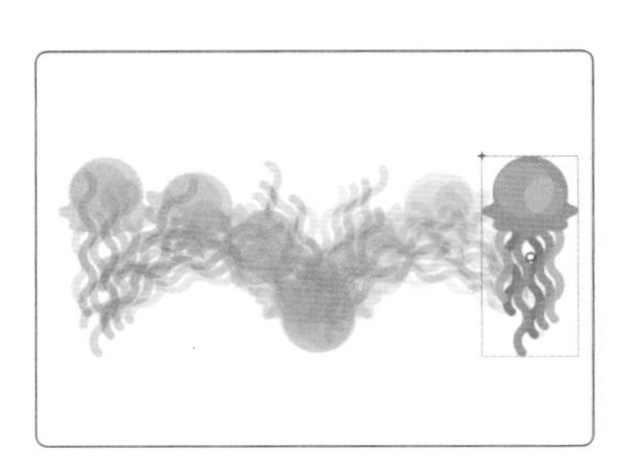
图 5-47

② 创建补间形状

如果舞台上的对象是组件实例、多个图形的组合、文字或导入的素材对象，那么必须先分离或取消组合，将其打散成图形，才能制作形状补间动画。利用这种动画，也可以实现上述对象的大小、位置、旋转、颜色及透明度等变化。

选择“文件 > 导入 > 导入到舞台”命令，将云盘中的“基础素材 > Ch05 > 04”文件导入舞台的第 1 帧中。多次按 Ctrl+B 组合键将其打散，如图 5-48 所示。选中“图层 1”的第 10 帧，按 F7 键，插入空白关键帧。

选择“文件 > 导入 > 导入到库”命令，将云盘中的“基础素材 > Ch05 > 05”文件导入库中。将“库”面板中的图形元件“05.ai”拖曳到第 10 帧的舞台窗口中，多次按 Ctrl+B 组合键将其打散，如图 5-49 所示。

用鼠标右键单击第 1 帧，在弹出的快捷菜单中选择“创建补间形状”命令，如图 5-50 所示。

设置完成后，在“时间轴”面板中，第 1 ～ 10 帧出现绿色的背景和黑色的箭头，表示生成形状补间动画，如图 5-51 所示。按 Enter 键，让播放头播放，即可观看制作效果。

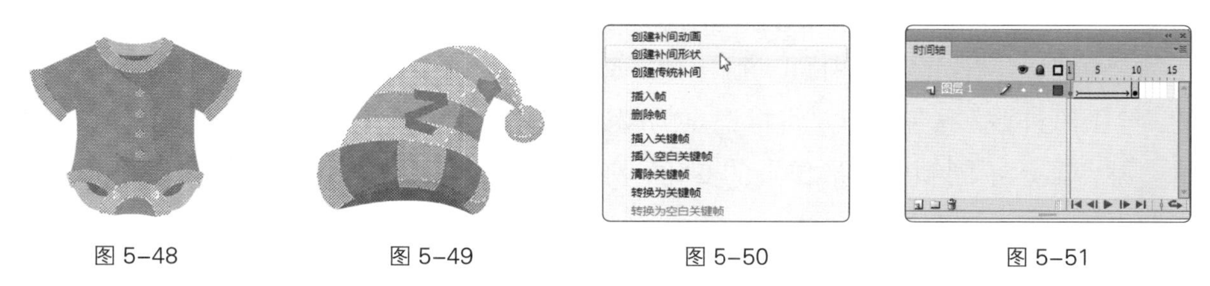

图 5-48　图 5-49　图 5-50　图 5-51

在变形过程中，每一帧上的图形都发生不同的变化，如图 5-52 所示。

（a）第 1 帧　（b）第 3 帧　（c）第 5 帧　（d）第 7 帧　（e）第 10 帧

图 5-52

③ 逐帧动画

新建空白文档，选择“文本”工具T，在第 1 帧的舞台中输入文字“春”字，如图 5-53 所示。

在“时间轴”面板中选中第 2 帧，如图 5-54 所示。按 F6 键，插入关键帧，如图 5-55 所示。

图 5-53

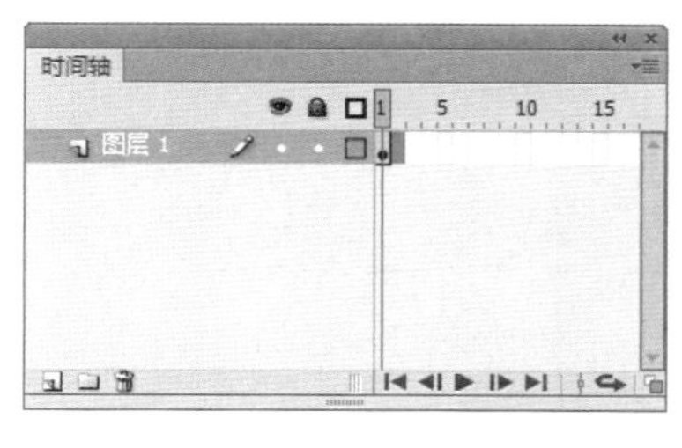

图 5-54

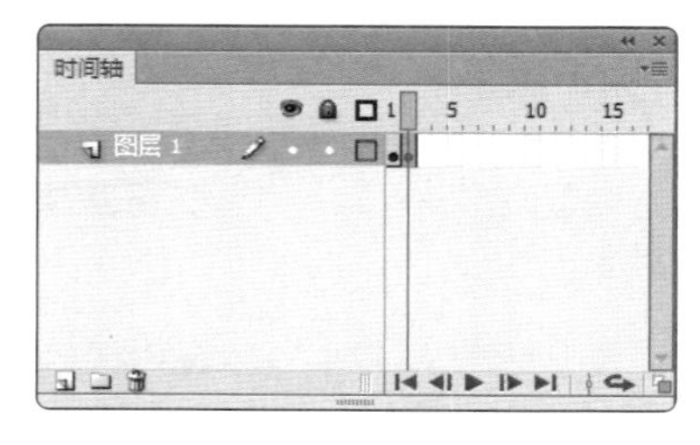

图 5-55

在第 2 帧的舞台中输入“暖”字，如图 5-56 所示。用相同的方法在第 3 帧上插入关键帧，在舞台中输入“花”字，如图 5-57 所示。在第 4 帧上插入关键帧，在舞台中输入“开”字，如图 5-58 所示。按 Enter 键，让播放头播放，即可观看制作效果。

图 5-56

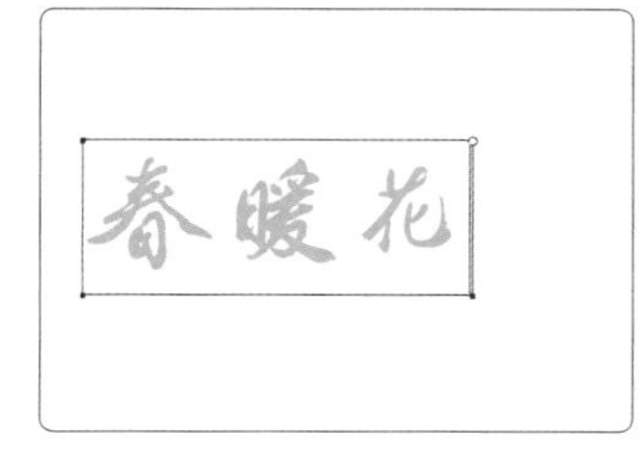

图 5-57

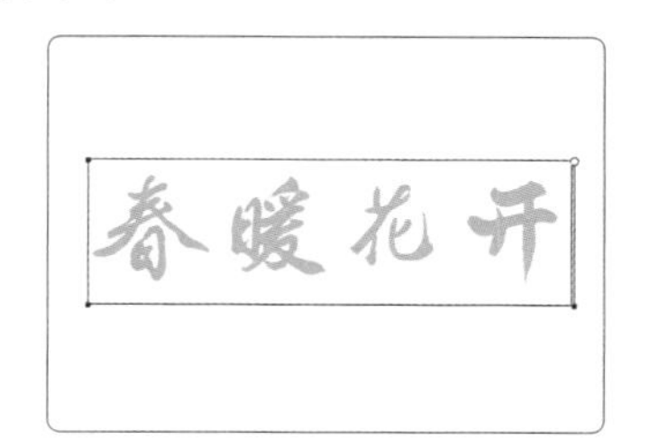

图 5-58

还可以从外部导入图片组来实现逐帧动画的效果。

选择“文件 > 导入 > 导入到舞台”命令，弹出“导入”对话框。在对话框中选中素材文件，如图 5-59 所示。单击“打开”按钮，弹出提示对话框，询问是否导入图像序列中的所有图像，如图 5-60 所示。

图 5-59

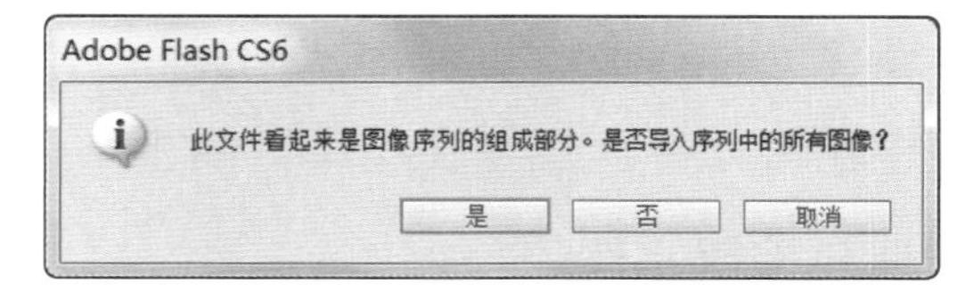

图 5-60

单击“是”按钮，将图像序列导入舞台，如图 5-61 所示。按 Enter 键，让播放头播放，即可观看制作效果。

4 创建图形元件

选择“插入 > 新建元件”命令，或按 Ctrl+F8 组合键，弹出“创建新元件”对话框，在“名称”文本框中输入“植物”，在“类型”下拉列表中选择“图形”选项，如图 5-62 所示。

单击“确定”按钮，创建一个新的图形元件“植物”。图形元件的名称出现在舞台的左上方，舞台切换到了图形元件“植物”的窗口，窗口中间出现十字“+”，代表图形元件的中心定位点，如图 5-63 所示。在“库”面板中显示图形元件，如图 5-64 所示。

图 5-61

图 5-62

选择“文件 > 导入 > 导入到舞台”命令，弹出“导入”对话框。在对话框中选择云盘中的“基础素材 > Ch05 > 06”文件，单击“打开”按钮，将素材导入舞台，如图 5-65 所示，完成图形元件的创建。单击舞台窗口左上方的“场景 1”图标场景 1，可以返回到场景 1 的编辑舞台。

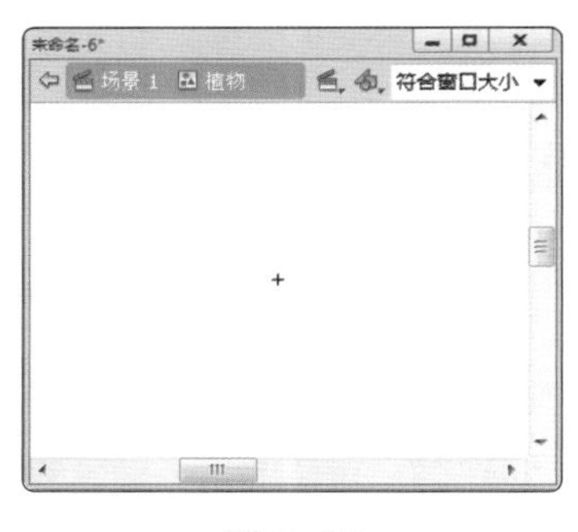

图 5-63

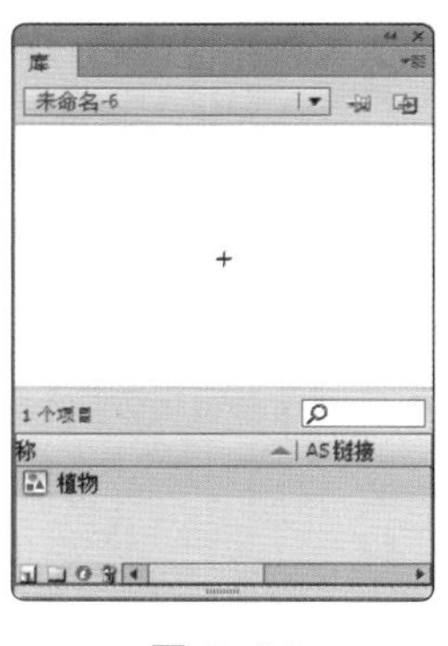

图 5-64

图 5-65

还可以应用“库”面板创建图形元件。单击“库”面板右上方的按钮，在下拉菜单中选择“新建元件”命令，弹出“创建新元件”对话框。选中“图形”选项，单击“确定”按钮，创建图形元件。也可在“库”面板中创建按钮元件和影片剪辑元件。

5 创建按钮元件

选择“插入 > 新建元件”命令，弹出“创建新元件”对话框。在“名称”文本框中输入“图标”，在“类型”下拉列表中选择“按钮”选项，如图 5-66 所示。

单击“确定”按钮，创建一个新的按钮元件“图标”。按钮元件的名称出现在舞台的左上方，舞台切换到按钮元件“图标”的窗口，窗口中间出现十字“+”，代表按钮元件的中心定位点。在“时间轴”窗口中显示 4 个状态帧，即“弹起”“指针经过”“按下”和“点击”，如图 5-67 所示。

“库”面板中的效果如图 5-68 所示。

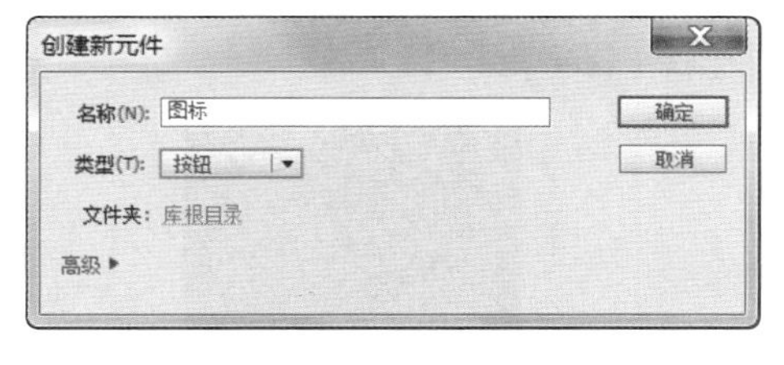

图 5-66

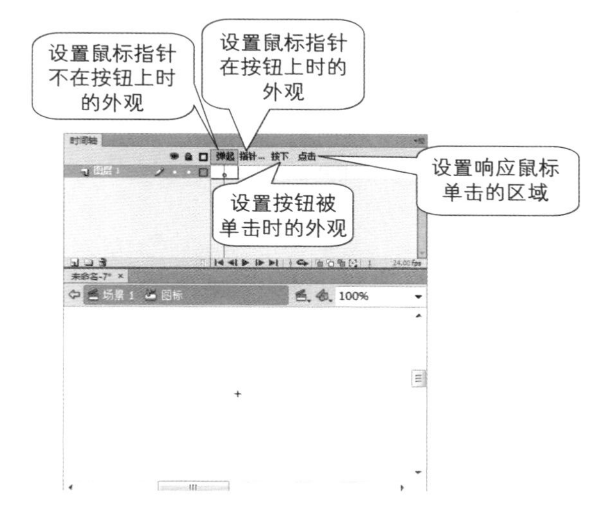

图 5-67

选择“文件 > 导入 > 导入到舞台”命令，弹出“导入”对话框。在对话框中选择云盘中的“基础素材 > Ch05 > 07”文件，单击“打开”按钮，将素材导入舞台，效果如图 5-69 所示。在“时间轴”面板中选中“指针经过”帧，按 F7 键插入空白关键帧，如图 5-70 所示。

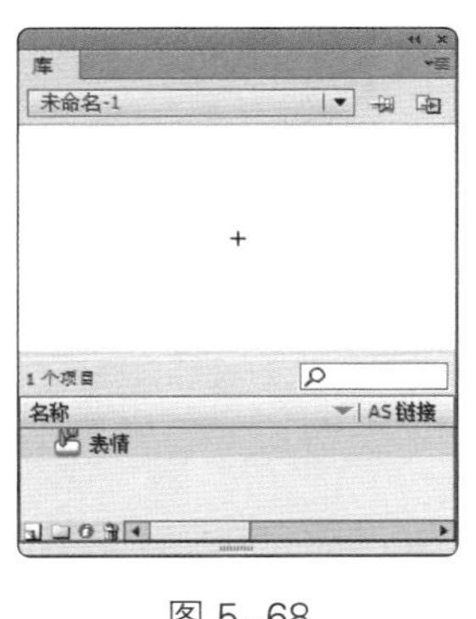

图 5-68

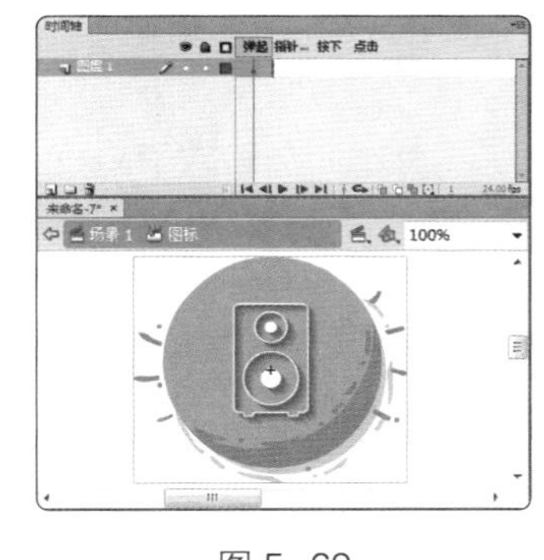

图 5-69

图 5-70

选择“文件 > 导入 > 导入到库”命令，弹出“导入到库”对话框。在对话框中选择云盘中的“基础素材 > Ch05 > 08、09”文件，单击“打开”按钮，将素材导入“库”面板。将“库”面板中的图形元件“08.ai”拖曳到舞台窗口中，效果如图 5-71 所示。

在“时间轴”面板中选中“按下”帧，按 F7 键，插入空白关键帧，如图 5-72 所示。将“库”面板中的图形元件“09.ai”拖曳到舞台窗口中，效果如图 5-73 所示。

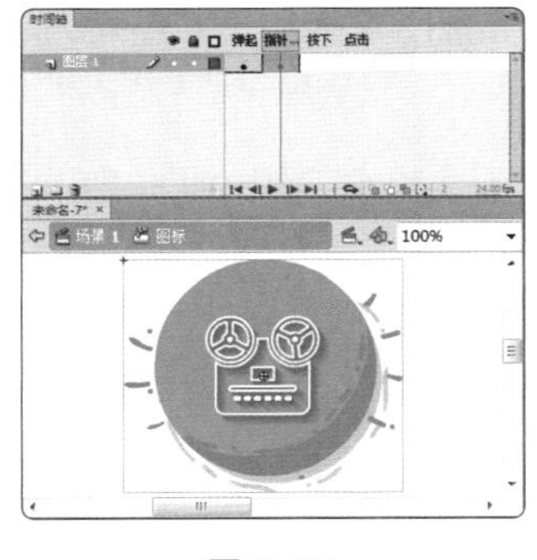

图 5-71

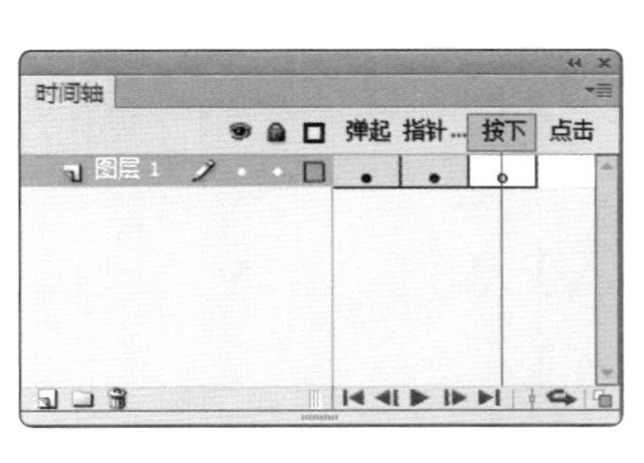

图 5-72

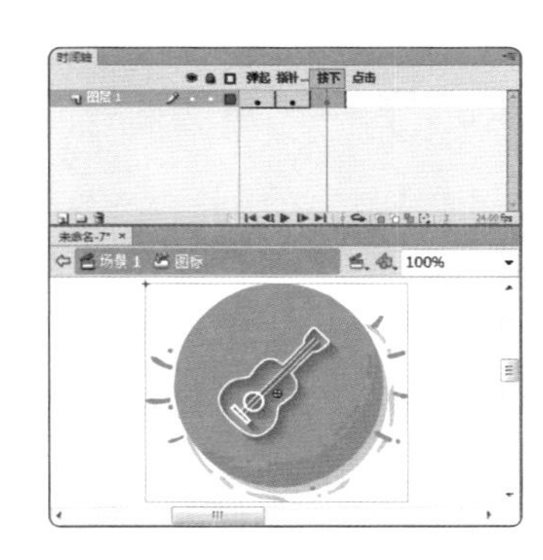

图 5-73

在“时间轴”面板中选中“点击”帧，按F7键插入空白关键帧，如图5-74所示。选择“矩形”工具，在工具箱中将“笔触颜色”设为无，“填充颜色”设为黑色。在按住Shift键的同时，在中心点上绘制一个矩形，作为按钮动画应用时鼠标响应的区域，如图5-75所示。

图5-74

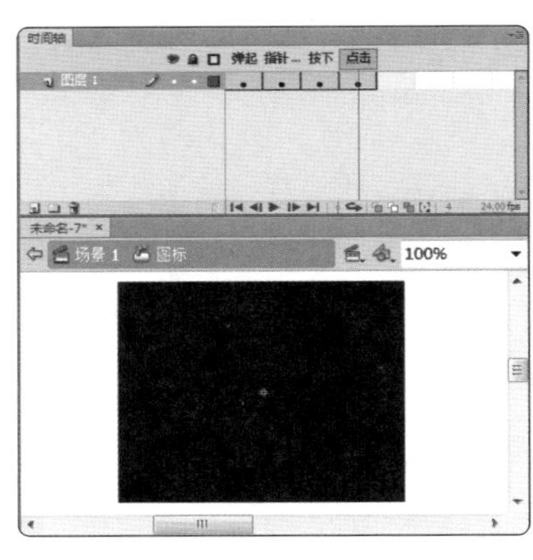

图5-75

表情按钮元件制作完成，在各关键帧上，舞台中显示的图形如图5-76所示。单击舞台窗口左上方的“场景1”图标，可以返回场景1的编辑舞台。

（a）弹起关键帧

（b）指针经过关键帧

（c）按下关键帧

（d）点击关键帧

图5-76

6 创建影片剪辑元件

选择“插入 > 新建元件”命令，弹出“创建新元件”对话框。在“名称”文本框中输入“字母变形”，在“类型”下拉列表中选择“影片剪辑”选项，如图5-77所示。

单击“确定”按钮，创建一个新的影片剪辑元件“字母变形”。影片剪辑元件的名称出现在舞台的左上方，舞台切换到了影片剪辑元件“字母变形”的窗口，窗口中间出现十字“+”，代表影片剪辑元件的中心定位点，如图5-78所示。在“库”面板中显示影片剪辑元件，如图5-79所示。

图5-77

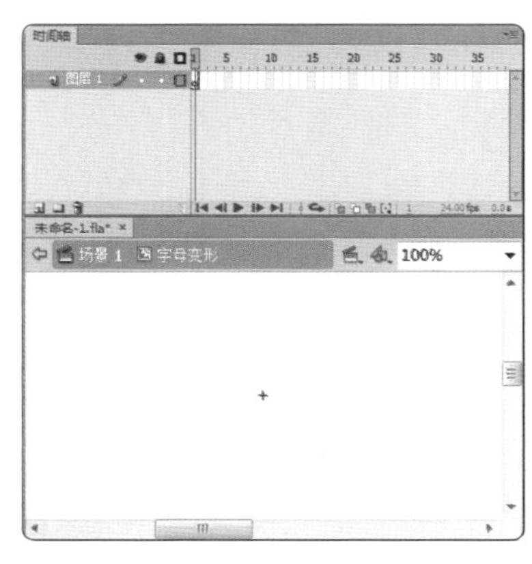

图5-78

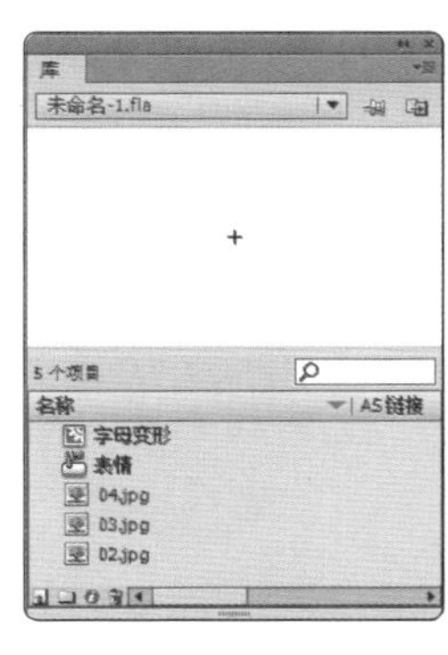

图5-79

选择“文本”工具T，在“文本”工具的“属性”面板中进行设置，在舞台窗口中的适当位置输入大小为200、字体为“方正水黑简体”的绿色（#009900）字母，文字效果如图5-80所示。选择“选择”工具，选中字母，按Ctrl+B组合键将其打散，效果如图5-81所示。在“时间轴”面板中选中第20帧，按F7键在该帧上插入空白关键帧，如图5-82所示。

图5–80

图5–81

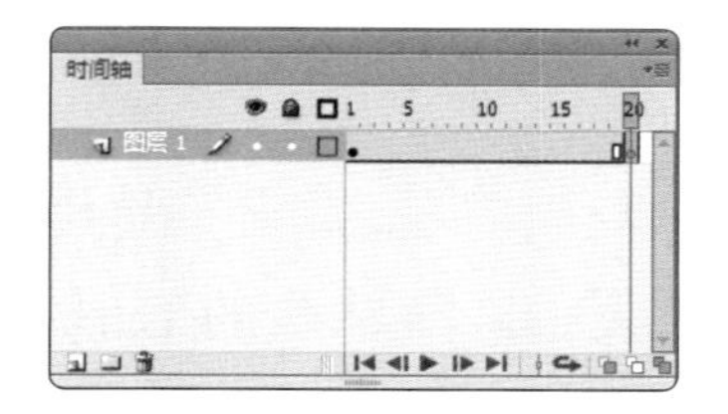

图5–82

选择“文本”工具T，在“文本”工具的“属性”面板中进行设置。在舞台窗口中的适当位置输入大小为200、字体为“方正水黑简体”的橙黄色（#FF9900）字母，文字效果如图5-83所示。选择“选择”工具，选中字母，按Ctrl+B组合键将其打散，效果如图5-84所示。

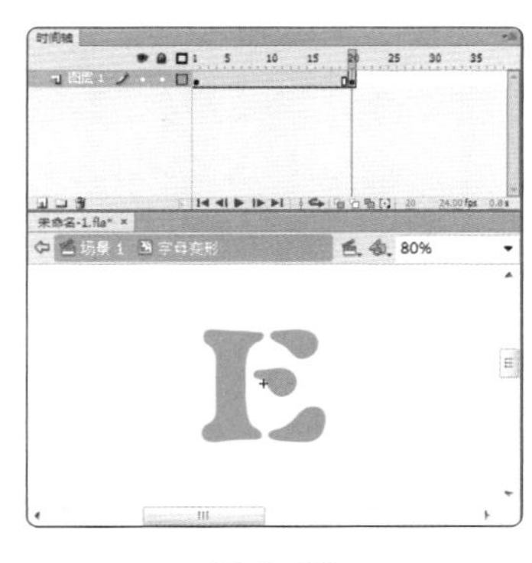

图5–83

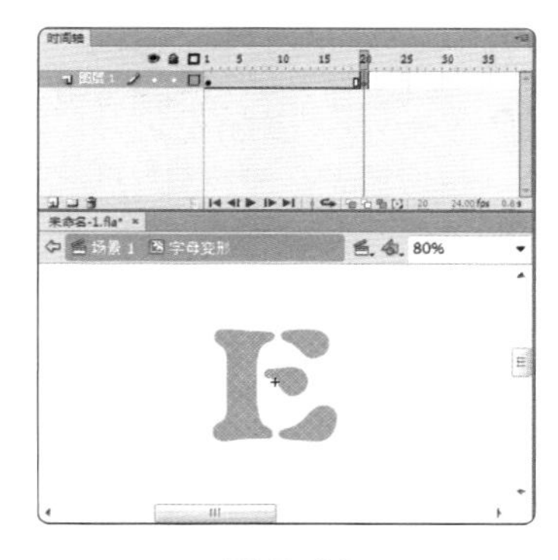

图5–84

用鼠标右键单击第1帧，在弹出的快捷菜单中选择“创建补间形状”命令，如图5-85所示，生成形状补间动画，如图5-86所示。

影片剪辑元件制作完成，在不同的关键帧上，舞台显示不同的变形图形，如图5-87所示。单击舞台左上方的场景名称“场景1”，可以返回场景的编辑舞台。

图5–85

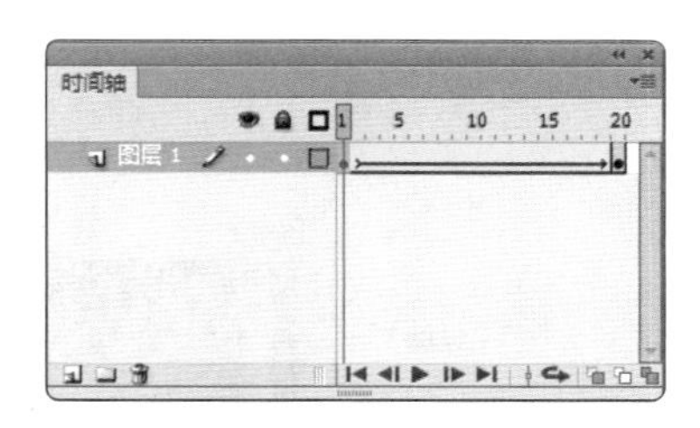

图5–86

（a）第 1 帧

（b）第 5 帧

（c）第 10 帧

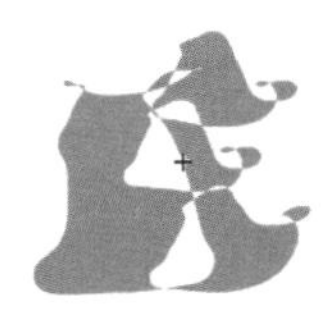
（d）第 15 帧

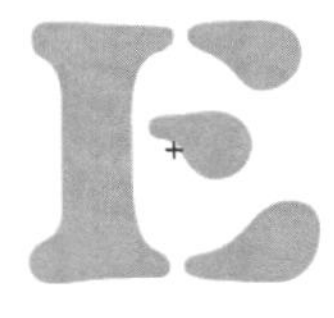
（e）第 20 帧

图 5-87

7 改变实例的颜色和透明度

在舞台中选中实例，选择“属性”面板，“色彩效果”选项组中的“样式”下拉列表如图 5-88 所示。

可以在“亮度数量”选项中直接输入数值，也可以通过拖曳右侧的滑块来设置数值，如图 5-89 所示。其默认的数值为 0，取值范围为 -100 ～ 100。当取值大于 0 时，实例变亮；当取值小于 0 时，实例变暗。

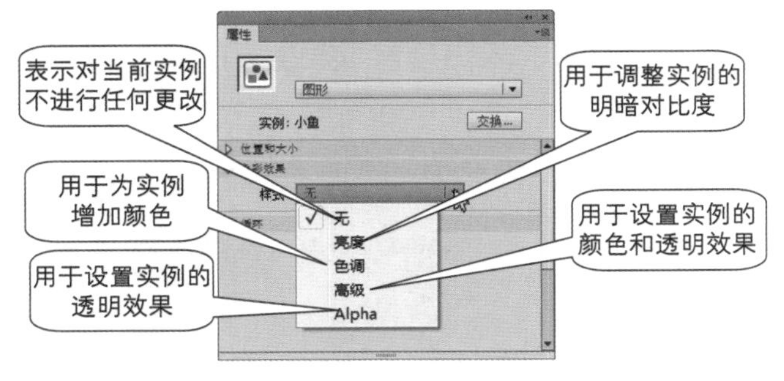

图 5-88

图 5-89

输入不同的数值，实例的不同亮度效果如图 5-90 所示。

（a）数值为 80

（b）数值为 45

（c）数值为 0

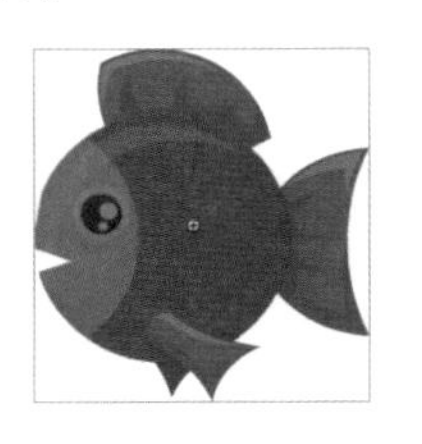
（d）数值为 -45

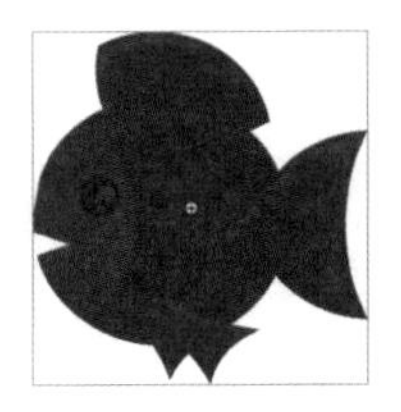
（e）数值为 -80

图 5-90

选择“色调”选项，应用颜色后实例效果如图 5-91 所示。在“色调”选项右侧的“色彩数量”文本框中设置数值，如图 5-92 所示。

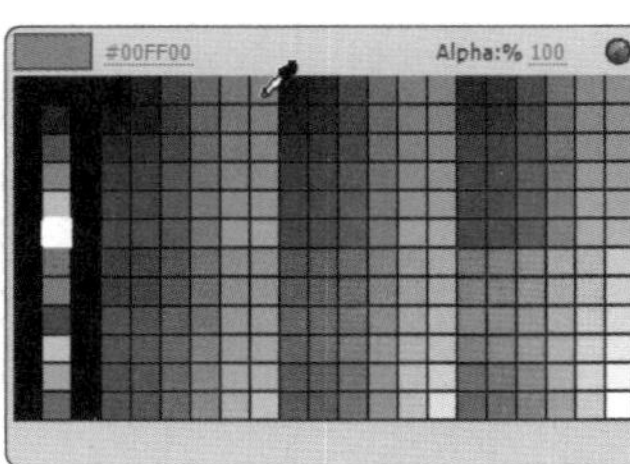

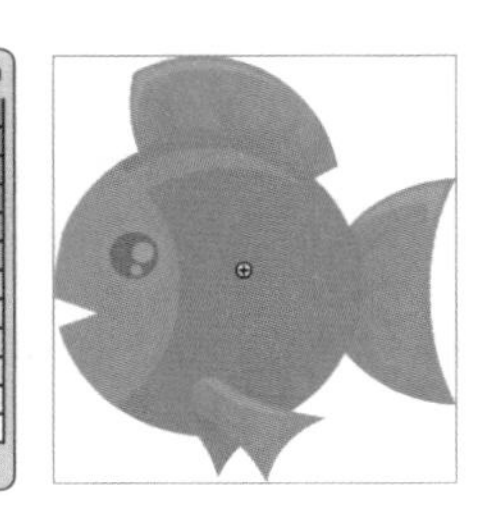

图 5-91

图 5-92

选择“高级”选项，各选项的设置如图 5-93 所示，效果如图 5-94 所示。

图 5-93

图 5-94

选择“Alpha”选项，输入不同的数值，实例的不透明度变化效果如图 5-95 所示。

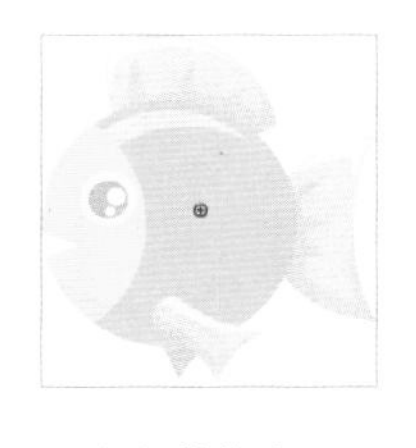

（a）数值为 30

（b）数值为 60

（c）数值为 80

（d）数值为 100

图 5-95

5.3.4 任务实施

1 导入图片并制作人物动画

（1）选择“文件 > 新建”命令，弹出“新建文档”对话框。在“常规”选项卡中选择“ActionScript 3.0”选项，将“宽”设为 350，“高”设为 500，“背景颜色”设为蓝色（#00CBFF），单击“确定”按钮，完成文档的创建。

（2）选择“文件 > 导入 > 导入到库”命令，在弹出的“导入到库”对话框中选择云盘中的“Ch05 > 素材 > 制作健身舞蹈广告 > 01 ~ 06”文件，单击“打开”按钮，文件被导入到“库”面板中，如图 5-96 所示。

（3）按 Ctrl+L 组合键，弹出“库”面板。在“库”面板下方单击“新建元件”按钮，弹出“创建新元件”对话框。在“名称”文本框中输入“人物动”，在“类型”下拉列表中选择“影片剪辑”，单击“确定”按钮，新建一个影片剪辑元件“人物动”，舞台窗口也随之转换为影片剪辑元件的舞台窗口。将“库”面板中的位图“04”拖曳到舞台窗口左侧，如图 5-97 所示。按 F8 键，在弹出的“转换为元件”对话框中进行设置，如图 5-98 所示。单击“确定”按钮，将位图“04”转换为图形元件“人物 1”。

（4）单击“时间轴”面板下方的“新建图层”按钮，生成“图层 2”。将“库”面板中的位图“05”拖曳到舞台窗口右侧，如图 5-99 所示。按 F8 键，在弹出的“转换为元件”对话框中进行设置，如图 5-100 所示，单击“确定”按钮，将位图“05”转换为图形元件“人物 2”。

（5）分别选中“图层 1”“图层 2”的第 10 帧，按 F6 键，插入关键帧。在舞台窗口中选中对应的人物，按住 Shift 键，分别将其向舞台中心水平拖曳，效果如图 5-101 所示。

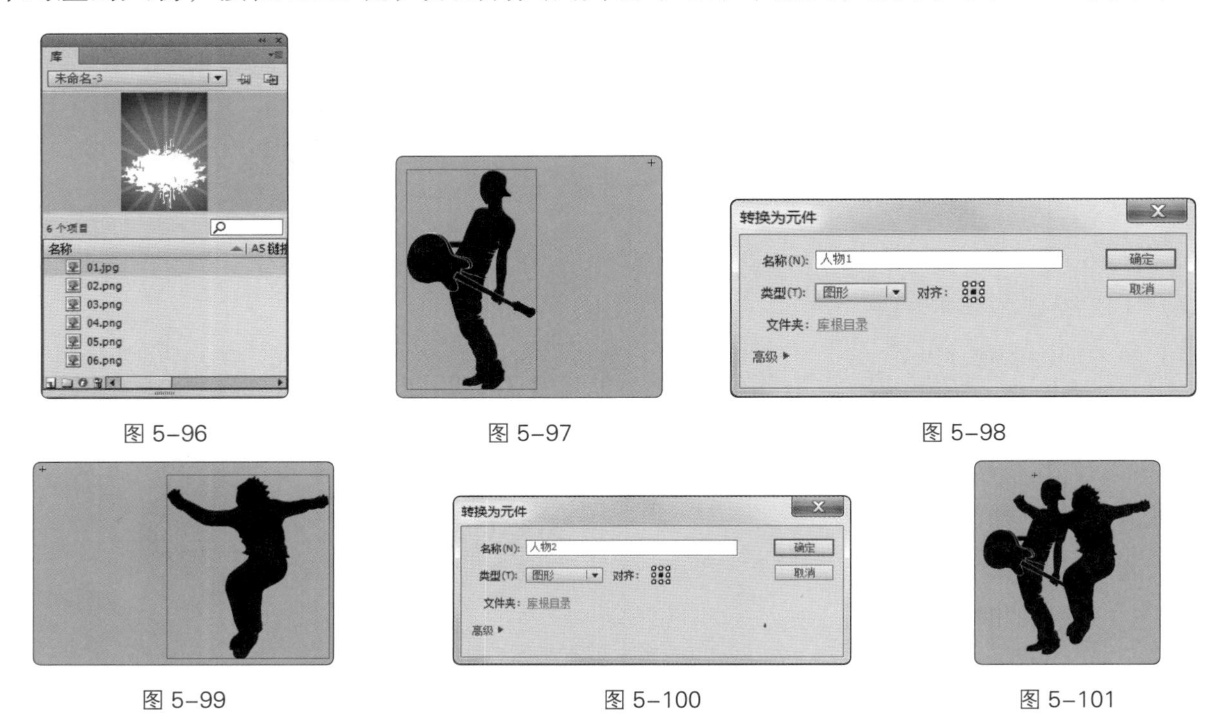

图 5-96　图 5-97　图 5-98

图 5-99　图 5-100　图 5-101

（6）分别用鼠标右键单击“图层 1”“图层 2”的第 1 帧，在弹出的快捷菜单中选择“创建传统补间”命令，生成传统补间动画。

（7）分别选中“图层 1”“图层 2”的第 40 帧，按 F5 键，插入普通帧。分别选中“图层 1”的第 16 帧、第 17 帧，按 F6 键，插入关键帧。

（8）选中“图层 1”的第 16 帧，在舞台窗口中选中“人物 1”实例，在图形“属性”面板中选择“色彩效果”选项组，在“样式”下拉列表中选择“色调”，将“着色”设为白色，其他选项为默认值，舞台窗口中的效果如图 5-102 所示。

（9）选中“图层 1”的第 16 帧、第 17 帧，用鼠标右键单击被选中的帧，在弹出的快捷菜单中选择“复制帧”命令，将其复制。用鼠标右键单击“图层 1”的第 21 帧，在弹出的快捷菜单中选择“粘贴帧”命令，将复制过的帧粘贴到第 21 帧中。

（10）分别选中“图层 2”的第 15 帧、第 16 帧，按 F6 键，插入关键帧。选中“图层 2”的第 15 帧，在舞台窗口中选中“人物 2”实例，用步骤（7）中的方法对其进行同样的操作，效果如图 5-103 所示。选中“图层 2”的第 15 帧和第 16 帧，将其复制，并粘贴到“图层 2”的第 20 帧中，如图 5-104 所示。

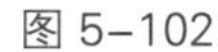
图 5-102

图 5-103

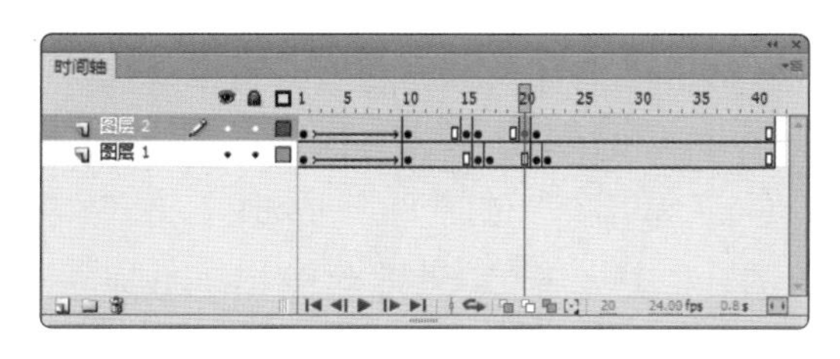

图 5-104

2 制作影片剪辑元件

（1）单击“新建元件”按钮，新建影片剪辑元件“声音条”，舞台窗口也随之转换为影片剪辑元件的舞台窗口。选择“矩形”工具，在工具箱中将“笔触颜色”设为无，“填充颜色”设为白色，在舞台窗口中绘制多个矩形。选中所有矩形，选择“窗口 > 对齐”命令，弹出“对齐”面板，单击“底对齐”按钮，将所有矩形底对齐，效果如图 5-105 所示。

（2）选中“图层 1”的第 8 帧，按 F5 键，插入普通帧。分别选中第 3 帧、第 5 帧、第 7 帧，按 F6 键，插入关键帧。选中“图层 1”的第 3 帧，选择“任意变形”工具，在舞台窗口中随机改变各矩形的高度，保持底对齐。

（3）用“步骤（2）”中的方法分别对“图层 1”的第 5 帧、第 7 帧对应舞台窗口中的矩形进行操作。

（4）单击“新建元件”按钮，新建影片剪辑元件“文字”，舞台窗口也随之转换为影片剪辑元件的舞台窗口。将“库”面板中的位图“03”拖曳到舞台窗口中，效果如图 5-106 所示。选中“图层 1”的第 6 帧，按 F5 键，插入普通帧。

（5）单击“时间轴”面板下方的“新建图层”按钮，新建“图层 2”。选择“文本”工具，在“文本”工具的“属性”面板中进行设置，在舞台窗口中的适当位置输入大小为 22、字体为“方正兰亭特黑长简体”的白色文字，文字效果如图 5-107 所示。

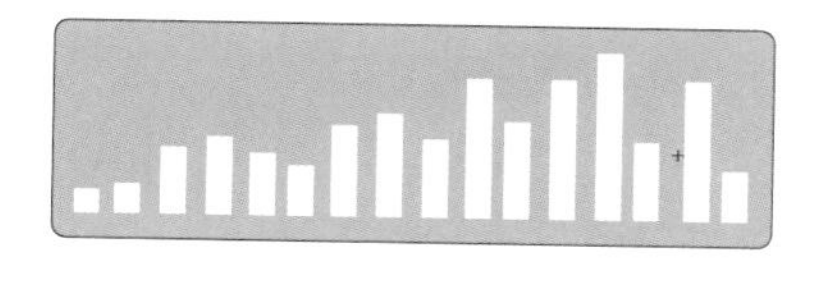

图 5-105

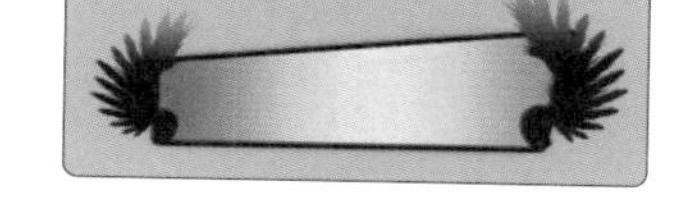

图 5-106

图 5-107

（6）选中文字，按两次 Ctrl+B 组合键，将其打散。选择“任意变形”工具，单击工具箱下方的“扭曲”按钮，拖曳控制点将文字变形，并放置到合适的位置，效果如图 5-108 所示。

（7）选中“图层 2”的第 4 帧，按 F6 键，插入关键帧，在工具箱中将“填充颜色”设为红色，舞台窗口中的效果如图 5-109 所示。

图 5-108

图 5-109

（8）单击“新建元件”按钮，新建影片剪辑元件“圆动”，舞台窗口也随之转换为影片剪辑元件的舞台窗口。将“库”面板中的位图“02”拖曳到舞台窗口中，效果如图 5-110 所示。按 F8 键，在弹出的“转换为元件”对话框中进行设置，如图 5-111 所示。单击“确定”按钮，将位图“02”转换为图形元件“圆”。

（9）分别选中“图层 1”的第 10 帧、第 20 帧，按 F6 键，插入关键帧。选中“图层 1”

的第 10 帧，在舞台窗口中选中“圆”实例，选择“任意变形”工具，按住 Shift 键拖曳控制点，将其等比例放大，效果如图 5-112 所示。

图 5-110

图 5-111

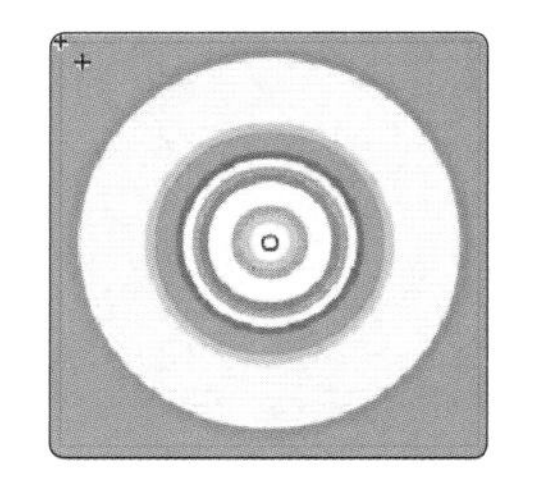

图 5-112

（10）分别用鼠标右键单击“图层 1”的第 1 帧、第 10 帧，在弹出的快捷菜单中选择“创建传统补间”命令，生成传统补间动画。

3 制作动画效果

（1）单击舞台窗口左上方的“场景 1”图标，进入“场景 1”的舞台窗口。将“图层 1”重命名为“底图”。将“库”面板中的位图“01”拖曳到舞台窗口中，效果如图 5-113 所示。

（2）在“时间轴”面板中创建新图层并将其命名为“圆”。将“库”面板中的影片剪辑元件“圆动”向舞台窗口中拖曳 4 次，选择“任意变形”工具，按需要分别调整“圆动”实例的大小，并放置到合适的位置，如图 5-114 所示。

（3）在“时间轴”面板中创建新图层并将其命名为“声音条”。将“库”面板中的影片剪辑元件“声音条”拖曳到舞台窗口中，选择“任意变形”工具，调整其大小，并放置到合适的位置，效果如图 5-115 所示。

图 5-113

图 5-114

图 5-115

（4）在“时间轴”面板中创建新图层并将其命名为“人物”。将“库”面板中的影片剪辑元件“人物动”拖曳到舞台窗口中，效果如图 5-116 所示。

（5）在“时间轴”面板中创建新图层并将其命名为“文字”。将“库”面板中的影片剪辑元件“文字”拖曳到舞台窗口中，效果如图 5-117 所示。

（6）在“时间轴”面板中创建新图层并将其命名为“装饰”。将“库”面板中的位图“06”拖曳到舞台窗口中，效果如图 5-118 所示。健身舞蹈广告制作完成，按 Ctrl+Enter 组合键查看效果。

图 5-116

图 5-117

图 5-118

5.3.5 扩展实践：制作时尚戒指广告

使用“钢笔”工具和“颜料桶”工具绘制飘带图形和戒指高光效果；使用“创建补间形状”命令制作飘带动画效果。最终效果参看云盘中的“Ch05 > 效果 > 制作时尚戒指广告”，如图 5-119 所示。

图 5-119

任务 5.4 项目演练：制作爱心巴士广告

5.4.1 任务引入

本任务要求制作爱心巴士广告，向消费者宣传便捷出行的理念，要求设计风格清新，突出宣传主题。

5.4.2 设计理念

在设计时，使用浅色的背景突出前方的巴士主体，起到衬托的效果；背景中的楼群图案和前景中的花丛图案让画面更加生活化，提高新切感与层次感；经过艺术处理的文字突出了宣传主题。最终效果参看云盘中的“Ch05 > 效果 > 制作爱心巴士广告”，如图 5-120 所示。

图 5-120

06

项目6

制作精美相册

——电子相册设计

电子相册可以用于展示美丽的风景、亲密的友情，记录精彩的生活瞬间。通过本项目的学习，读者可以掌握电子相册的设计方法和制作技巧。

学习引导

知识目标

- 了解电子相册的概念
- 了解电子相册的制作流程和特点

能力目标

- 熟悉电子相册的设计思路
- 掌握电子相册的制作方法和技巧

素养目标

- 提高素材的甄选能力
- 培养善于观察、善于发现美的能力

实训项目

- 制作金秋风景相册
- 制作珍馐美味相册

相关知识：电子相册设计基础

1 电子相册的概念

电子相册是一种以数字的形式保存、展现照片的载体，其内容可以包括照片、各种创作图片、声音和文字等，可以在计算机、手机等设备上观赏。电子相册表现形式丰富，其效果如图 6-1 所示。

图 6-1

2 电子相册的制作流程

电子相册的制作流程分为构思相册风格、素材收集处理、制作相册模板、添加文字效果、整体效果制作、渲染成片等，其效果如图 6-2 所示。

图 6-2

3 电子相册的特点

电子相册拥有传统相册无法比拟的优越性，具有观看方便、表现形式丰富、储存量大、易于保存、成本低廉等特点，其效果如图 6-3 所示。

图 6-3

任务 6.1 制作金秋风景相册

6.1.1 任务引入

本任务要求将海边的风景照片制作成电子相册，要求照片展示形式丰富。

6.1.2 设计理念

在设计时，先设计出符合照片特色的背景图，再设置好照片之间互相切换的顺序及效果，增加电子相册的趣味性。最终效果参看云盘中的“Ch06 > 效果 > 制作金秋风景相册”，如图 6-4 所示。

图 6-4

6.1.3 任务知识：“动作”面板

在“动作”面板中既可以选择 ActionScript 3.0 的脚本语言，也可以应用 ActionScript 1.0&2.0 的脚本语言。选择“窗口 > 动作”命令，弹出“动作”面板，该面板的左上方为“动作工具箱”，左下方为“对象窗口”，右上方为功能按钮，右下方为“脚本窗口”，如图 6-5 所示。

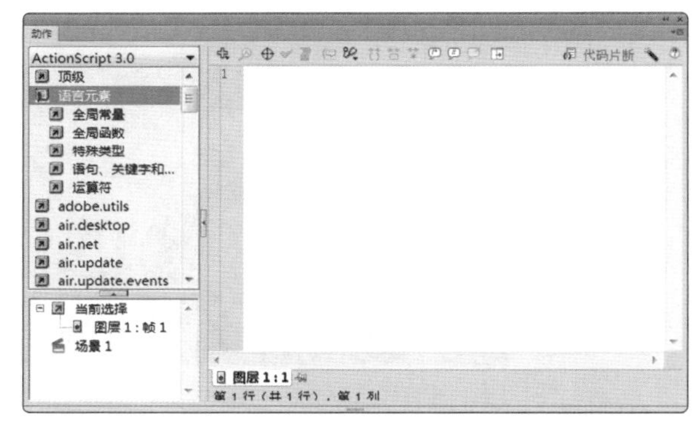

图 6-5

“动作工具箱”显示了语句、函数、操作符等各种类别的文件夹。单击文件夹可显示动作语句，双击动作语句可以将其添加到“脚本窗口”中，如图 6-6 所示。也可单击面板右上方的“将新项目添加到脚本中”按钮，在弹出的下拉菜单中选择动作语句添加到“脚本窗口”中。还可以在“脚本窗口”中直接编写动作语句，如图 6-7 所示。

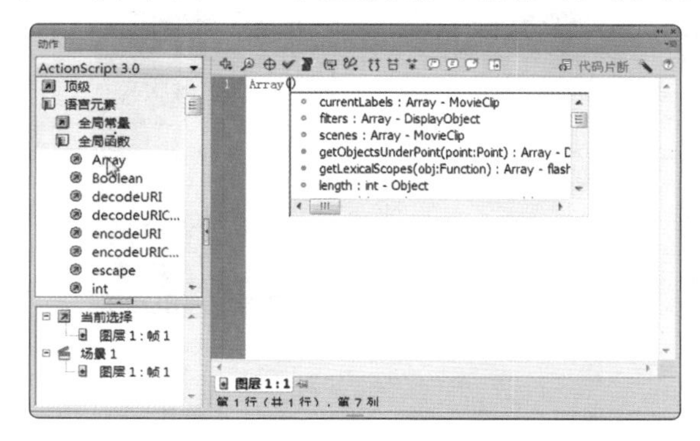

图 6-6

图 6-7

面板右上方有多个功能按钮，分别为“将新项目添加到脚本中”按钮、“查找”按钮、“插入目标路径”按钮、“语法检查”按钮、“自动套用格式”按钮、“显示代码提示”按钮、“调试选项”按钮、“折叠成对大括号”按钮、“折叠所选”按钮、“展开全部”按钮、“应用块注释”按钮、“应用行注释”按钮、“删除注释”按钮和“显示 / 隐藏工具箱”按钮，如图 6-8 所示。

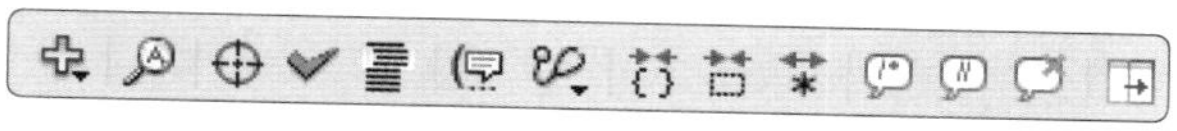

图 6-8

如果当前选择的是帧，那么在“动作”面板中设置的是该帧的动作语句；如果当前选择的是一个对象，那么在“动作”面板中设置的是该对象的动作语句。

可以在“首选参数”对话框中设置“动作”面板的默认编辑模式。选择“编辑 > 首选参数”命令，弹出“首选参数”对话框，在“类别”列表中选择“ActionScript”选项，如图 6-9 所示。

在“语法颜色”选项组中，不同的颜色用于表示不同的动作脚本语句，这样可以减少脚本中的语法错误。

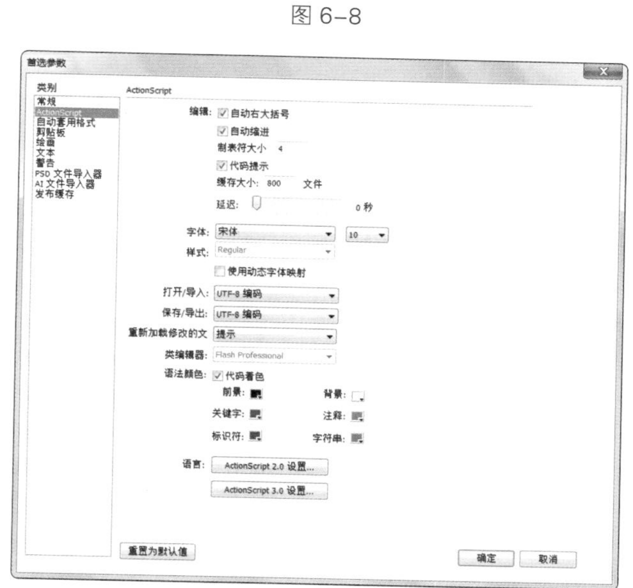

图 6-9

6.1.4 任务实施

1 导入图片并制作小照片按钮

（1）选择“文件 > 新建”命令，弹出“新建文档”对话框。在“常规”选项卡中选择“ActionScript 2.0”选项，将“宽度”选项设为 800，“高度”选项设为 406。单击“确定”按钮，完成文档的创建。将“图层 1”重命名为“底图”。

（2）选择“文件 > 导入 > 导入到舞台”命令，在弹出的“导入”对话框中选择“Ch06 > 素材 > 制作金秋风景相册 > 01”文件，单击“打开”按钮，文件被导入到舞台窗口中，效果如图 6-10 所示。选中“底图”图层的第 148 帧，按 F5 键，插入普通帧。

（3）按 Ctrl+L 组合键，弹出“库”面板。在“库”面板下方单击“新建元件”按钮，弹出“创建新元件”对话框。在“名称”选项的文本框中输入“小照片 1”，在“类型”选项的下拉列表中选择“按钮”选项，单击“确定”按钮，新建按钮元件“小照片 1”，如图 6-11 所示，舞台窗口也随之转换为按钮元件的舞台窗口。

（4）选择“文件 > 导入 > 导入到舞台”命令，在弹出的“导入”对话框中选择“Ch06 > 素材 > 制作金秋风景相册 > 05”文件，单击“打开”按钮，弹出“Adobe Flash CS6”提示对话框，询问是否导入序列中的所有图像。单击“否”按钮，文件被导入到舞台窗口中，效果如图 6-12 所示。

图 6-10

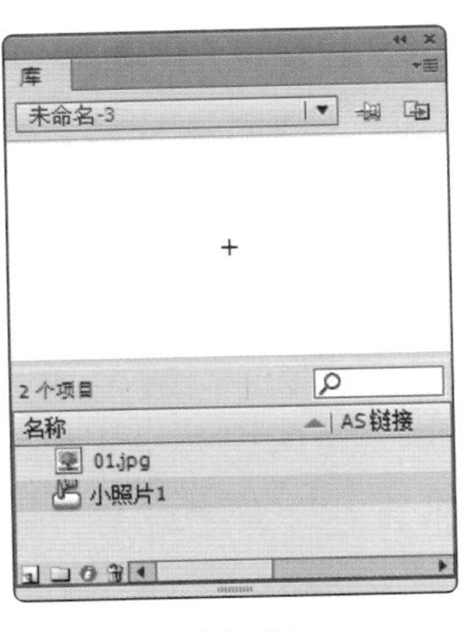

图 6-11

图 6-12

（5）新建按钮元件“小照片 2”，如图 6-13 所示。舞台窗口也随之转换为按钮元件“小照片 2”的舞台窗口。用步骤（4）中的方法将“Ch06 > 素材 > 制作海边风景相册 > 06”文件导入到舞台窗口中，效果如图 6-14 所示。

（6）新建按钮元件“小照片 3”，舞台窗口也随之转换为按钮元件“小照片 3”的舞台窗口。将“Ch06 > 素材 > 制作金秋风景相册 > 07”文件导入到舞台窗口中，效果如图 6-15 所示。

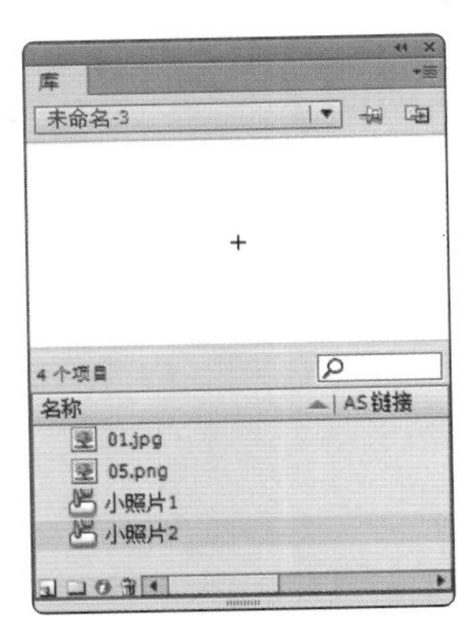

图 6-13

图 6-14

图 6-15

2 在场景中确定小照片的位置

（1）单击舞台窗口左上方的“场景 1”图标场景 1，进入“场景 1”的舞台窗口。单击“时间轴”面板下方的“新建图层”按钮，创建新图层并将其命名为“小照片”。将“库”面板中的按钮元件“小照片 1”拖曳到舞台窗口中。在实例“小照片 1”的“属性”面板中，将“X”选项设为 27，“Y”选项设为 37，将实例放置在背景图的左上方，效果如图 6-16 所示。

（2）将“库”面板中的按钮元件“小照片 2”拖曳到舞台窗口中。在实例“小照片 2”的“属性”面板中，将“X”选项设为 27，“Y”选项设为 150，将实例放置在背景图的左侧中心位置，效果如图 6-17 所示。

（3）将“库”面板中的按钮元件“小照片 3”拖曳到舞台窗口中。在实例“小照片 3”的“属性”面板中，将“X”选项设为 27，“Y”选项设为 264，将实例放置在背景图的左下方，效果如图 6-18 所示。

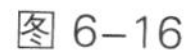
图 6-16

图 6-17

图 6-18

3 制作大照片按钮

（1）在“库”面板下方单击“新建元件”按钮，弹出“创建新元件”对话框。在“名称”选项的文本框中输入“大照片 1”，在“类型”选项的下拉列表中选择“按钮”选项，单击“确定”按钮，新建按钮元件“大照片 1”，舞台窗口也随之转换为按钮元件的舞台窗口。

（2）选择“文件 > 导入 > 导入到舞台”命令，在弹出的“导入”对话框中选择“Ch06 > 素材 > 制作金秋风景相册 > 04”文件，单击“打开”按钮，弹出“Adobe Flash CS6”提示对话框，询问是否导入序列中的所有图像。单击“否”按钮，文件被导入到舞台窗口中，效果如图 6-19 所示。

（3）新建按钮元件“大照片 2”，舞台窗口也随之转换为按钮元件“大照片 2”的舞台窗口。用相同的方法将“Ch06 > 素材 > 制作金秋风景相册 > 03”文件导入到舞台窗口中，效果如图 6-20 所示。新建按钮元件“大照片 3”，舞台窗口也随之转换为按钮元件“大照片 3”的舞台窗口。将“Ch06 > 素材 > 制作金秋风景相册 > 02”文件导入到舞台窗口中，效果如图 6-21 所示。

图 6-19

图 6-20

图 6-21

4 在场景中确定大照片的位置

（1）单击舞台窗口左上方的“场景 1”图标，进入“场景 1”的舞台窗口。在“时间轴”面板中创建新图层并将其命名为“大照片 1”。选中“大照片 1”图层的第 2 帧，按 F6 键，插入关键帧，如图 6-22 所示。将“库”面板中的按钮元件“大照片 1”拖曳到舞台窗口中。在实例“大照片 1”的“属性”面板中，将“X”选项设为 203，“Y”选项设为 37，将实例放置在背景图的右侧，如图 6-23 所示。

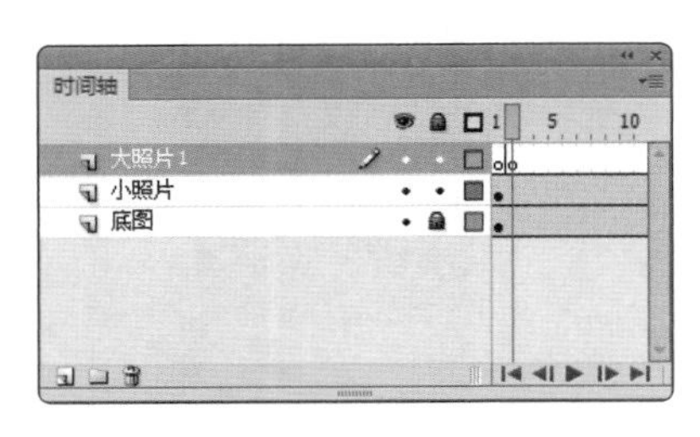

图 6-22

图 6-23

（2）分别选中“大照片 1”图层的第 25 帧、第 26 帧和第 50 帧，按 F6 键，插入关键帧，如图 6-24 所示。选中“大照片 1”图层的第 51 帧，按 F7 键，插入空白关键帧，如图 6-25 所示。

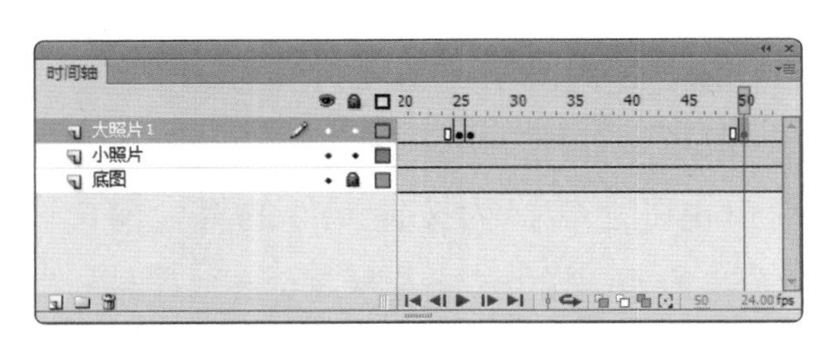

图 6-24

图 6-25

（3）选中“大照片 1”图层的第 2 帧，在舞台窗口中选中“大照片 1”实例。在图形“属性”面板中选择“色彩效果”选项组，在“样式”选项的下拉列表中选择“Alpha”，将其值设为 0，如图 6-26 所示，效果如图 6-27 所示。用相同的方法设置“大照片 1”图层的第 50 帧。

图 6-26

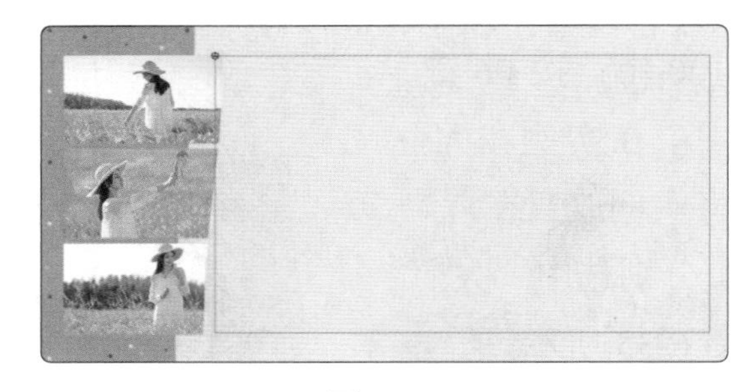

图 6-27

（4）分别用鼠标右键单击“大照片 1”图层的第 2 帧和第 26 帧，在弹出的快捷菜单中选择“创建传统补间”命令，生成传统补间动画。

（5）在“时间轴”面板中创建新图层并将其命名为“大照片 2”。选中“大照片 2”图层的第 51 帧，按 F6 键，插入关键帧。将“库”面板中的按钮元件“大照片 2”拖曳到舞台窗口中。在实例“大照片 2”的“属性”面板中，将“X”选项设为 203，“Y”选项设为 37，将实例放置在背景图的右侧，如图 6-28 所示。

（6）分别选中“大照片 2”图层的第 74 帧、第 75 帧和第 99 帧，按 F6 键，插入关键帧。选中“大照片 2”图层的第 100 帧，按 F7 键，插入空白关键帧，如图 6-29 所示。

图 6–28

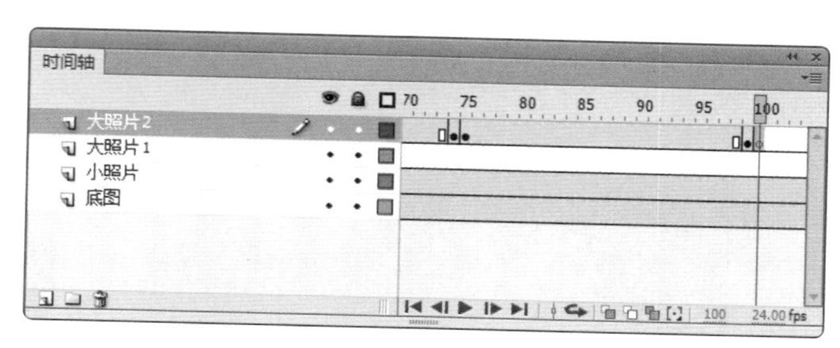

图 6–29

（7）选中“大照片 2”图层的第 51 帧，在舞台窗口中选中“大照片 2”实例。在图形“属性”面板中选择“色彩效果”选项组，在“样式”选项的下拉列表中选择“Alpha”，将其值设为 0，如图 6-30 所示，效果如图 6-31 所示。用相同的方法设置“大照片 2”图层的第 99 帧。

图 6–30

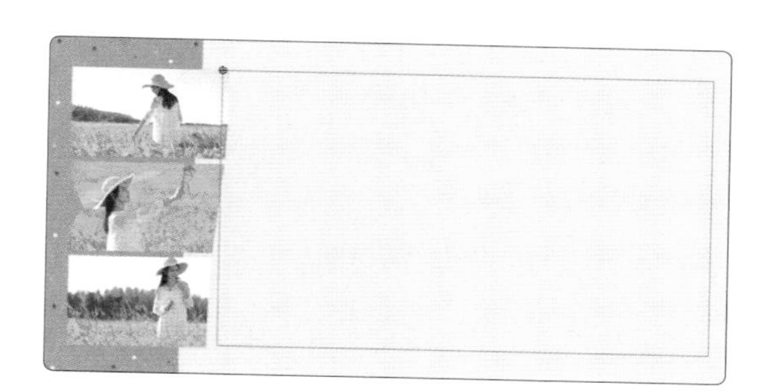

图 6–31

（8）分别用鼠标右键单击“大照片 2”图层的第 51 帧和第 75 帧，在弹出的快捷菜单中选择“创建传统补间”命令，生成传统补间动画。

（9）在“时间轴”面板中创建新图层并将其命名为“大照片 3”。选中“大照片 3”图层的第 100 帧，按 F6 键，插入关键帧。将“库”面板中的按钮元件“大照片 3”拖曳到舞台窗口中。在实例“大照片 3”的“属性”面板中，将“X”选项设为 203，“Y”选项设为 37，将实例放置在背景图的右侧，如图 6-32 所示。

（10）分别选中“大照片 3”图层的第 123 帧、第 124 帧和第 148 帧，按 F6 键，插入关键帧，如图 6-33 所示。

图 6–32

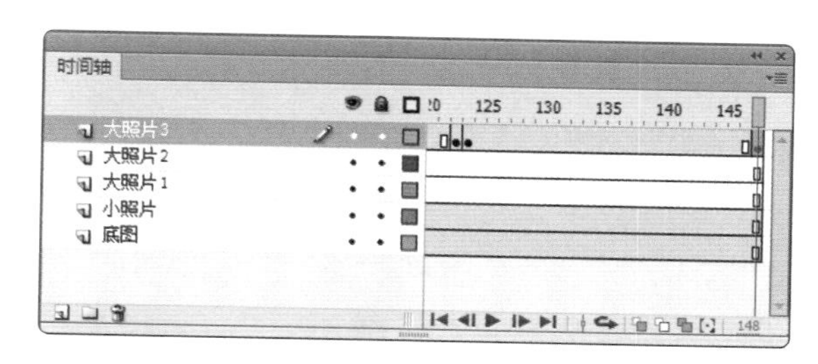

图 6–33

（11）选中“大照片 3”图层的第 100 帧，在舞台窗口中选中“大照片 3”实例。在图形“属性”面板中选择“色彩效果”选项组，在“样式”选项的下拉列表中选择“Alpha”，将其值设为 0，如图 6-34 所示，效果如图 6-35 所示。用相同的方法设置“大照片 3”图层的第 148 帧。

图 6–34

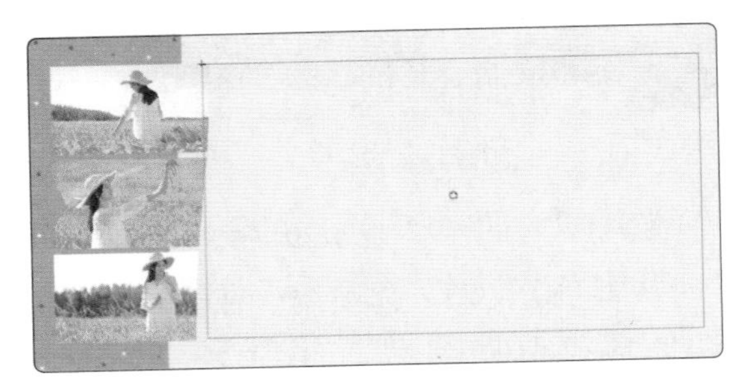
图 6–35

（12）分别用鼠标右键单击“大照片 3”图层的第 100 帧和第 124 帧，在弹出的快捷菜单中选择“创建传统补间”命令，生成传统补间动画。

5 添加动作脚本

（1）选中“小照片”图层，在舞台窗口中选中“小照片 1”实例，如图 6-36 所示。选择“窗口 > 动作”命令，或按 F9 键，弹出“动作”面板。在面板中单击“将新项目添加到脚本中”按钮，在弹出的菜单中选择“全局函数 > 影片剪辑控制 > on”命令，在“脚本窗口”中显示出选择的脚本语言，在下拉列表中选择“release”命令，如图 6-37 所示。

图 6–36

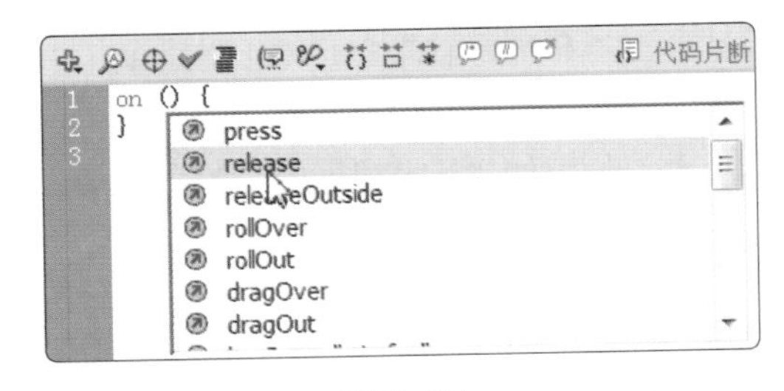

图 6–37

（2）脚本语言如图 6-38 所示。将鼠标光标放置在第 1 行脚本语言的最后，按 Enter 键，光标显示到第 2 行，如图 6-39 所示。

（3）单击“将新项目添加到脚本中”按钮，在弹出的菜单中选择“全局函数 > 时间轴控制 > gotoAndPlay”命令，在“脚本窗口”中显示出选择的脚本语言，在第 2 行脚本语言“gotoAndPlay()”后面的括号中输入数字 2，如图 6-40 所示（脚本语言表示当单击“小照片 1”实例时，跳转到第 2 帧并开始播放第 2 帧中的动画）。

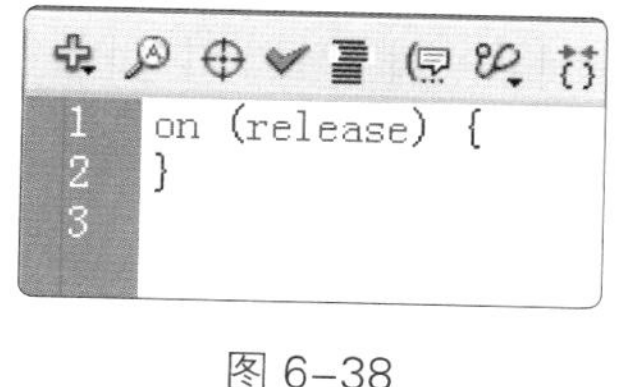

图 6-38

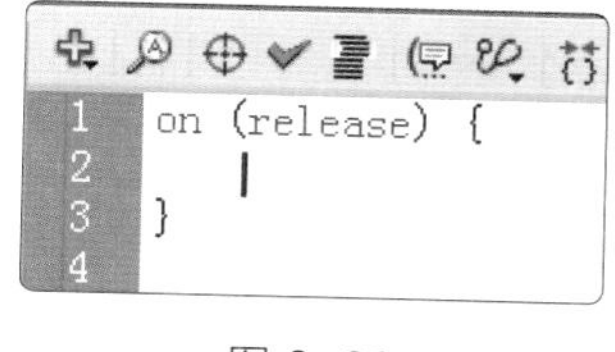

图 6-39

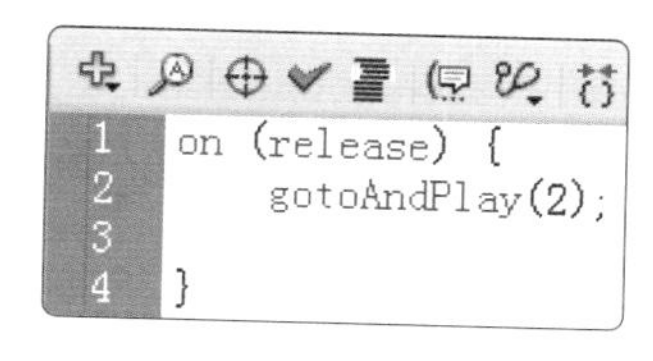

图 6-40

（4）选中“小照片”图层，在舞台窗口中选中“小照片 2”实例，按照步骤（1）～步骤（3）中的方法，在“小照片 2”实例上添加动作脚本，并在脚本语言“gotoAndPlay()”后面的括号中输入数字 51，如图 6-41 所示。

（5）选中“小照片”图层，在舞台窗口中选中“小照片 3”实例，按照步骤（1）～步骤（3）中的方法，在“小照片 3”实例上添加动作脚本，并在脚本语言“gotoAndPlay()”后面的括号中输入数字 100，如图 6-42 所示。

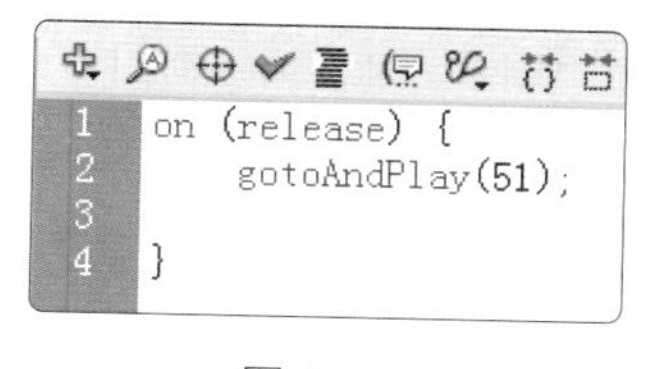

图 6-41

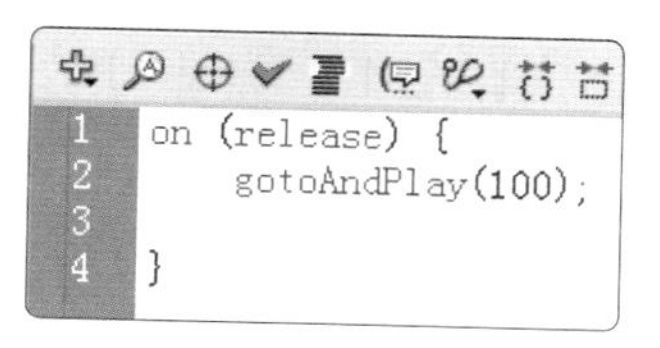

图 6-42

（6）选中“大照片 1”图层的第 25 帧，在舞台窗口中选中“大照片 1”实例，按照步骤（1）～步骤（3）中的方法，在“大照片 1”实例上添加动作脚本，并在脚本语言“gotoAndPlay()”后面的括号中输入数字 26，如图 6-43 所示。

（7）选中“大照片 2”图层的第 74 帧，在舞台窗口中选中“大照片 2”实例，按照步骤（1）～步骤（3）中的方法，在“大照片 2”实例上添加动作脚本，并在脚本语言“gotoAndPlay()”后面的括号中输入数字 75，如图 6-44 所示。

（8）选中“大照片 3”图层的第 123 帧，在舞台窗口中选中“大照片 3”实例，按照步骤（1）～步骤（3）中的方法，在“大照片 3”实例上添加动作脚本，并在脚本语言“gotoAndPlay()”后面的括号中输入数字 124，如图 6-45 所示。

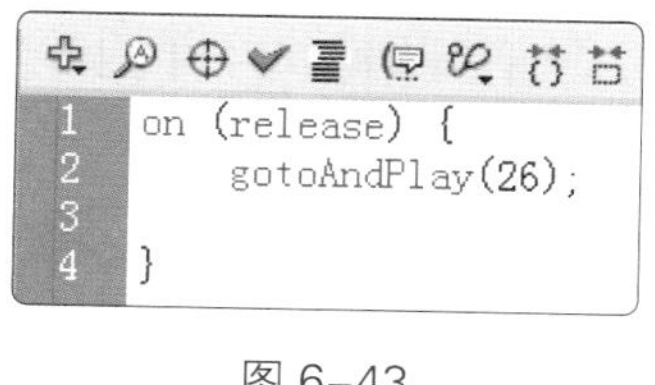

图 6-43

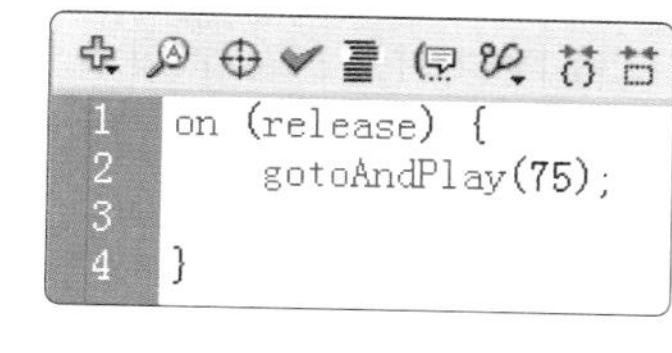

图 6-44

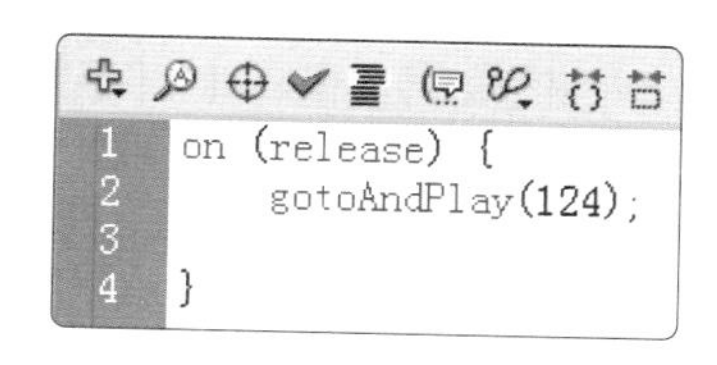

图 6-45

（9）在“时间轴”面板中创建新图层并将其命名为“动作脚本”，如图 6-46 所示。选中“动作脚本”图层的第 1 帧。在“动作”面板中单击“将新项目添加到脚本中”按钮，在弹出的菜单中选择“全局函数 > 时间轴控制 > stop”命令。在“脚本窗口”中显示出选择的脚本语言，如图 6-47 所示。设置好动作脚本后，在图层“动作脚本”的第 1 帧上显示出一个标记“a”。

图 6-46

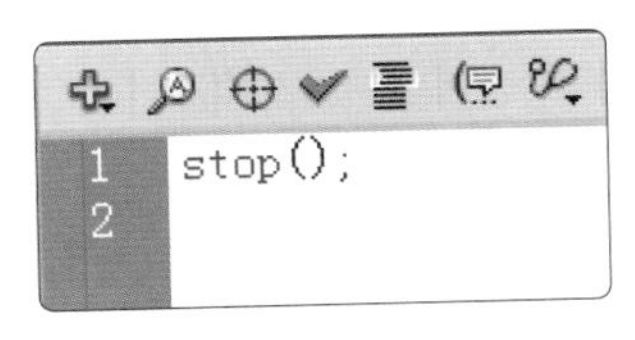

图 6-47

（10）用鼠标右键单击“动作脚本”图层的第1帧，在弹出的快捷菜单中选择“复制帧”命令。分别用鼠标右键单击“动作脚本”图层的第25帧、第50帧、第74帧、第99帧、第123帧和第148帧，在弹出的快捷菜单中选择“粘贴帧”命令，效果如图6-48所示。金秋风景相册效果制作完成，按Ctrl+Enter组合键即可查看效果。

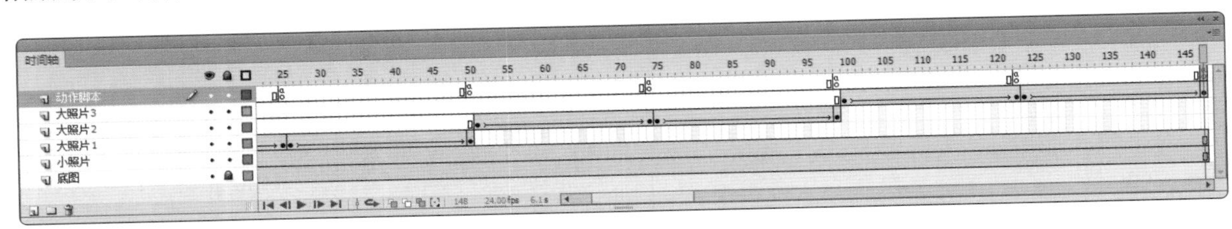

图 6-48

6.1.5 扩展实践：制作旅游风景相册

使用“导入”命令导入素材制作图形元件和按钮元件；使用“创建传统补间”命令制作补间动画；使用“动作”面板设置脚本语言。最终效果参看云盘中的“Ch06 > 效果 > 制作旅游风景相册”，如图6-49所示。

图 6-49

微课

6.1.5 扩展实践

任务 6.2 制作珍馐美味相册

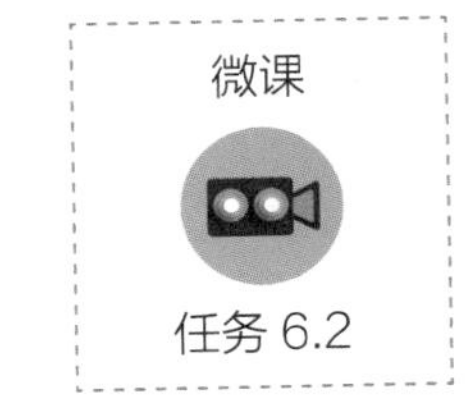

微课

任务 6.2

6.2.1 任务引入

本任务要求制作珍馐美味相册，要求设计风格清新，体现出美食的诱人。

6.2.2 设计理念

在设计时，挑选具有代表性的美食照片，根据照片的场景和颜色来设计展示的顺序，再通过动画来表现丰富的视觉效果。最终效果参看云盘中的“Ch06 > 效果 > 制作珍馐美味相册”，如图 6-50 所示。

图 6-50

6.2.3 任务知识：“对齐”面板、遮罩层

1 “对齐”面板

选择“窗口 > 对齐”命令，或按 Ctrl+K 组合键，弹出“对齐”面板，如图 6-51 所示。

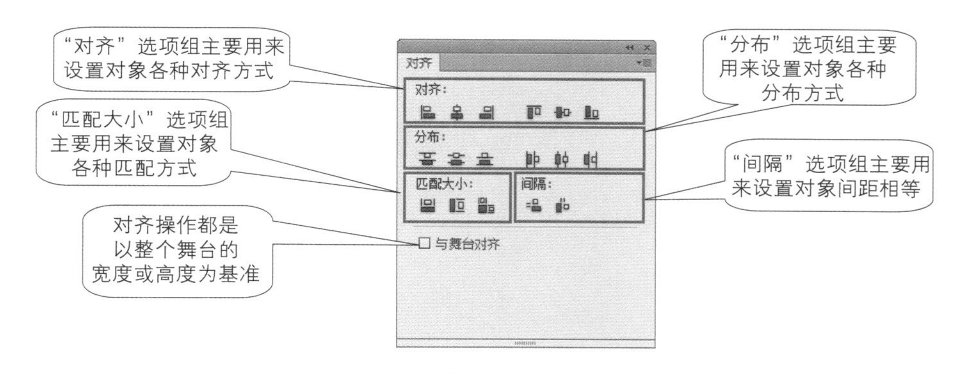

图 6-51

打开云盘中的“基础素材 > Ch06 > 01”文件，选中要对齐的图形，如图 6-52 所示。单击“顶对齐”按钮，图形上端对齐，如图 6-53 所示。

选中要分布的图形，如图 6-54 所示。单击“水平居中分布”按钮，图形在纵向上中心间距相等，如图 6-55 所示。

选中要匹配大小的图形，如图 6-56 所示。单击“匹配高度”按钮，图形在垂直方向上等尺寸变形，如图 6-57 所示。

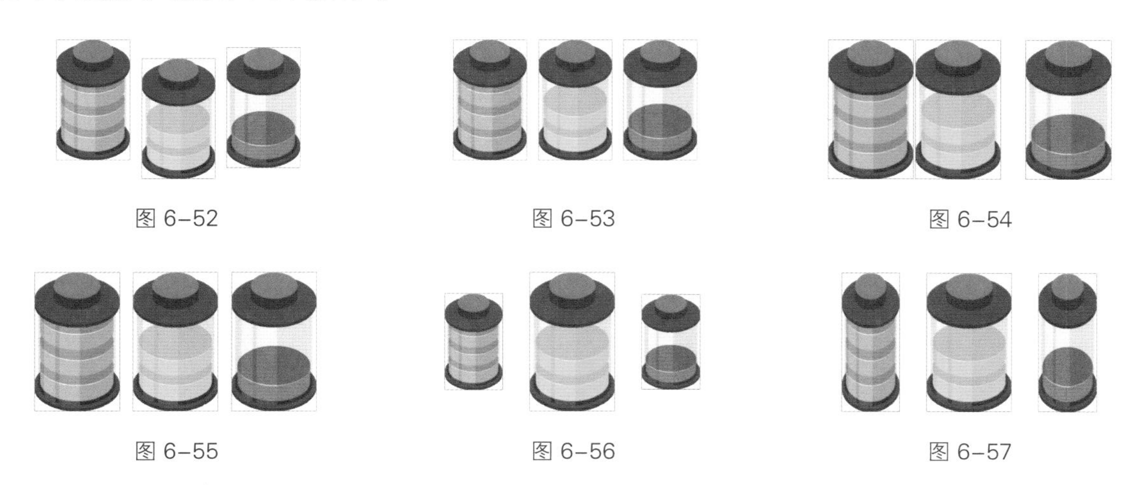

图 6-52　图 6-53　图 6-54

图 6-55　图 6-56　图 6-57

是否勾选“与舞台对齐”复选框，应用同一个命令产生的效果不同。选中图形，如图 6-58 所示。单击“左侧分布”按钮，效果如图 6-59 所示。勾选“与舞台对齐”复选框，单击“左侧分布”按钮，效果如图 6-60 所示。

图 6-58

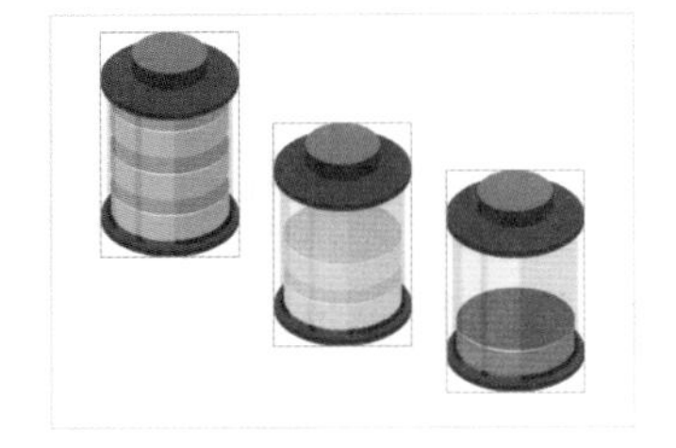
图 6-59

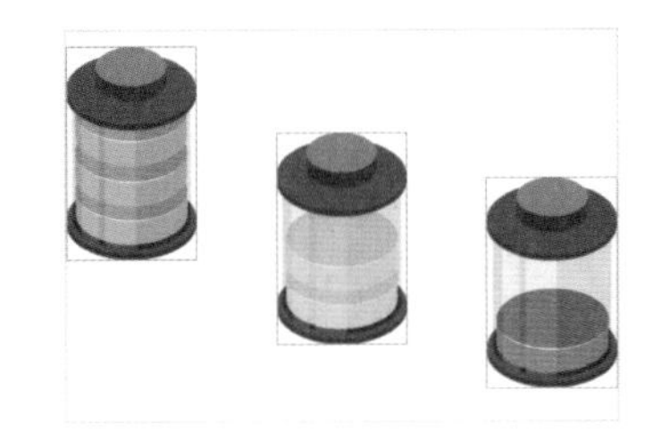
图 6-60

2 翻转对象

打开云盘中的“基础素材 > Ch06 > 02”文件，选中图形，如图 6-61 所示。选择“修改 > 变形”中的“垂直翻转”“水平翻转”命令，可以将图形翻转，效果如图 6-62 和图 6-63 所示。

图 6-61

图 6-62

图 6-63

3 遮罩层

◎ 创建遮罩层

要创建遮罩动画，首先要创建遮罩层。在“时间轴”面板中用鼠标右键单击要转换为遮罩层的图层，在弹出的快捷菜单中选择“遮罩层”命令，如图 6-64 所示。选中的图层转换为遮罩层，其下方的图层自动转换为被遮罩层，并且它们都自动被锁定，如图 6-65 所示。

如果想解除遮罩，只需单击“时间轴”面板上的遮罩层或被遮罩层上的图标将其解锁。遮罩层中的对象可以是图形、文字、元件的实例等，但不显示位图、渐变色、透明色和线条。一个遮罩层可以作为多个图层的遮罩层，如果要将一个普通图层变为某个遮罩层的被遮罩层，只需将此图层拖曳至遮罩层下方即可。

◎ 将遮罩层转换为普通图层

在“时间轴”面板中用鼠标右键单击要转换的遮罩层，在弹出的快捷菜单中选择“遮罩层”命令，如图 6-66 所示。遮罩层转换为普通图层，如图 6-67 所示。

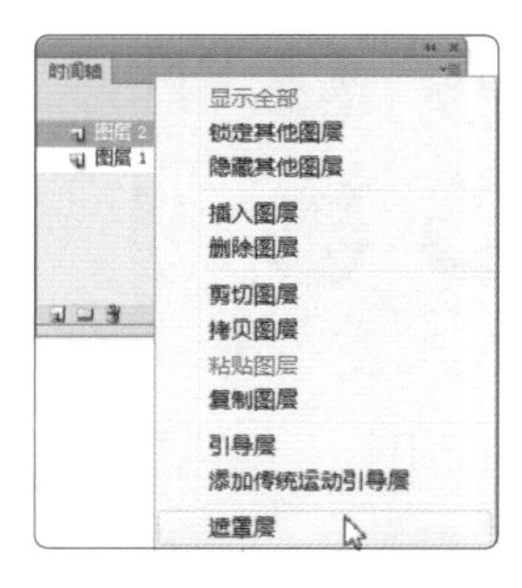

图 6-64

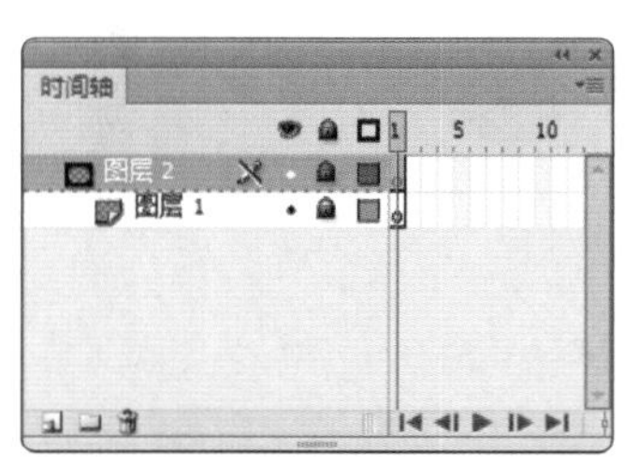

图 6-65

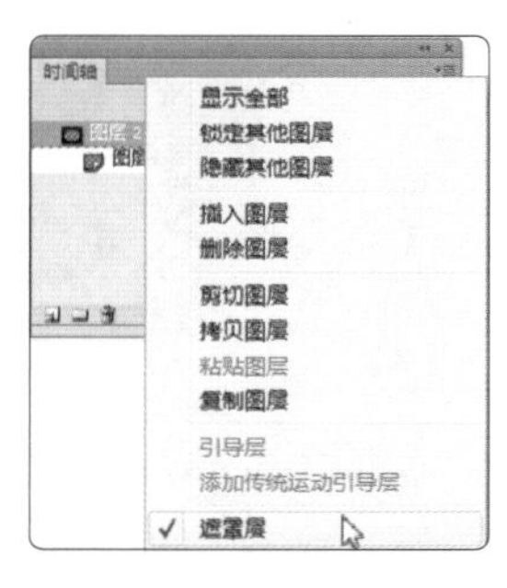

图 6-66

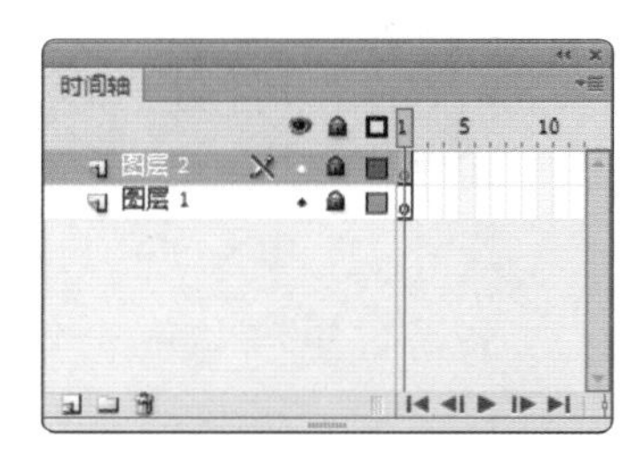

图 6-67

4 动态遮罩动画

打开云盘中的“基础素材 > Ch06 > 03”文件，如图6-68所示。在“时间轴”面板下方单击“新建图层”按钮，创建新图层并将其命名为“剪影”。

将“库”面板中的图形元件“剪影”拖曳到舞台窗口中的适当位置，如图6-69所示。选中“剪影”图层的第10帧，按F6键，插入关键帧。在舞台窗口中将“剪影”实例水平向左拖曳到适当的位置，如图6-70所示。用鼠标右键单击“剪影”图层的第1帧，在弹出的快捷菜单中选择“创建传统补间”命令，生成传统补间动画。

用鼠标右键单击“剪影”图层的名称，在弹出的快捷菜单中选择“遮罩层”命令，如图6-71所示，“剪影”图层转换为遮罩层，“矩形”图层转换为被遮罩层，如图6-72所示。动态遮罩动画制作完成，按Ctrl+Enter组合键测试动画效果。

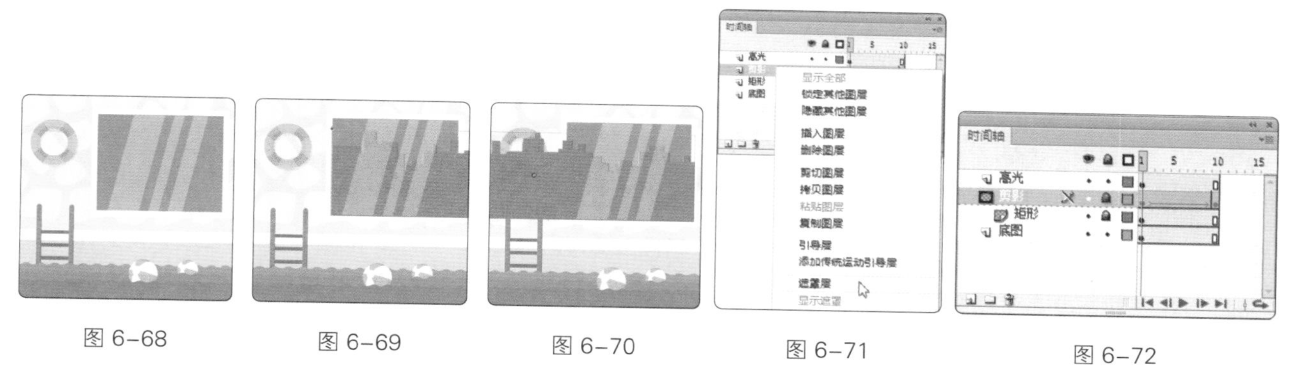

图6-68　图6-69　图6-70　图6-71　图6-72

动画在不同的帧中显示的效果如图6-73所示。

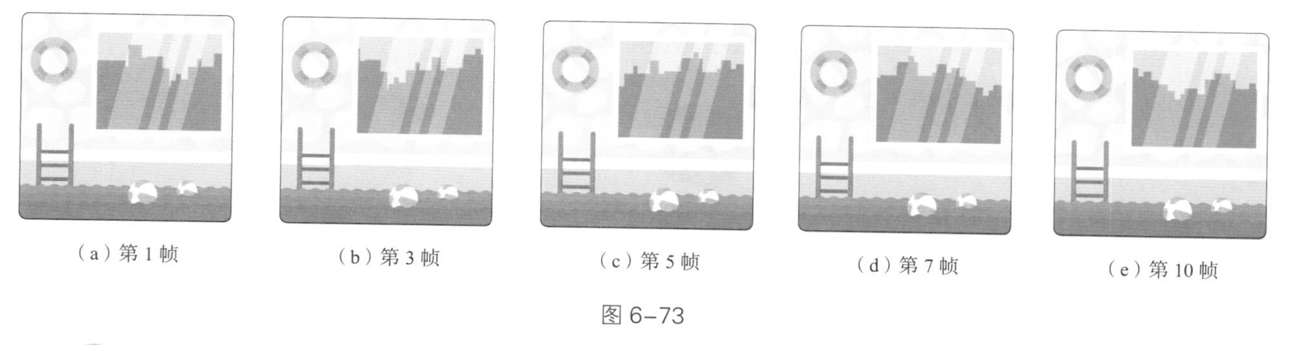

（a）第1帧　（b）第3帧　（c）第5帧　（d）第7帧　（e）第10帧

图6-73

5 播放和停止动画

控制动画播放和停止使用的动作脚本语言如下。

- on：事件处理函数，指定触发动作的鼠标事件或按键事件。

例如：

```
on (press) {
}
```

此处的“press”代表发生的事件，可以将“press”替换为任意一种对象事件。

- play：用于使动画从当前帧开始播放。

例如：

```
on (press) {
play();
}
```

● stop：用于停止当前正在播放的动画，并使播放头停留在当前帧。

例如：

```
on (press) {
stop();
}
```

● addEventListener()：用于添加事件的方法。

例如：

```
所要接收事件的对象.addEventListener(事件类型.事件名称,事件响应函数的名称);
{
// 此处是为响应事件所要执行的动作
}
```

（1）打开云盘中的“基础素材 > Ch06 > 04”文件。在“库”面板中新建一个图形元件“热气球”，如图 6-74 所示，舞台窗口也随之转换为图形元件的舞台窗口。将“库”面板中的位图“02”拖曳到舞台窗口中，效果如图 6-75 所示。

（2）单击舞台窗口左上方的“场景 1”图标，进入“场景 1”的舞台窗口。单击“时间轴”面板下方的“新建图层”按钮，创建新图层并将其命名为“热气球”。将“库”面板中的图形元件“热气球”拖曳到舞台窗口中，效果如图 6-76 所示。选中“底图”图层的第 30 帧，按 F5 键插入普通帧。

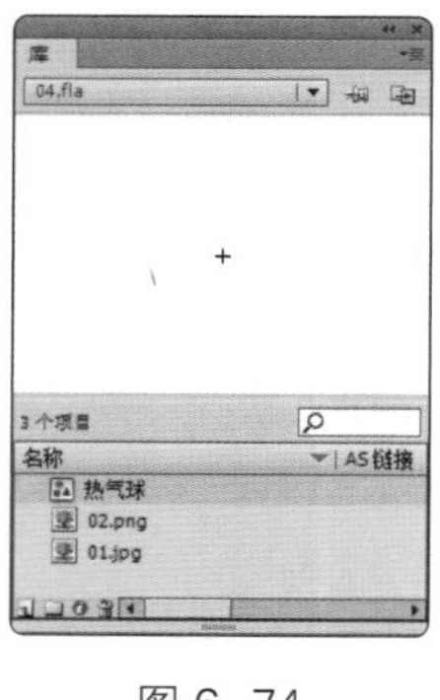

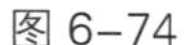
图 6-74

图 6-75

图 6-76

（3）选中“热气球”图层的第 30 帧，按 F6 键插入关键帧。选择“选择”工具，在舞台窗口中将热气球图形向上拖曳到适当的位置，如图 6-77 所示。

（4）用鼠标右键单击“热气球”图层的第 1 帧，在弹出的快捷菜单中选择“创建传统补间”命令，创建动作补间动画。

（5）在“库”面板中新建一个“播放”按钮元件，使用“矩形”工具和“文本”工具绘制按钮图形，效果如图 6-78 所示。使用相同的方法再制作一个“停止”按钮元件，效果如图 6-79 所示。

（6）单击舞台窗口左上方的“场景 1”图标，进入“场景 1”的舞台窗口。单击“时间轴”面板下方的“新建图层”按钮，创建新图层并将其命名为“按钮”。将“库”面板中的按钮元件“播放”和“停止”拖曳到舞台窗口中，效果如图 6-80 所示。

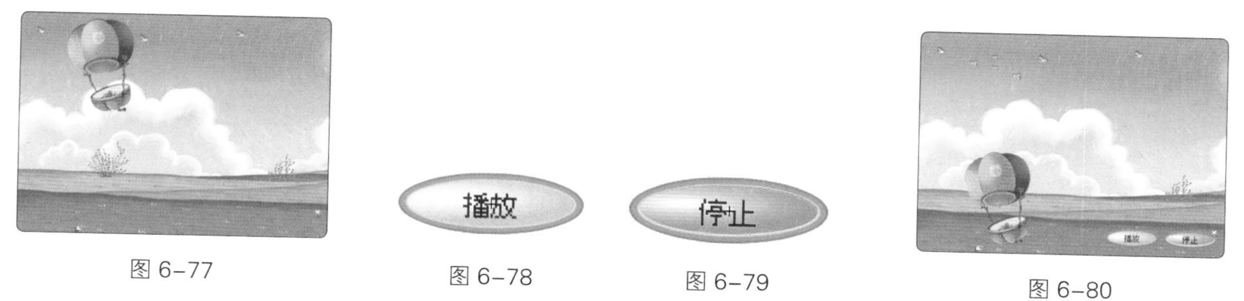

图 6-77　图 6-78　图 6-79　图 6-80

（7）选择“选择”工具，在舞台窗口中选中“播放”按钮实例，在“属性”面板中，将“实例名称”设为 start_Btn，如图 6-81 所示。用相同的方法将“停止”按钮实例的“实例名称”设为 stop_Btn，如图 6-82 所示。

图 6-81

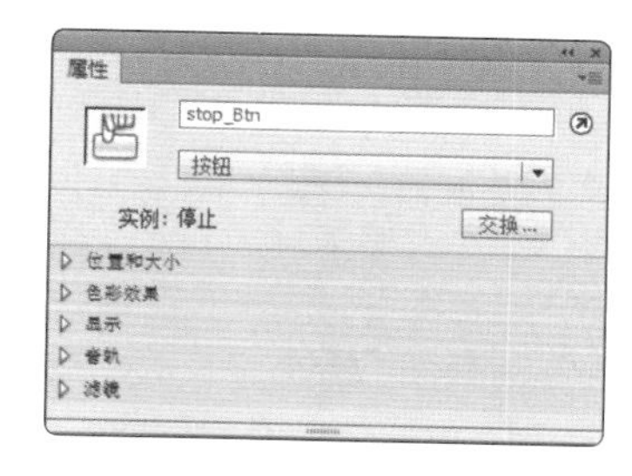

图 6-82

（8）单击“时间轴”面板下方的“新建图层”按钮，创建新图层并将其命名为“动作脚本”。选择“窗口 > 动作”命令，在弹出的“动作”面板中设置脚本语言，“脚本窗口”中显示的效果如图 6-83 所示。设置完动作脚本后，关闭“动作”面板。在“动作脚本”图层的第 1 帧上显示一个标记“a”，如图 6-84 所示。

（9）按 Ctrl+Enter 组合键查看动画效果。当单击“停止”按钮时，动画停止在正在播放的帧上，效果如图 6-85 所示。单击“播放”按钮后，动画将继续播放。

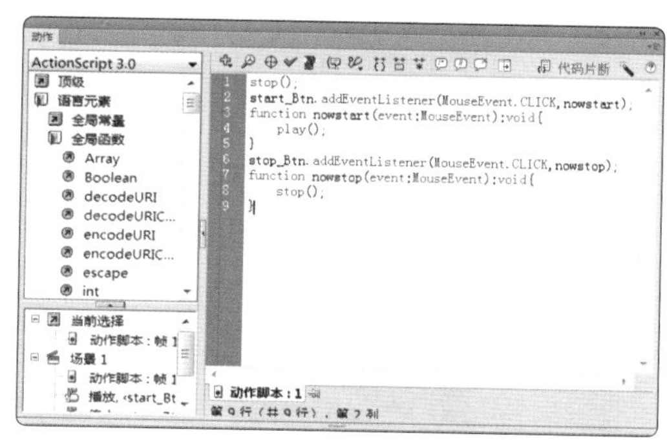

图 6-83

图 6-84

图 6-85

6.2.4 任务实施

1 导入素材制作元件

（1）选择“文件 > 新建”命令，弹出“新建文档”对话框。在“常规”选项卡中选择“ActionScript 3.0”选项，将“宽”设为800，“高”设为600，“背景颜色”设为黄色（#FFCC00），单击“确定”按钮，完成文档的创建。

（2）选择“文件 > 导入 > 导入到库”命令，在弹出的“导入到库”对话框中选择云盘中的“Ch06 > 素材 > 制作珍馐美味相册 > 01 ～ 07”文件，单击“打开”按钮，文件被导入“库”面板，如图6-86所示。

（3）按Ctrl+F8组合键，弹出“创建新元件”对话框。在“名称”文本框中输入“照片”，在“类型”下拉列表中选择“图形”，如图6-87所示。单击“确定”按钮，新建图形元件“照片”，如图6-88所示，舞台窗口也随之转换为图形元件的舞台窗口。

图6–86

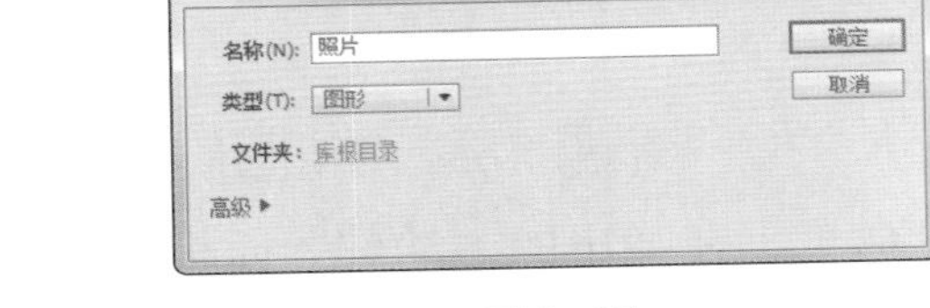

图6–87

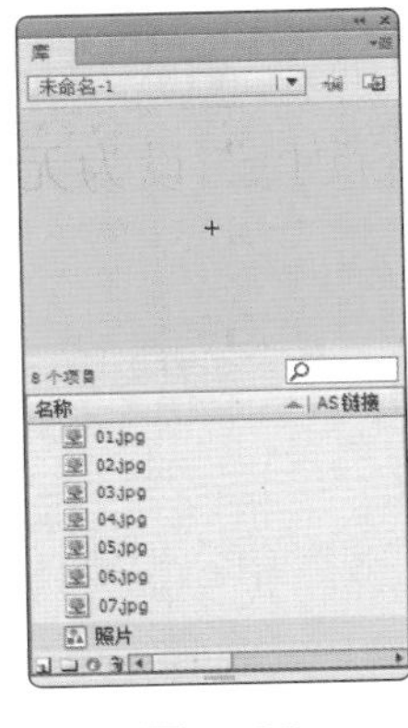

图6–88

（4）分别将“库”面板中的位图“02”～“07”拖曳到舞台窗口中，调出位图“属性”面板，将所有照片的Y设为0，X保持不变，效果如图6-89所示。

图6–89

（5）选中所有实例，选择“修改 > 对齐 > 按宽度均匀分布”命令，效果如图6-90所示。按Ctrl+G组合键，将其组合。调出组“属性”面板，将X和Y均设为0，效果如图6-91所示。

图6–90

图 6-91

（6）保持对象的选取状态，按 Ctrl+C 组合键，复制图形。按 Ctrl+Shift+V 组合键，将其原位粘贴在当前位置，调出组“属性”面板，将 X 设为 680，Y 保持不变，效果如图 6-92 所示。

图 6-92

（7）按 Ctrl+F8 组合键，弹出“创建新元件”对话框，在“名称”文本框中输入“图形”，在“类型”下拉列表中选择“图形”选项，如图 6-93 所示。单击“确定”按钮，新建图形元件“图片”，如图 6-94 所示。舞台窗口也随之转换为图形元件的舞台窗口。

（8）选择“矩形”工具，在“矩形”工具的“属性”面板中，将“笔触颜色”设为白色，“填充颜色”设为无，“笔触”设为 3，其他选项的设置如图 6-95 所示。

图 6-93

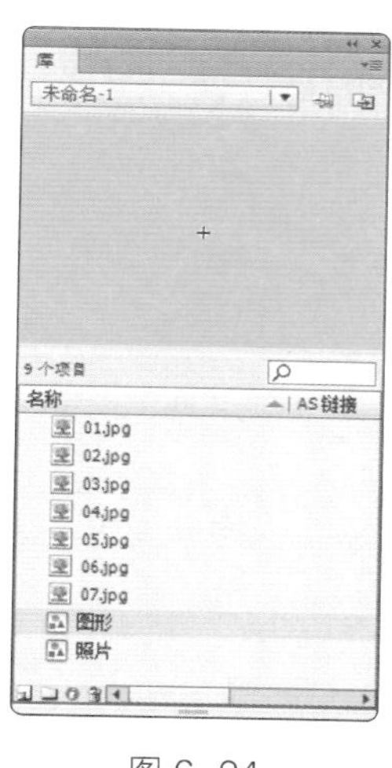

图 6-94

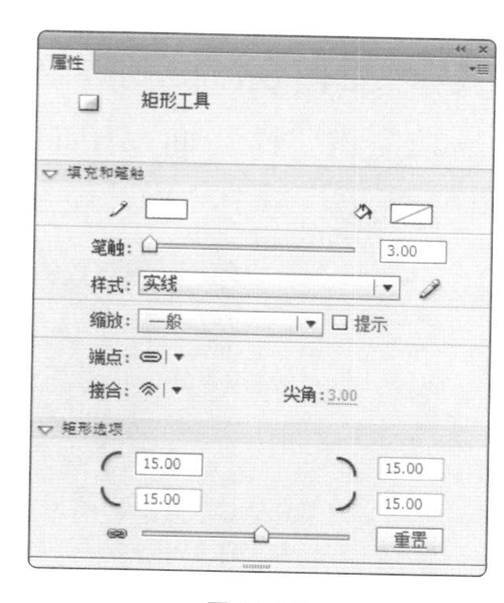

图 6-95

（9）在舞台窗口中绘制矩形，效果如图 6-96 所示。选择“选择”工具，双击矩形笔触将其选中，选择“窗口 > 颜色”命令，弹出“颜色”面板。选择“笔触颜色”选项，在“颜色类型”下拉列表中选择“线性渐变”，在色带上将左边的颜色控制点设为白色，将“A”（Alpha）设为 52%（即其不透明度），将右边的颜色控制点设为白色，生成渐变色，如图 6-97 所示，效果如图 6-98 所示。

（10）选择“渐变变形”工具，在舞台窗口中单击渐变色，出现控制点和控制线，分别拖曳控制点改变渐变色的角度和大小，效果如图 6-99 所示。取消渐变选取状态，效果如图 6-100 所示。使用相同的方法再制作渐变图形，效果如图 6-101 所示。

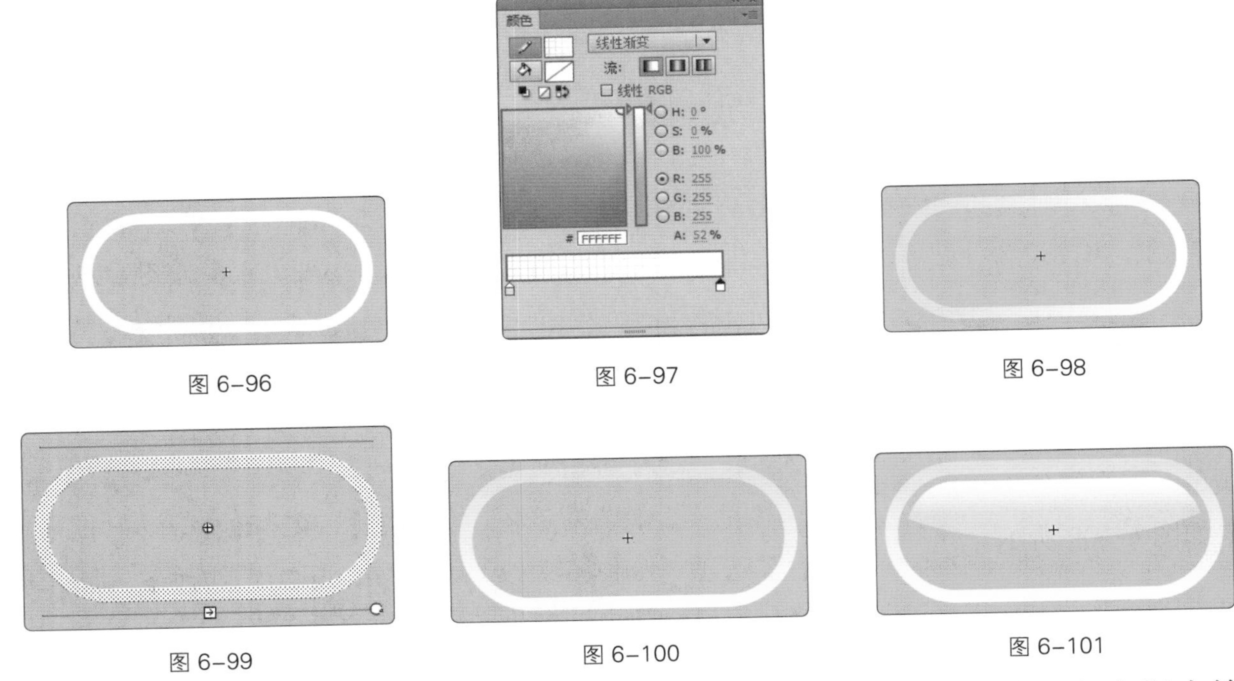

图 6-96　图 6-97　图 6-98

图 6-99　图 6-100　图 6-101

（11）按 Ctrl+F8 组合键，弹出“创建新元件”对话框。在“名称”文本框中输入“播放”，在“类型”下拉列表中选择“按钮”选项，单击“确定”按钮，新建按钮元件“播放”，如图 6-102 所示。舞台窗口也随之转换为按钮元件的舞台窗口。

（12）将“库”面板中的图形元件“图形”拖曳到舞台窗口中的适当位置，效果如图 6-103 所示。选中“指针经过”帧，按 F5 键，插入普通帧。

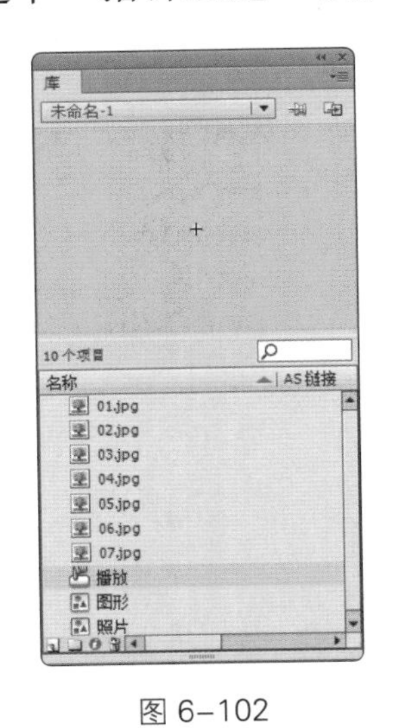

图 6-102

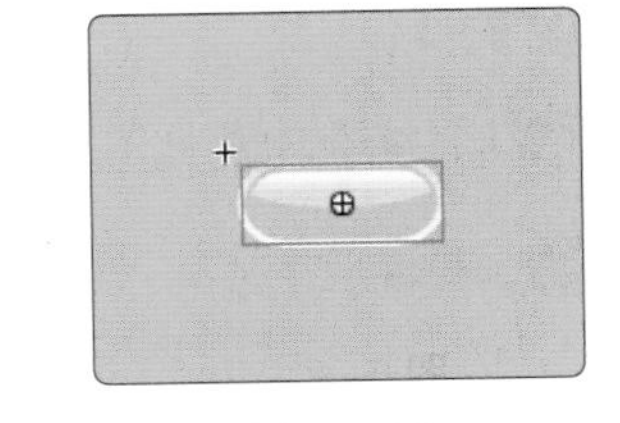

图 6-103

（13）单击“时间轴”面板下方的“新建图层”按钮，创建新图层“图层 2”。选择“多角星形”工具，在“多角星形”工具的“属性”面板中单击“工具设置”选项下的“选项”按钮，弹出“工具设置”对话框。将“边数”设为 3，如图 6-104 所示。单击“确定”按钮，在“多角星形”工具的“属性”面板中将“笔触颜色”设为无，“填充颜色”设为白色，其他选项的设置如图 6-105 所示。在舞台窗口中绘制一个三角形，效果如图 6-106 所示。

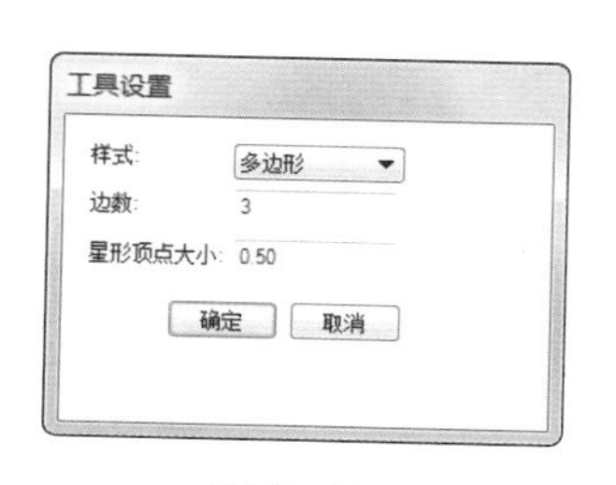

图 6-104

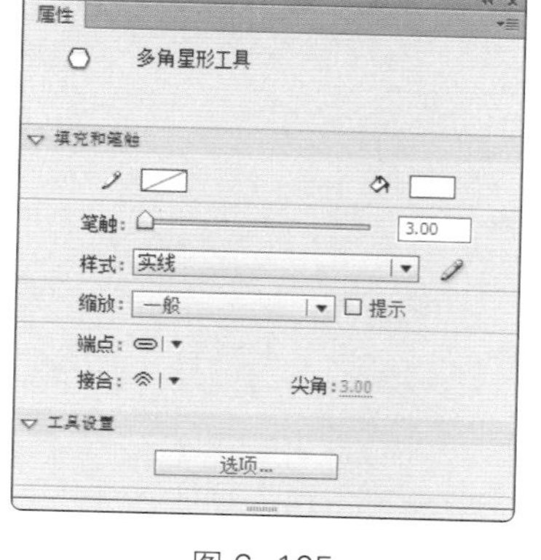

图 6-105

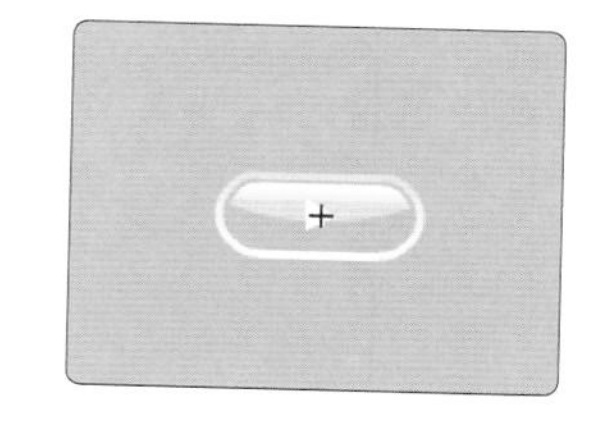

图 6-106

（14）选中“指针经过”帧，按 F6 键，插入关键帧，如图 6-107 所示。在工具箱中将“填充颜色”设为红色（#FF0000），效果如图 6-108 所示。用相同的方法制作按钮元件“停止”，效果如图 6-109 所示。

图 6-107

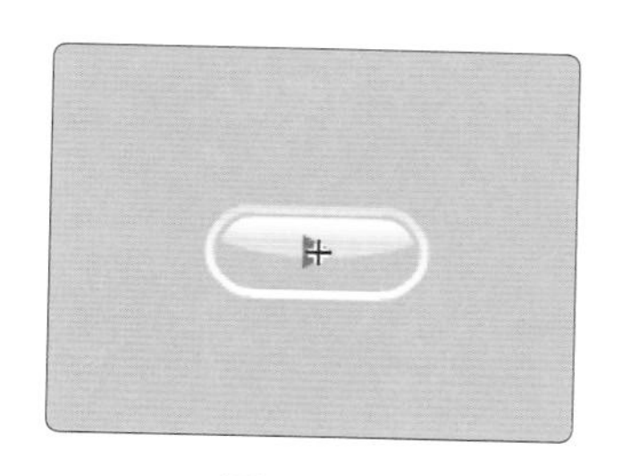

图 6-108

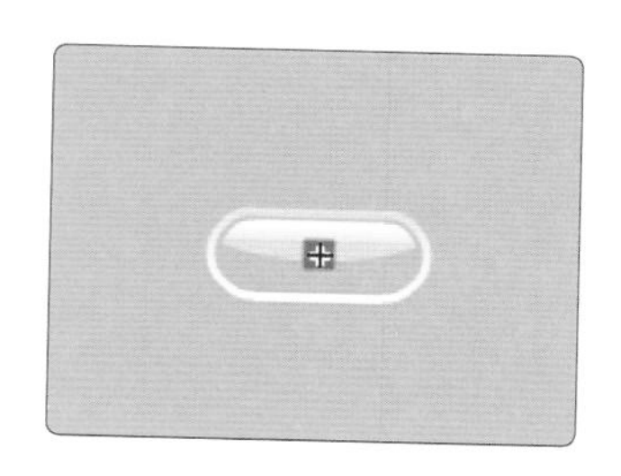

图 6-109

2 制作场景动画

（1）单击舞台窗口左上方的“场景 1”图标 场景 1，进入“场景 1”的舞台窗口。将“图层 1”重命名为“底图”。将“库”面板中的位图“01”拖曳到舞台窗口中，如图 6-110 所示。选中“底图”图层的第 100 帧，按 F5 键，插入普通帧，如图 6-111 所示。

图 6-110

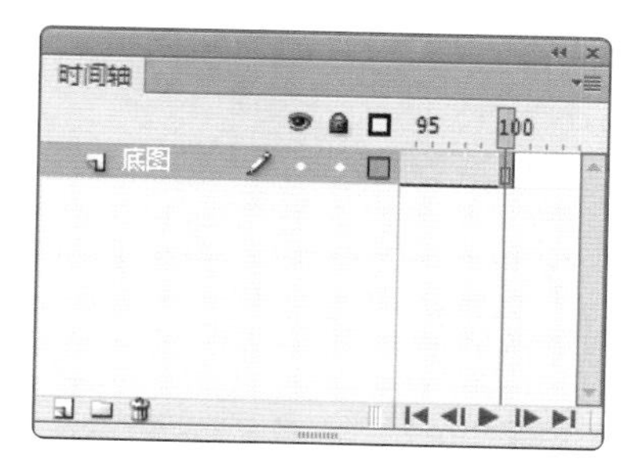

图 6-111

（2）在“时间轴”面板中创建新图层并将其命名为“按钮”。分别将“库”面板中的按钮元件“播放”“停止”拖曳到舞台窗口中，并放置在适当的位置，如图 6-112 所示。选择“选择”工具，在舞台窗口中选中“播放”实例，在按钮“属性”面板的“实例名称”文本框中输入“start_Btn”，如图 6-113 所示。用相同的方法为“停止”按钮命名，如图 6-114 所示。

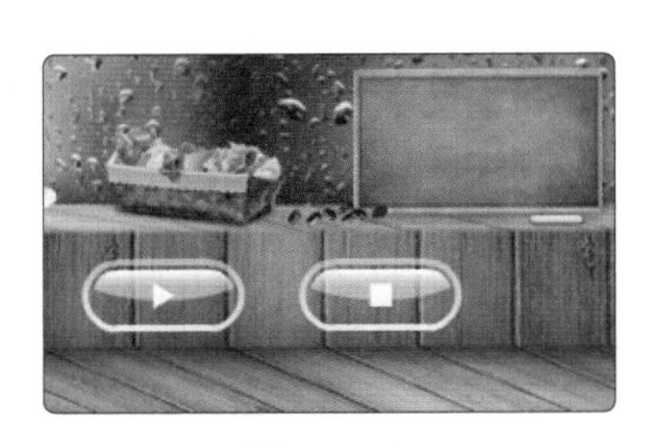

图 6–112

图 6–113

图 6–114

（3）在“时间轴”面板中创建新图层并将其命名为“透明”。选择“矩形”工具，选择“窗口 > 颜色”命令，弹出“颜色”面板。将“笔触颜色”设为无，“填充颜色”设为白色，“A”设为 50%，如图 6-115 所示。在舞台窗口中绘制多个矩形，效果如图 6-116 所示。

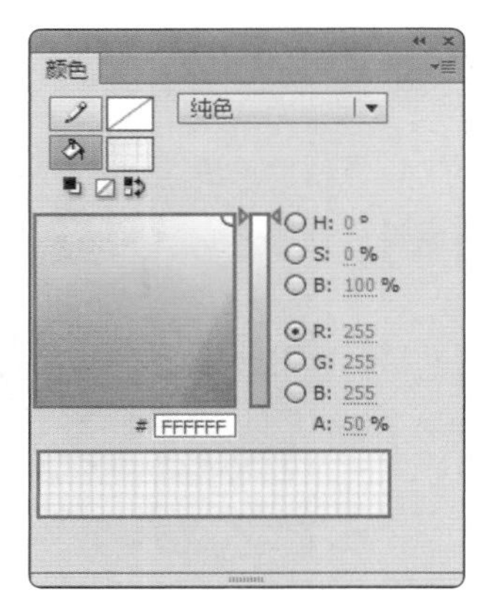

图 6–115

图 6–116

（4）在“时间轴”面板中创建新图层并将其命名为“图片”。选中“图片”图层的第 2 帧，按 F6 键，插入关键帧。将“库”面板中的图形元件“照片”拖曳到舞台窗口中，如图 6-117 所示。

（5）选中“照片”图层的第 100 帧，按 F6 键，插入关键帧。在舞台窗口中将“照片”实例水平向左拖曳到适当的位置，如图 6-118 所示。

（6）用鼠标右键单击“照片”图层的第 2 帧，在弹出的快捷菜单中选择“创建传统补间”命令，生成传统补间动画。

图 6–117

图 6–118

（7）在“时间轴”面板中创建新图层并将其命名为“遮罩”。选中“遮罩”图层的第 2 帧，按 F6 键，插入关键帧。选中“透明”图层的第 1 帧，按 Ctrl+C 组合键，将其复制。选中“遮罩”图层的第 2 帧，按 Ctrl+Shift+V 组合键，将其原位粘贴到“遮罩”图层中。

（8）用鼠标右键单击“遮罩”图层，在弹出的快捷菜单中选择“遮罩层”命令。将“遮罩”图层设为遮罩层，“照片”图层设为被遮罩层，“时间轴”面板如图 6-119 所示，舞台窗口中的效果如图 6-120 所示。

图 6-119

图 6-120

（9）选中“照片”图层的第 100 帧，选择“窗口 > 动作”命令，在弹出的“动作”面板中设置脚本语言，“脚本窗口”中的显示效果如图 6-121 所示。

（10）在“时间轴”面板中创建新图层并将其命名为“装饰”。选择“矩形”工具▭，在工具箱中将“笔触颜色”设为无，“填充颜色”设为橘黄色（#D99E44），在舞台窗口中绘制一个矩形，效果如图 6-122 所示。在工具箱中将“填充颜色”设为白色，在舞台窗口中绘制多个矩形，效果如图 6-123 所示。

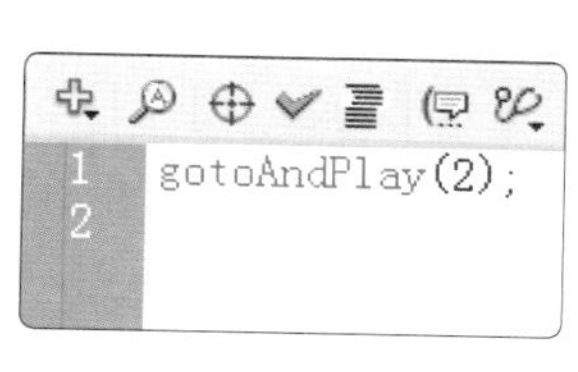

图 6-121

图 6-122

图 6-123

（11）在“时间轴”面板中创建新图层并将其命名为“动作脚本”。选中“动作脚本”图层的第 1 帧，选择“窗口 > 动作”命令，弹出“动作”面板。在“动作”面板中设置脚本语言，“脚本窗口”中的显示效果如图 6-124 所示。珍馐美味相册制作完成，按 Ctrl+Enter 组合键查看效果。

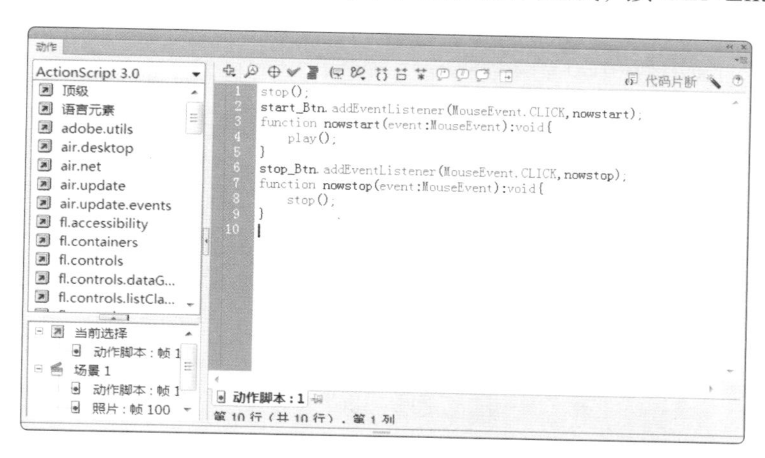

图 6-124

6.2.5 扩展实践：制作电子相册

使用“导入”命令导入图像制作按钮元件；使用“创建传统补间”命令制作补间动画效果；使用“动作”面板添加脚本语言。最终效果参看云盘中的“Ch06 > 效果 > 制作电子相册”，如图 6-125 所示。

图 6-125

任务 6.3 项目演练：制作个人电子相册

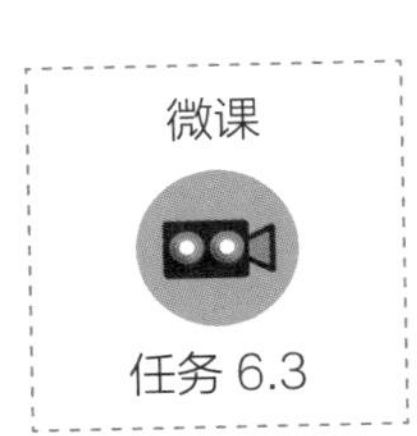

6.3.1 任务引入

本任务要求制作个人电子相册，要求使用简约、清新的素材及配色展示人物丰富多彩的生活。

6.3.2 设计理念

在设计时，背景采用亮灰色，突出照片主体；简单的标签设置，使相册更活泼、生动；绿植的摆放为相册增加了温馨感，整体风格更温暖。最终效果参看云盘中的“Ch06 > 效果 > 制作个人电子相册”，如图 6-126 所示。

图 6-126

项目7

制作节目包装

——节目片头设计

节目片头虽然时长较短，但却是一档节目内容和性质的集中体现，出色的片头能让观众眼前一亮，增加对节目的兴趣。通过本项目的学习，读者可以掌握节目片头的设计方法和制作技巧。

学习引导

知识目标

- 了解节目片头的概念
- 掌握节目片头的分类和设计原则

能力目标

- 熟悉节目片头设计思路
- 掌握节目片头的制作方法和技巧

素养目标

- 培养提炼节目精华的能力
- 培养对音乐的鉴赏水平

实训项目

- 制作卡通歌曲片头
- 制作秋收片头

相关知识：节目片头设计基础

1 节目片头的概念

节目片头是节目正片内容播放前的一个短片，它包含视频、音乐、文字等元素，主要用于展示节目主题，吸引观众，营造氛围等。图 7-1 所示为节目的片头效果。

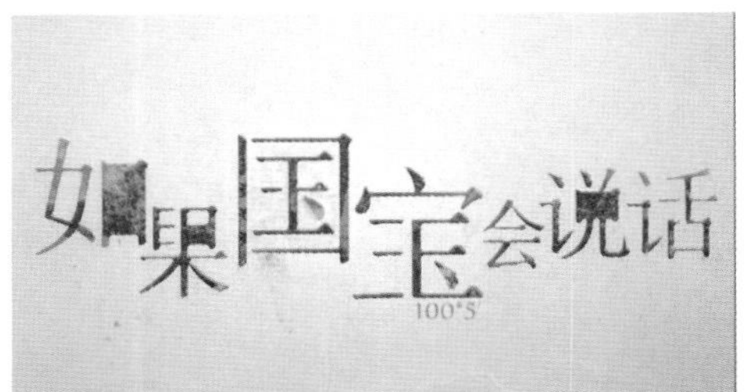

图 7–1

2 节目片头的分类

节目片头的范围广泛，包括电影片头、电视频道片头、电视栏目片头、企业宣传片头和活动宣传片头等多种类型。图 7-2 所示为节目的片头效果。

图 7–2

3 节目片头的设计原则

节目片头的设计原则包括创意构思紧贴主题、意境渲染得当、画面呈现美感、充分体现时代特色。图 7-3 所示为节目的片头效果。

图 7–3

任务 7.1 制作卡通歌曲片头

微课

任务 7.1

7.1.1 任务引入

本任务要求制作卡通歌曲片头，要求根据歌曲的内容来设计，风格生动有趣，抓住儿童的心理和喜好。

7.1.2 设计理念

在设计时，背景选用具有梦幻色彩的可爱图案；前景通过卡通动物形象的动画，营造出歌曲欢快愉悦的氛围。最终效果参看云盘中的“Ch07 > 效果 > 制作卡通歌曲片头”，如图 7-4 所示。

图 7-4

7.1.3 任务知识：添加声音

1 导入声音素材并添加声音

Flash CS6 在“库”面板中可以保存声音、位图、组件和元件。与图形组件一样，只需要一个声音文件的副本，即可在文档中以各种方式使用这个声音文件。

（1）要为动画添加声音，打开云盘中的“基础素材 > Ch07 > 01”文件，如图 7-5 所示。选择“文件 > 导入 > 导入到库”命令，在“导入”对话框中选择云盘中的“基础素材 > Ch07 > 02”声音文件，单击“打开”按钮，将声音文件导入“库”面板，如图 7-6 所示。

（2）单击“时间轴”面板下方的“新建图层”按钮，创建新的图层并将其命名为“音乐”，作为放置声音文件的图层。

（3）将“库”面板中的声音文件 02 拖曳到舞台窗口中，如图 7-7 所示。松开鼠标，在“音乐”图层中出现声音文件的波形，如图 7-8 所示。声音添加完成，按 Ctrl+Enter 组合键测试添加的效果。

图 7-5

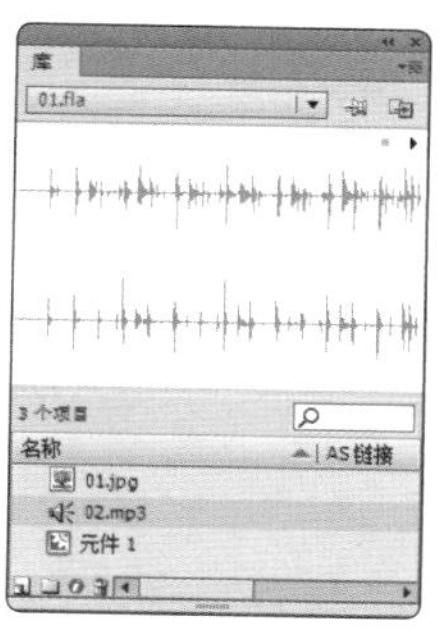

图 7-6

图 7-7

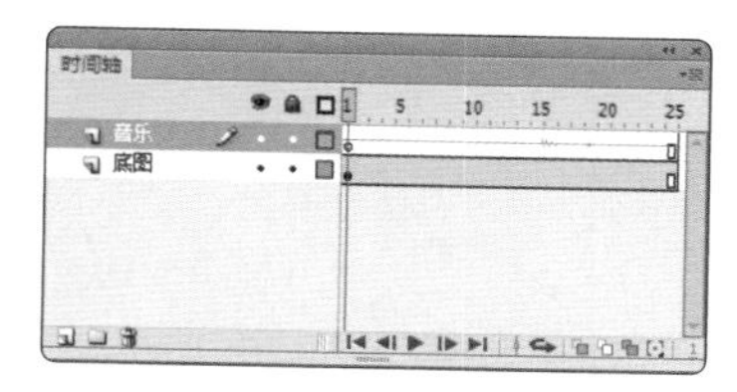

图 7-8

2 “属性”面板

在“时间轴”面板中选中声音文件所在图层的第1帧，按Ctrl+F3组合键，弹出帧“属性”面板，如图7-9所示。

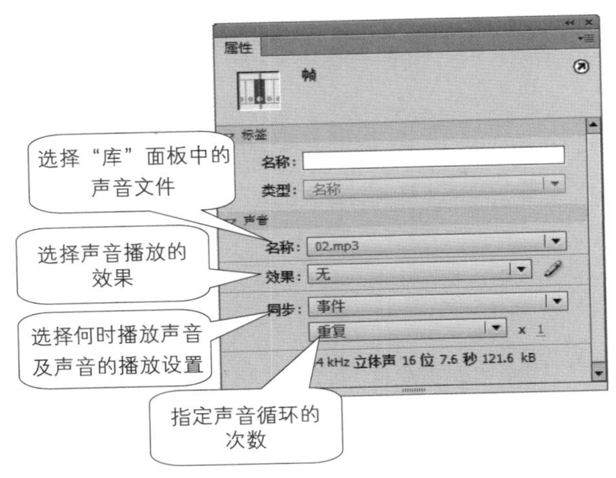

图7-9

“效果”选项列表如图7-10所示。

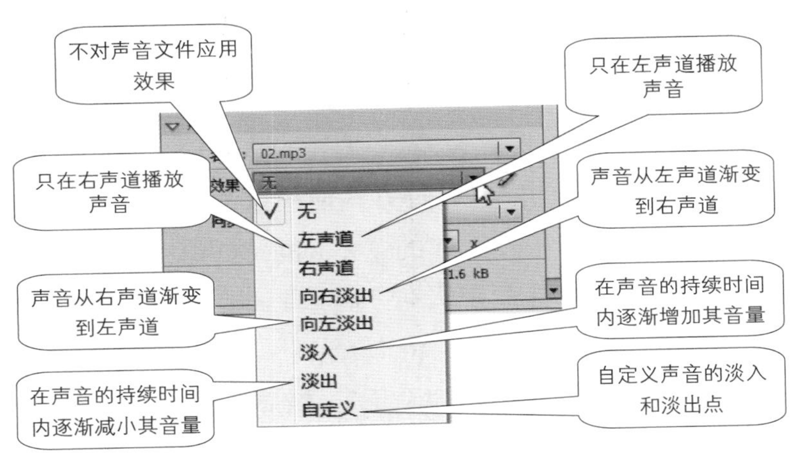

图7-10

“同步”选项列表如图7-11所示。

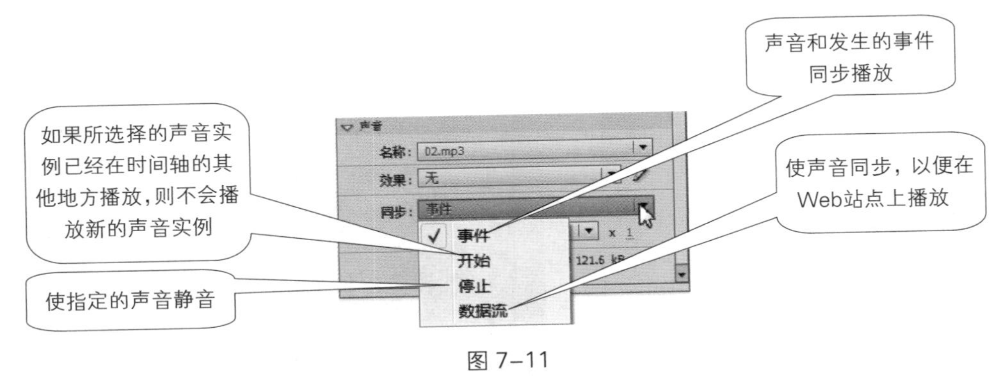

图7-11

“重复”选项列表如图 7-12 所示。

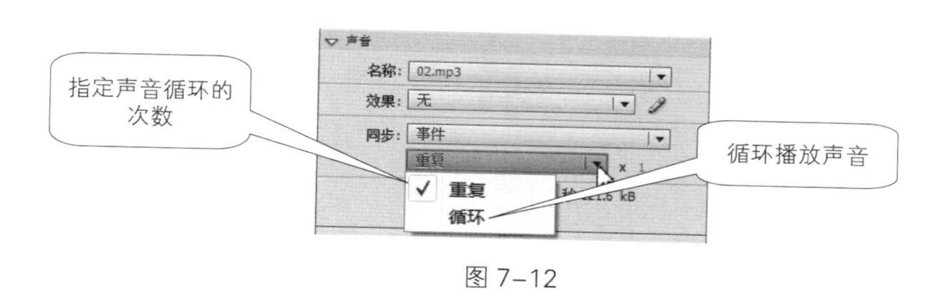

图 7-12

7.1.4 任务实施

1 导入图片并制作图形元件

（1）选择“文件 > 新建”命令，弹出“新建文档”对话框。在“常规”选项卡中选择“ActionScript 2.0”选项，将“宽”设为 566，“高”设为 397，“背景颜色”设为浅蓝色（#EAF6FD），单击“确定”按钮，完成文档的创建。

（2）选择“文件 > 导入 > 导入到库”命令，在弹出的“导入到库”对话框中选择云盘中的“Ch07 > 素材 > 制作卡通歌曲片头 > 01 ～ 07”文件，单击“打开”按钮，文件被导入“库”面板，如图 7-13 所示。

（3）按 Ctrl+F8 组合键，弹出“创建新元件”对话框。在“名称”文本框中输入“楼房”，在“类型”下拉列表中选择“图形”选项，单击“确定”按钮，新建图形元件“楼房”，如图 7-14 所示，舞台窗口也随之转换为图形元件的舞台窗口。将“库”面板中的位图“01”拖曳到舞台窗口中，效果如图 7-15 所示。

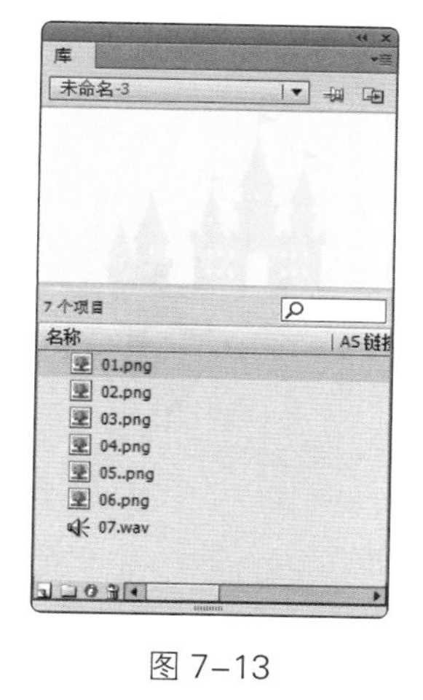

图 7-13

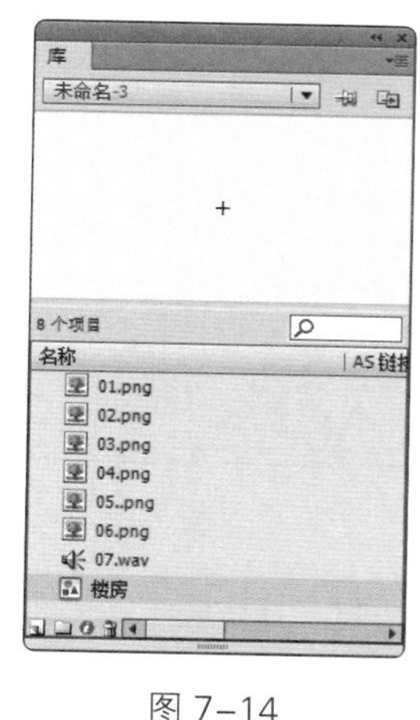

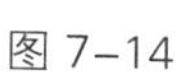

图 7-14

图 7-15

（4）用上述方法创建图形元件“草坪”“树枝”“小猴”“太阳”“白云”，并分别将“库”面板中的位图“02 ～ 06”拖曳到相应的舞台窗口中，“库”面板分别如图 7-16 ～图 7-20 所示。

图 7–16

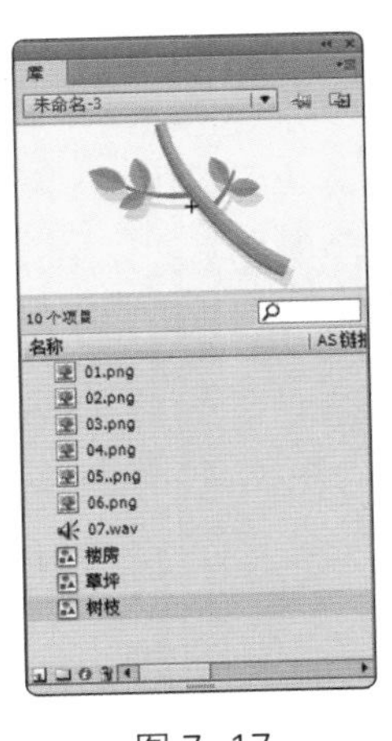

图 7–17

图 7–18

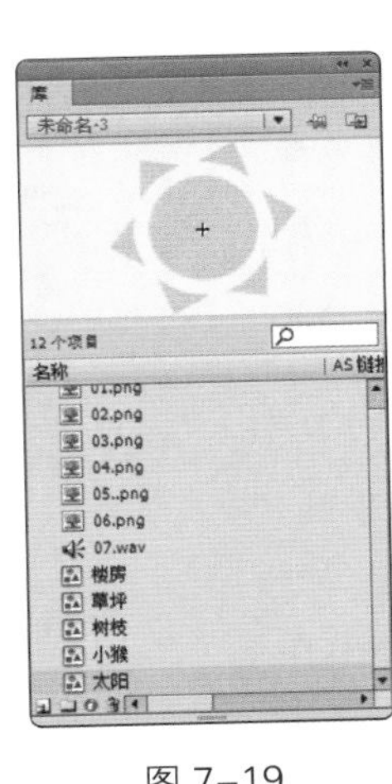

图 7–19

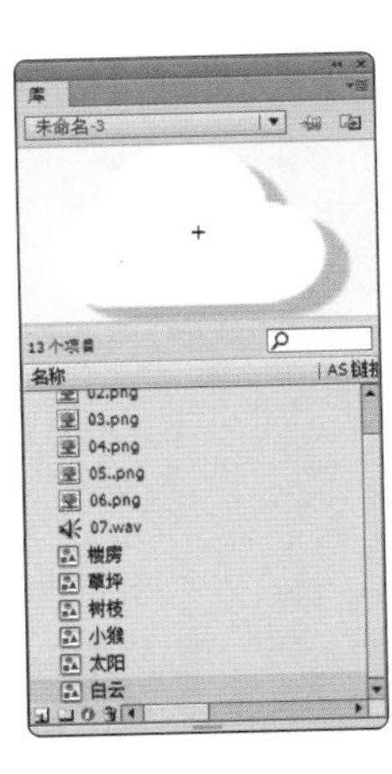

图 7–20

2 制作影片剪辑元件

（1）按 Ctrl+F8 组合键，弹出“创建新元件”对话框。在“名称”文本框中输入“小猴动”，在“类型”下拉列表中选择“影片剪辑”选项，单击“确定”按钮，新建影片剪辑元件“小猴动”，舞台窗口也随之转换为图形元件的舞台窗口。

（2）将“库”面板中的图形元件“小猴”拖曳到舞台窗口中，如图 7-21 所示。选择“任意变形”工具，将中心点拖曳至左上角，如图 7-22 所示。

（3）分别选中“图层 1”的第 15 帧、第 30 帧、第 45 帧，按 F6 键，插入关键帧。选中第 15 帧，在舞台窗口中选择“小猴”实例，按 Ctrl+T 组合键，弹出“变形”面板，将“旋转”设为 50°，如图 7-23 所示，效果如图 7-24 所示。

图 7–21

图 7–22

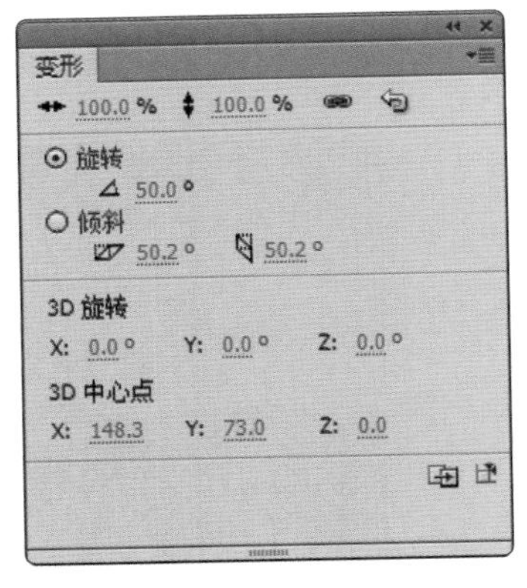

图 7–23

图 7–24

（4）选中第 30 帧，在舞台窗口中选择“小猴”实例，在“变形”面板中将“旋转”设为 -40°，如图 7-25 所示，效果如图 7-26 所示。分别用鼠标右键单击“图层 1”的第 1 帧、第 15 帧、第 30 帧，在弹出的快捷菜单中选择“创建传统补间”命令，生成传统补间动画，如图 7-27 所示。

（5）按 Ctrl+F8 组合键，新建影片剪辑元件“太阳动”。将“库”面板中的图形元件“太阳”拖曳到舞台窗口中，如图 7-28 所示。选中“图层 1”的第 80 帧，按 F6 键，插入关键帧。

用鼠标右键单击第 1 帧，在弹出的快捷菜单中选择“创建传统补间”命令，生成传统补间动画，如图 7-29 所示。

（6）选中“图层 1”的第 1 帧，在帧“属性”面板中选择“补间”选项组，在“旋转”下拉列表中选择“顺时针”，将“旋转次数”设为 1，如图 7-30 所示。

图 7-25

图 7-26

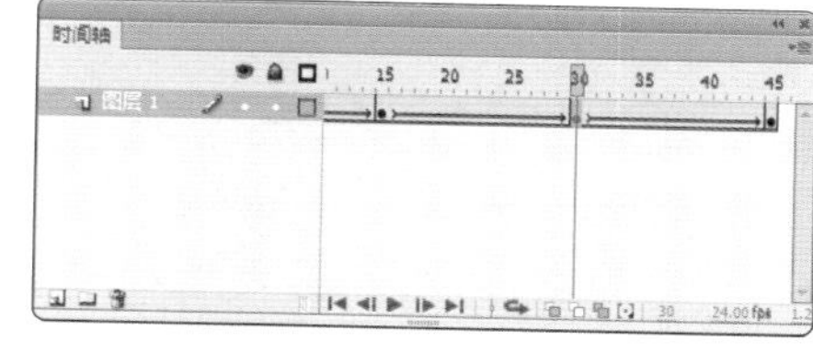

图 7-27

图 7-28

图 7-29

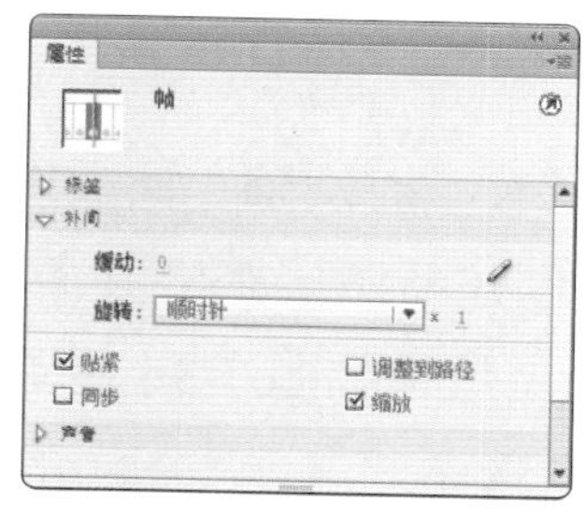

图 7-30

3 制作场景动画

（1）单击舞台窗口左上方的“场景 1”图标，进入“场景 1”的舞台窗口。将“图层 1”重命名为“草坪”。将“库”面板中的图像元件“草坪”拖曳到舞台窗口的下方，效果如图 7-31 所示。

（2）选中“草坪”图层的第 30 帧，按 F6 键，插入关键帧。选中“草坪”图层的第 101 帧，按 F5 键，插入普通帧。选中“草坪”图层的第 1 帧，在舞台窗口中，将“草坪”实例垂直向下拖曳到适当的位置，效果如图 7-32 所示。

图 7-31

图 7-32

（3）用鼠标右键单击“草坪”图层的第 1 帧，在弹出的快捷菜单中选择“创建传统补间”命令，生成传统补间动画。单击“时间轴”面板下方的“新建图层”按钮，创建新图层并将其命名为“楼房”。

（4）将“库”面板中的图形元件“楼房”拖曳到舞台窗口中，效果如图 7-33 所示。选中“楼房”图层的第 30 帧，按 F6 键，插入关键帧。选中“楼房”图层的第 1 帧，在舞台窗口中，将“楼房”实例垂直向上拖曳到适当的位置，效果如图 7-34 所示。

（5）用鼠标右键单击“楼房”图层的第 1 帧，在弹出的快捷菜单中选择“创建传统补间”命令，生成传统补间动画。在“时间轴”面板中拖曳“楼房”图层到“草坪”图层的下方，如图 7-35 所示。

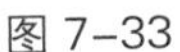

图 7-33

图 7-34

图 7-35

（6）在“时间轴”面板中选择“草坪”图层，单击“时间轴”面板下方的“新建图层”按钮，创建新图层并将其命名为“白云”。将“库”面板中的图形元件“白云”拖曳到舞台窗口中，效果如图 7-36 所示。

（7）选中“白云”图层的第 50 帧，按 F6 键，插入关键帧。选中“白云”图层的第 1 帧，在舞台窗口中，将“白云”实例水平向左拖曳到适当的位置，效果如图 7-37 所示。用鼠标右键单击“白云”图层的第 1 帧，在弹出的快捷菜单中选择“创建传统补间”命令，生成传统补间动画。

（8）单击“时间轴”面板下方的“新建图层”按钮，创建新图层并将其命名为“白云 2”。选中“白云 2”的第 10 帧，按 F6 键，插入关键帧。将“库”面板中的图形元件“白云”拖曳到舞台窗口中并缩小实例，效果如图 7-38 所示。

图 7-36

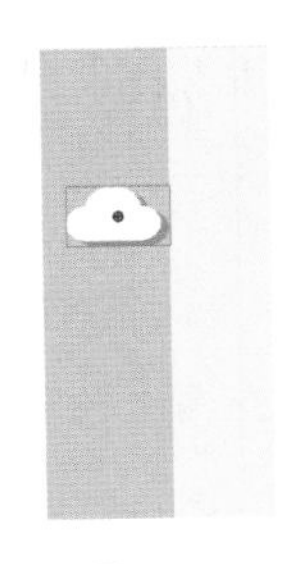

图 7-37

图 7-38

（9）选中“白云 2”图层的第 67 帧，按 F6 键，插入关键帧。选中“白云 2”图层的第 10 帧，在舞台窗口中，将“白云”实例水平向右拖曳到适当的位置，效果如图 7-39 所示。

（10）用鼠标右键单击“白云 2”图层的第 10 帧，在弹出的快捷菜单中选择“创建传统补间”命令，生成传统补间动画。

（11）单击“时间轴”面板下方的“新建图层”按钮，创建新图层并将其命名为“树枝”。选中“树枝”的第 15 帧，按 F6 键，插入关键帧。将“库”面板中的图形元件“树枝”拖曳到舞台窗口中并放置在适当的位置，效果如图 7-40 所示。

（12）选中“树枝”图层的第 40 帧，按 F6 键，插入关键帧。选中“树枝”图层的第 15 帧，在舞台窗口中，将“树枝”实例水平向右拖曳到适当的位置，效果如图 7-41 所示。用鼠标右键单击“树枝”图层的第 15 帧，在弹出的快捷菜单中选择“创建传统补间”命令，生成传统补间动画。

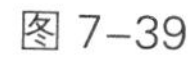

图 7-39

图 7-40

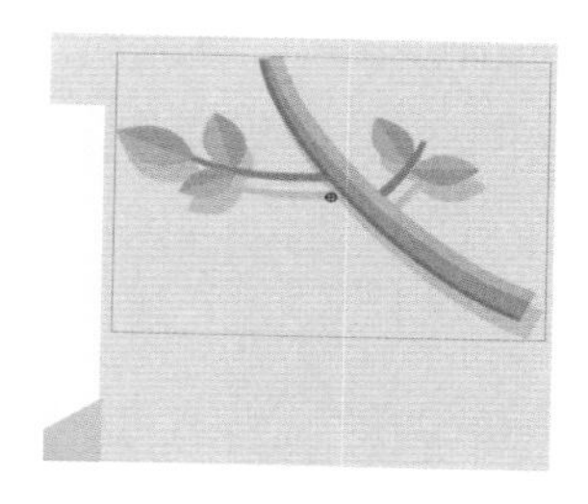

图 7-41

（13）单击“时间轴”面板下方的“新建图层”按钮，创建新图层并将其命名为“小猴”。选中“小猴”的第 40 帧，按 F6 键，插入关键帧。将“库”面板中的影片剪辑元件“小猴动”拖曳到舞台窗口中并放置在适当的位置，效果如图 7-42 所示。

（14）单击“时间轴”面板下方的“新建图层”按钮，创建新图层并将其命名为“太阳”。将“库”面板中的影片剪辑元件“太阳动”拖曳到舞台窗口中并放置在适当的位置，效果如图 7-43 所示。

图 7-42

图 7-43

4 添加音乐与动作脚本

（1）单击“时间轴”面板下方的“新建图层”按钮，创建新图层并将其命名为“音乐”。将“库”面板中的音乐文件“07”拖曳到舞台窗口中，“时间轴”面板如图 7-44 所示。

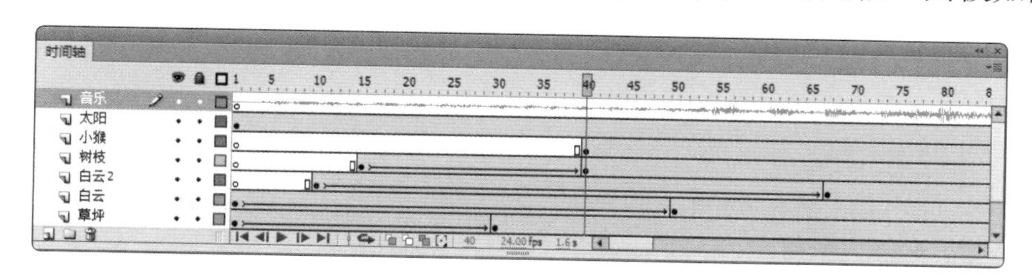

图 7-44

（2）选中“音乐”图层的第1帧，调出帧“属性”面板。在“声音”选项组中，选择“同步”下拉列表中的“事件”，将“声音循环”设为“循环”，如图7-45所示。

（3）单击“时间轴”面板下方的“新建图层”按钮，创建新图层并将其命名为“动作脚本”。选中“动作脚本”图层的第101帧，按F6键，插入关键帧。按F9键，弹出“动作”面板，在面板的左上方将脚本语言版本设为“ActionScript 1.0 & 2.0”，在面板中单击“将新项目添加到脚本中”按钮，在弹出的菜单中选择“全局函数 > 时间轴控制 > stop”命令。“脚本窗口”中显示选择的脚本语言，如图7-46所示。设置好动作脚本后，关闭“动作”面板。在“动作脚本”图层的第101帧上显示一个标记“a”。

（4）卡通歌曲制作完成，按Ctrl+Enter组合键查看效果。

图7-45

图7-46

7.1.5 扩展实践：制作早安片头

使用“导入”命令导入素材并制作图形元件；使用“文本”工具输入文字；使用“创建传统补间”命令制作补间动画效果；使用“影片剪辑”元件制作云动画效果。最终效果参看云盘中的“Ch07 > 效果 > 制作早安片头”，如图7-47所示。

图7-47

任务7.2 制作秋收片头

7.2.1 任务引入

本任务要求制作秋收片头，设计时要注意颜色的搭配，色彩温暖，呈现出丰收的喜悦。

7.2.2 设计理念

在设计时，利用金黄的麦田和蓝天白云搭配，营造出秋高气爽的氛围；麦田中的人物和小车为画面增加了生气，和文字呼应，主题鲜明。最终效果参看云盘中的“Ch07 > 效果 > 制作秋收片头”，如图 7-48 所示。

图 7-48

7.2.3 任务知识：控制声音

（1）新建空白文档。选择“文件 > 导入 > 导入到库”命令，弹出“导入到库”对话框。选择云盘中的“基础素材 > Ch07 > 03”文件，单击“打开”按钮，文件被导入“库”面板，如图 7-49 所示。

（2）使用鼠标右键单击“库”面板中的声音文件，在弹出的快捷菜单中选择“属性”命令，弹出“声音属性”对话框。单击“ActionScript”选项卡，勾选“为 ActionScript 导出”复选框和“在第 1 帧中导出”复选框，在“标识符”文本框中输入“music”（此命令在将文件设置为 ActionScript 1.0&2.0 版本时才可用），如图 7-50 所示，单击“确定”按钮。

（3）选择“窗口 > 公用库 > 按钮”命令，弹出公用库中的按钮“库”面板（此面板是系统提供的），选中按钮“库”面板中的“play back flat”文件夹中的按钮元件“flat blueplay”和“flat bluestop”，如图 7-51 所示。

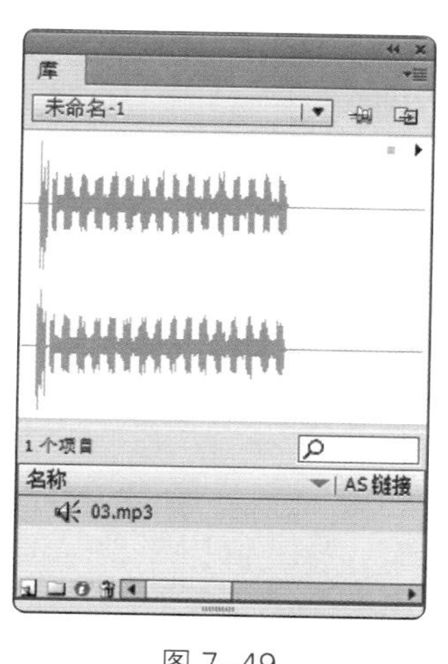

图 7-49

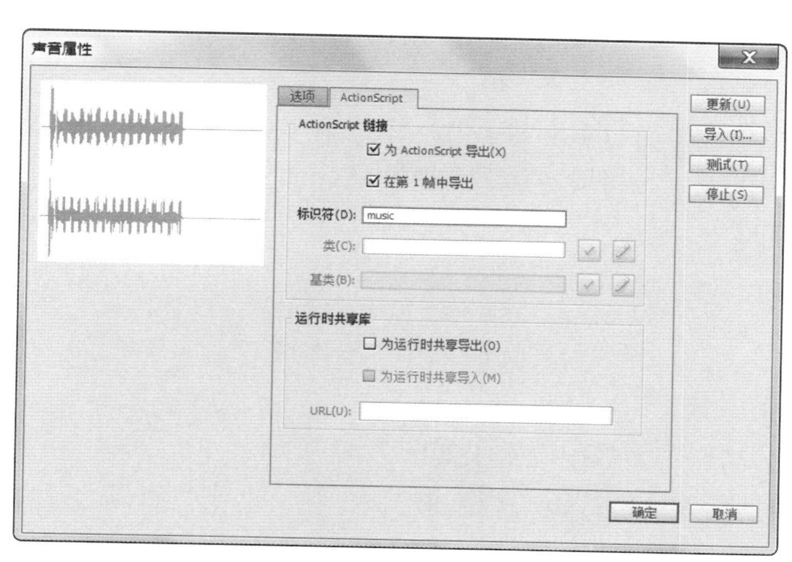

图 7-50

（4）将这两个按钮文件拖曳到舞台窗口中，效果如图 7-52 所示。选择按钮“库”面板中的“classic buttons > Knobs & Faders”文件夹中的按钮元件“fader-gain”，如图 7-53 所示。将其拖曳到舞台窗口中，效果如图 7-54 所示。

图 7–51

图 7–52

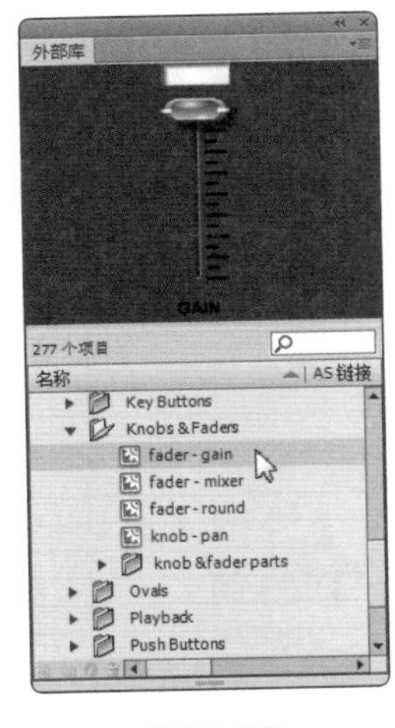

图 7–53

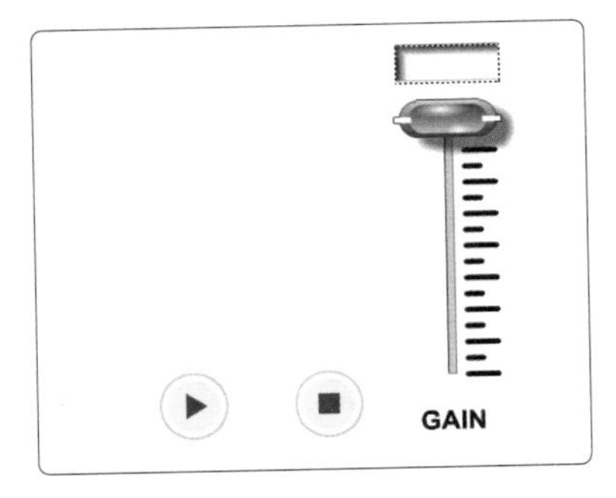

图 7–54

（5）在舞台窗口中选中“flat blue play”按钮实例，在按钮“属性”面板中将“实例名称”设为 bofang，如图 7-55 所示。在舞台窗口中选中“flat blue stop”按钮实例，在按钮的“属性”面板中将“实例名称”设为 tingzhi，如图 7-56 所示。

图 7–55

图 7–56

（6）选中“flat blue play”按钮实例，选择“窗口 > 动作”命令，弹出“动作”面板。在面板的左上方将脚本语言设置为 ActionScript 1.0&2.0 版本，在“脚本窗口”中设置以下脚本语言。

```
on (press) {
      mymusic.start();
      _root.bofang._visible=false
      _root.tingzhi._visible=true
}
```

“动作”面板中的效果如图 7-57 所示。

选中“flat blue stop”按钮实例，在“动作”面板的“脚本窗口”中设置以下脚本语言。

```
on (press) {
      mymusic.stop();
      _root.tingzhi._visible=false
      _root.bofang._visible=true
}
```

“动作”面板中的效果如图 7-58 所示。

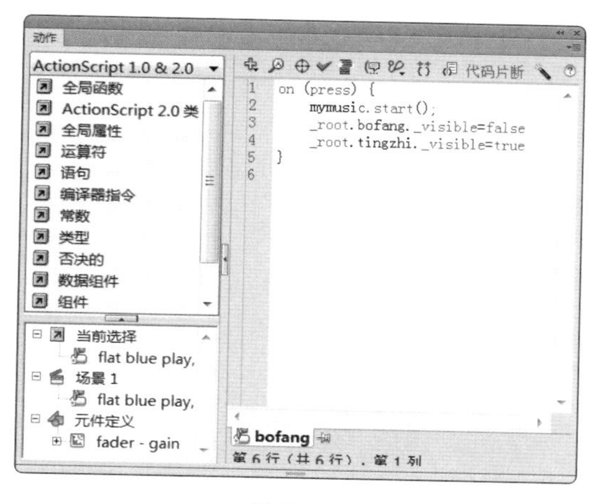

图 7-57

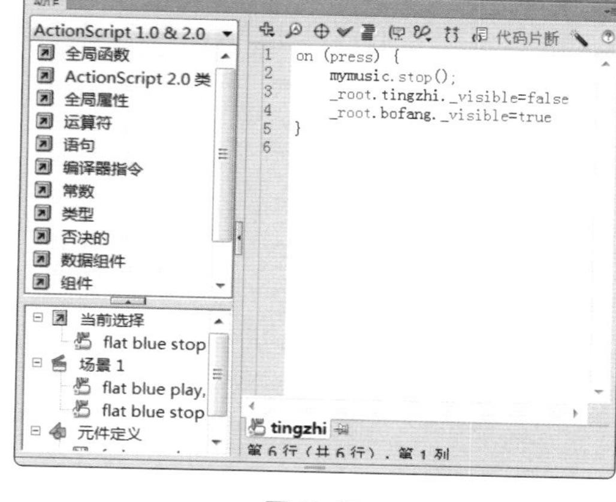

图 7-58

在“时间轴”面板中选中“图层 1”的第 1 帧，在“动作”面板的“脚本窗口”中设置以下脚本语言。

```
mymusic = new Sound();
mymusic.attachSound("music");
mymusic.start();
_root.bofang._visible=false
```

“动作”面板中的效果如图 7-59 所示。

（7）在“库”面板中双击影片剪辑元件“fader-gain”，舞台窗口随之转换为影片剪辑元件“fader-gain”的舞台窗口。在“时间轴”面板中选中图层“Layer 4”的第 1 帧，在“动作”面板中显示脚本语言。将脚本语言的最后一句“sound.setVolume(level)”改为“_root.mymusic.set Volume(level)”，如图 7-60 所示。

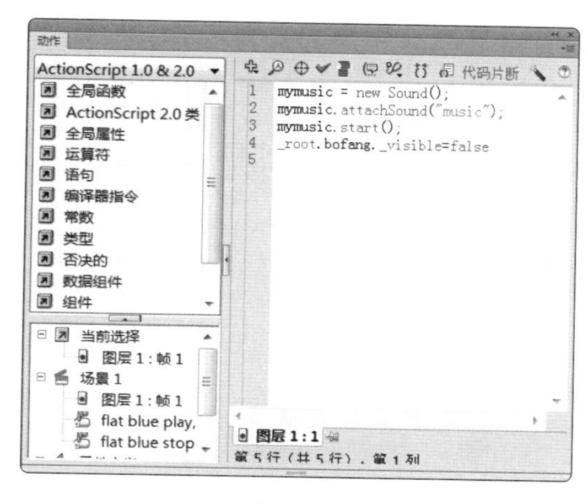

图 7-59

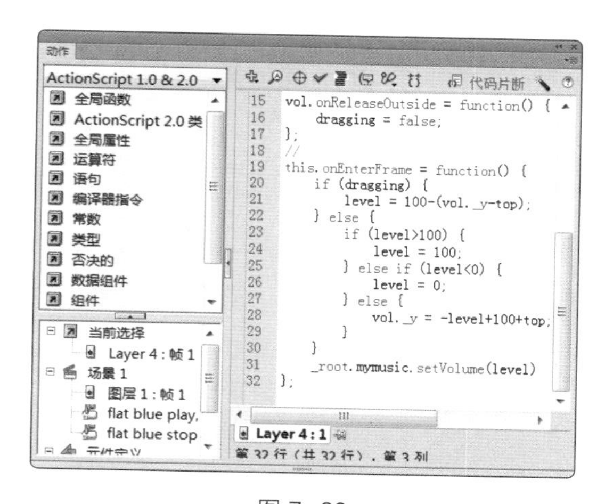

图 7-60

（8）单击舞台窗口左上方的“场景 1”图标 场景 1，进入“场景 1”的舞台窗口。将舞台窗口中的“flat blue play”按钮实例放置在“flat blue stop”按钮实例的上方，将“flat blue play”按钮实例覆盖，效果如图 7-61 所示。

（9）选中“flat blue stop”按钮实例，选择“修改 > 排列 > 下移一层”命令，将“flat blue stop”按钮实例移动到“flat blue play”按钮实例的下方，效果如图 7-62 所示。按

Ctrl+Enter 组合键查看动画效果。

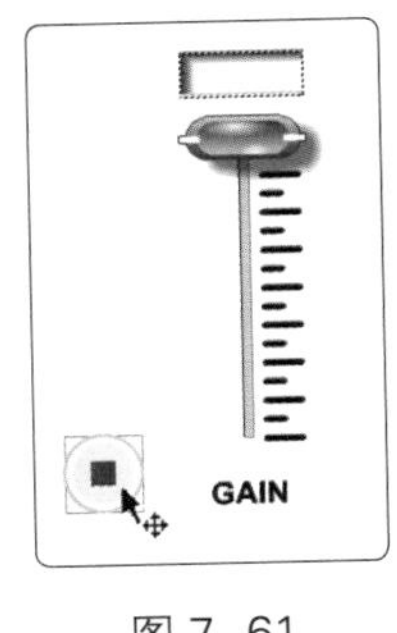

图 7-61

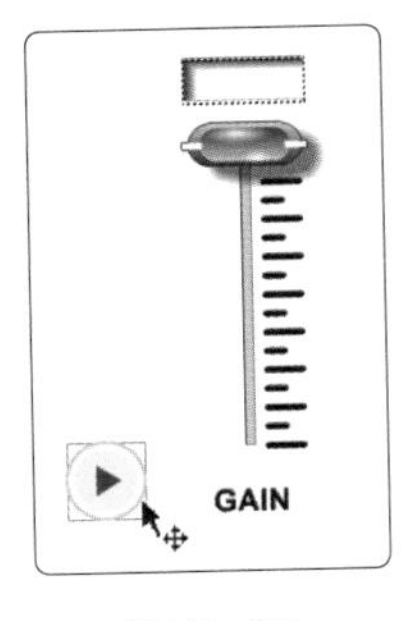

图 7-62

7.2.4 任务实施

1 导入图形并制作动画

（1）选择“文件 > 新建”命令，弹出“新建文档”对话框。在“常规”选项卡中选择“ActionScript 2.0”选项，将“宽”设为 550，“高”设为 400，“背景颜色”设为青色（#66CCFF），“帧频”设为 12，单击“确定”按钮，完成文档的创建。

（2）选择“文件 > 导入 > 导入到库”命令，在弹出的“导入到库”对话框中选择云盘中的“Ch07 > 素材 > 制作秋收片头 > 按钮、控制条、01 ～ 07”文件，单击“打开”按钮，文件被导入“库”面板，如图 7-63 所示。

（3）在“库”面板下方单击“新建元件”按钮，弹出“创建新元件”对话框。在“名称”文本框中输入“矩形块”，在“类型”下拉列表中选择“影片剪辑”选项，单击“确定”按钮，新建影片剪辑元件“矩形块”，如图 7-64 所示，舞台窗口也随之转换为影片剪辑元件的舞台窗口。

（4）选择“矩形”工具，在矩形“属性”面板中将“笔触颜色”设为无，“填充颜色”设为白色，在舞台窗口中绘制出一个矩形，效果如图 7-65 所示。选择“选择”工具，在舞台窗口中选中矩形，在“颜色”面板中将 Alpha 设为 0。

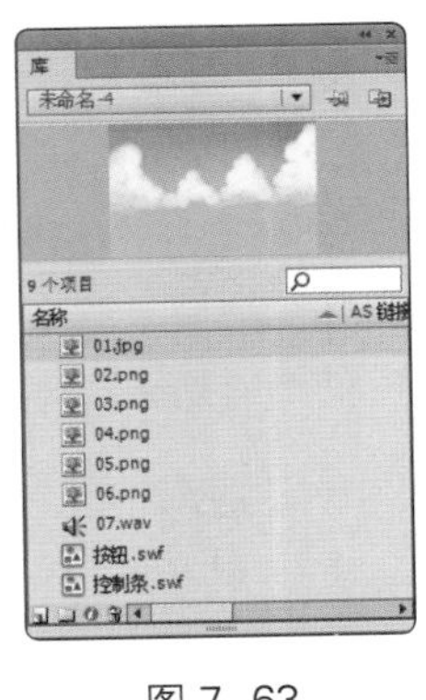

图 7-63

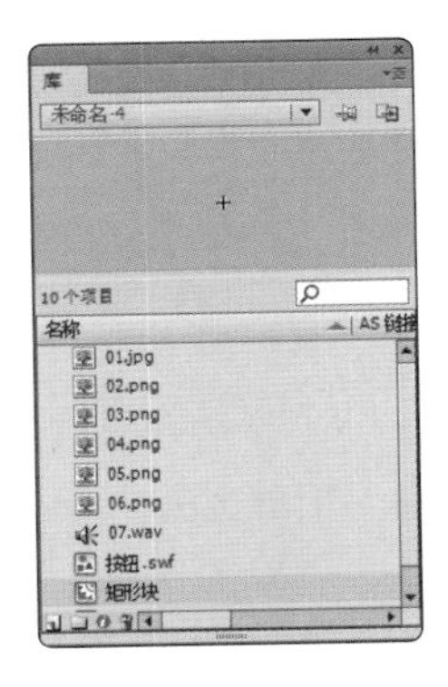

图 7-64

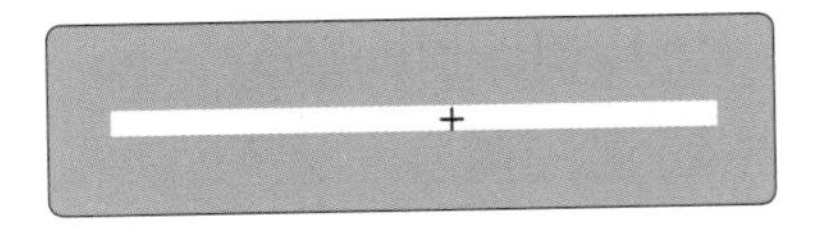

图 7-65

（5）在“库”面板中，用鼠标右键单击“按钮”元件，在弹出的快捷菜单中选择“属性”

命令，弹出“元件属性”对话框。在“类型”下拉列表中选择“影片剪辑”，如图 7-66 所示。单击“确定”按钮，按钮元件转换为影片剪辑元件。

（6）按 Ctrl+F8 组合键，弹出“创建新元件”对话框。在“名称”文本框中输入“图片 1”，在“类型”下拉列表中选择“图形”选项。单击“确定”按钮，新建图形元件“图片 1”，舞台窗口也随之转换为图形元件的舞台窗口。将“库”面板中的位图“02”拖曳到舞台窗口中，效果如图 7-67 所示。

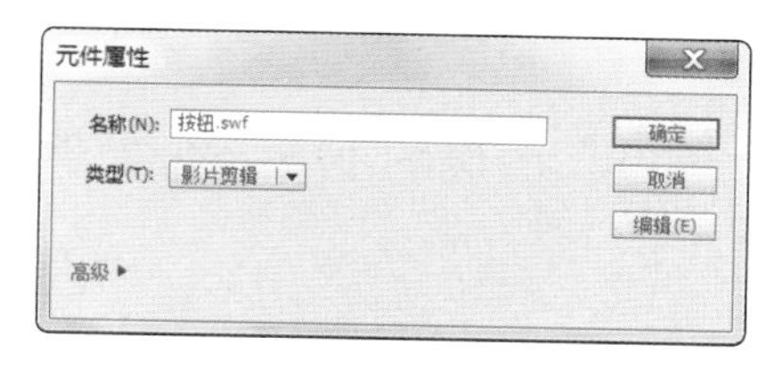

图 7-66

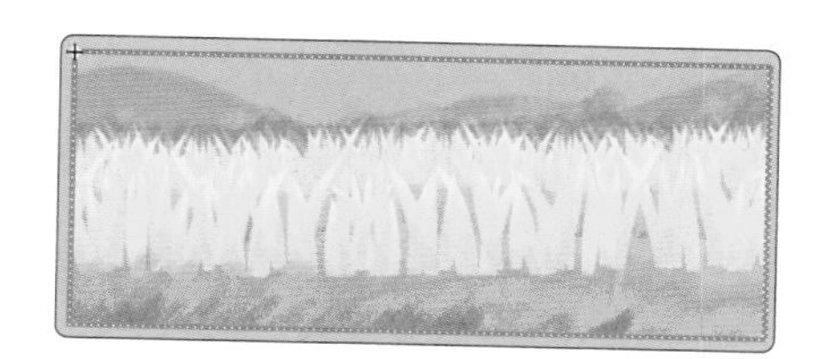

图 7-67

（7）用上述的方法创建图形元件“小推车”“小女孩”“图片 2”“树叶”，并分别将“库”面板中的位图“03 ～ 06”拖曳到相应的舞台窗口中。“库”面板如图 7-68 ～图 7-71 所示。

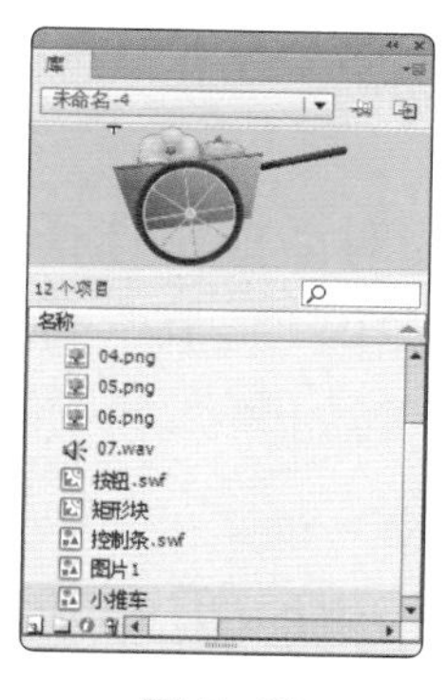

图 7-68

图 7-69

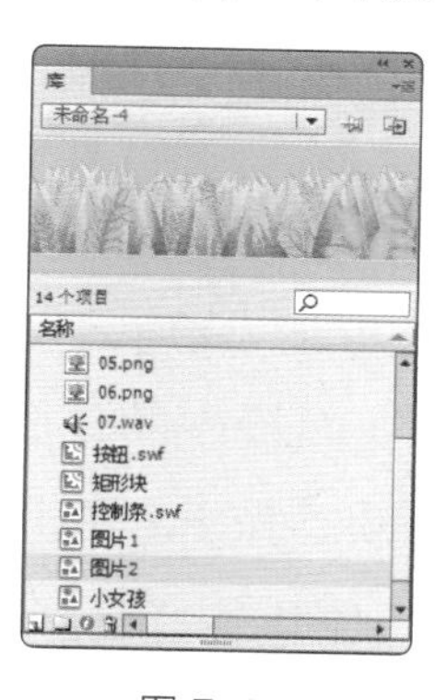

图 7-70

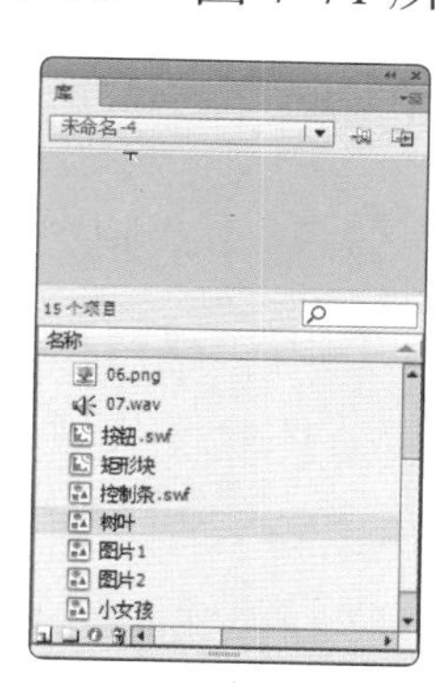

图 7-71

（8）新建图形元件“文字”，舞台窗口也随之转换为图形元件“文字”的舞台窗口。将“图层 1”重命名为“文字”。选择“文本”工具T，在文本工具“属性”面板中进行设置，在舞台窗口中适当的位置输入大小为 85、字间距为 -14、字体为“胡晓波骚包体”的橙色（#F57002）文字，文字效果如图 7-72 所示。

（9）在“时间轴”面板中用鼠标右键单击“文字”图层，在弹出的快捷菜单中选择“复制图层”命令，复制图层生成“文字 复制”图层。将“文字 复制”图层重命名为“描边”，如图 7-73 所示。

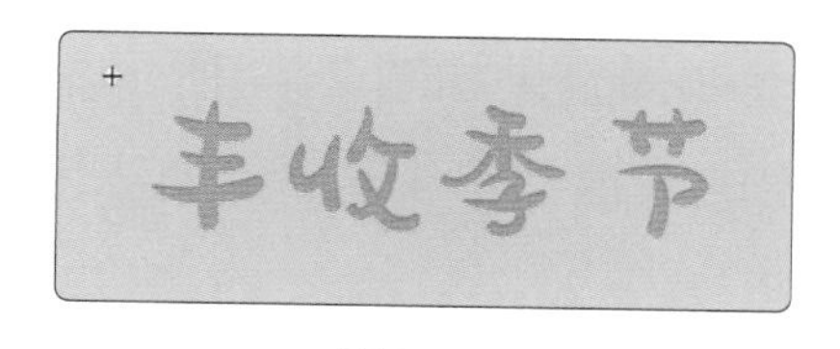

图 7-72

图 7-73

（10）选中“描边”图层，按两次 Ctrl+B 组合键，将其打散，效果如图 7-74 所示。选择“墨水瓶”工具，在墨水瓶工具“属性”面板中将“笔触颜色”设为白色，“笔触”设为6，鼠标指针变为形状，在“丰”文字外侧单击鼠标，为文字图形添加边线，如图7-75所示。使用相同的方法为其他文字添加边线，效果如图4-76所示。

图7–74

图7–75

图7–76

（11）在“时间轴”面板中将“描边”图层拖曳到“文字”图层的下方，如图7-77所示，效果如图7-78所示。

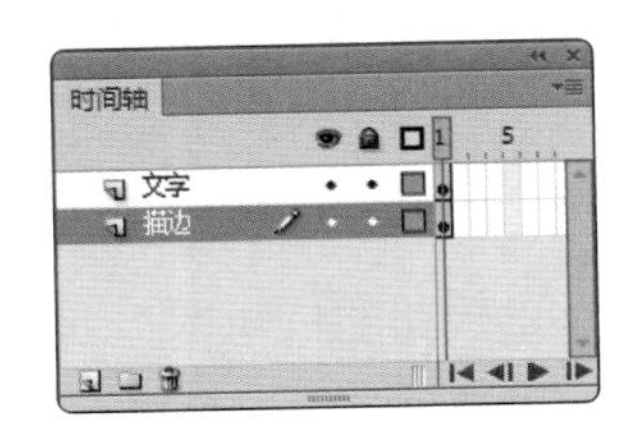

图7–77

图7–78

2 制作动画效果

（1）单击舞台窗口左上方的“场景1”图标，进入“场景1”的舞台窗口。将“图层1”重命名为“底图”。将“库”面板中的位图“01”拖曳到舞台窗口中，效果如图7-79所示。选中“底图”图层的第170帧，按F5键，插入普通帧。

（2）在“时间轴”面板中创建新图层并命名为“图片1”。将“库”面板中的图形元件“图片1”拖曳到舞台窗口中，并放置在适当的位置，如图7-80所示。

图7–79

图7–80

（3）选中“图片1”图层的第15帧，按F6键，插入关键帧。选中“图片1”图层的第1帧，在舞台窗口中选中“图片1”实例，在图形“属性”面板中选择“色彩效果”选项组，在“样式”选项的下拉列表中选择“Alpha”，将其值设为0，效果如图7-81所示。

（4）用鼠标右键单击“图片1”图层的第1帧，在弹出的快捷菜单中选择“创建传统补间”命令，生成传统补间动画，如图7-82所示。

（5）在“时间轴”面板中创建新图层并命名为“图片2”。选中“图片2”图层的第10帧，按F6键，插入关键帧。将“库”面板中的图形元件“图片2”拖曳到舞台窗口中，并放置在适当的位置，如图 7-83 所示。

（6）选中“图片 2”图层的第 25 帧，按 F6 键，插入关键帧。选中“图片 2”图层的第 10 帧，在舞台窗口中将“图片 2”实例垂直向下拖曳到适当的位置，如图 7-84 所示。

图 7-81

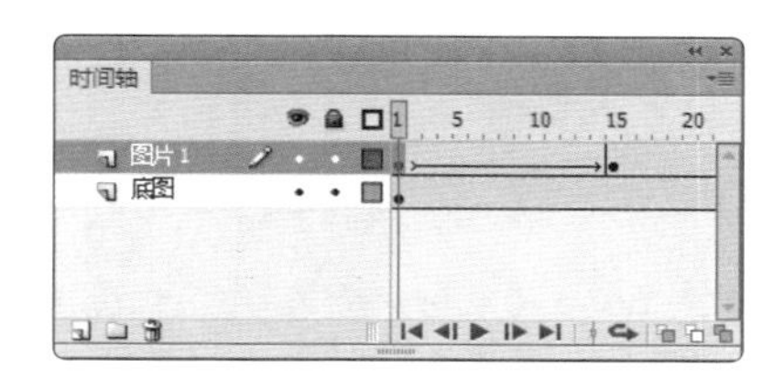

图 7-82

图 7-83

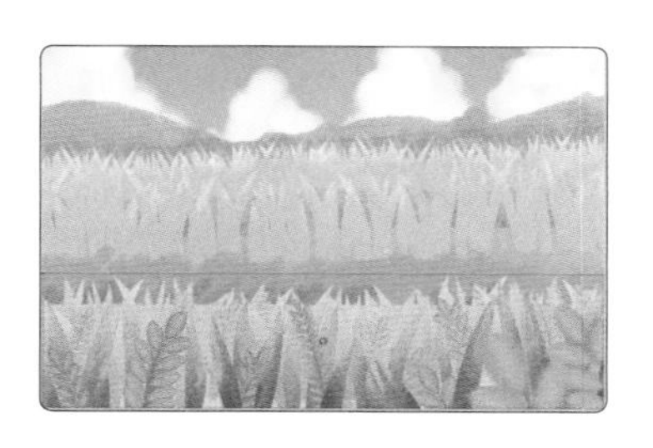

图 7-84

（7）保持实例的选取状态，在图形“属性”面板中选择“色彩效果”选项组，在“样式”选项的下拉列表中选择“Alpha”，将其值设为 0，效果如图 7-85 所示。用鼠标右键单击“图片 2”图层的第 10 帧，在弹出的快捷菜单中选择“创建传统补间”命令，生成传统补间动画，如图 7-86 所示。

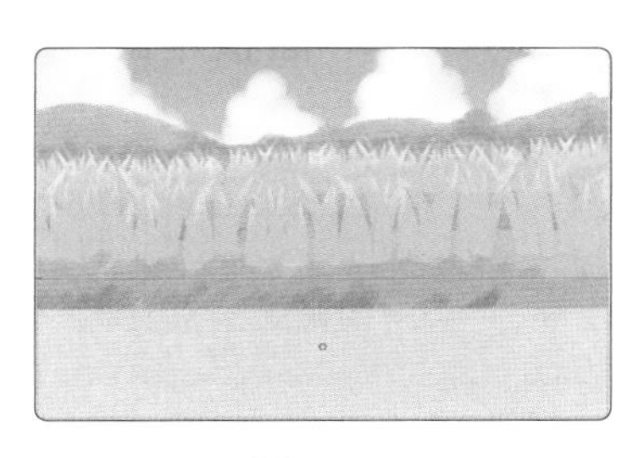

图 7-85

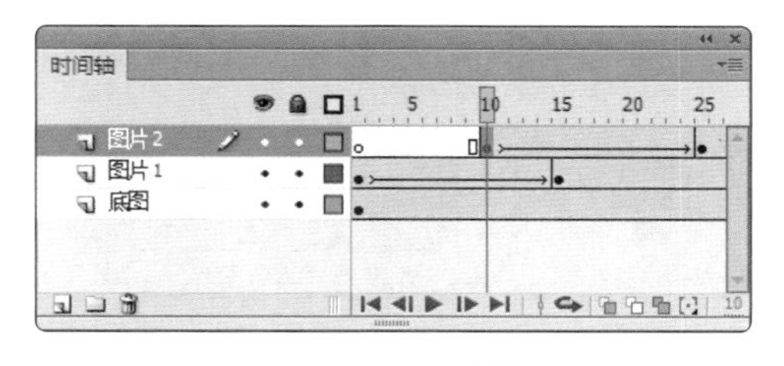

图 7-86

（8）在“时间轴”面板中创建新图层并命名为“小推车”。选中“小推车”图层的第 25 帧，按 F6 键，插入关键帧。将“库”面板中的图形元件“小推车”拖曳到舞台窗口中，并放置在适当的位置，如图 7-87 所示。

（9）选中“小推车”图层的第 40 帧，按 F6 键，插入关键帧。选中“小推车”图层的第 25 帧，在舞台窗口中将“小推车”实例水平向右拖曳到适当的位置，如图 7-88 所示。

（10）用鼠标右键单击“小推车”图层的第 25 帧，在弹出的快捷菜单中选择“创建传统补间”命令，生成传统补间动画。

（11）在“时间轴”面板中创建新图层并命名为“小女孩”。选中“小女孩”图层的第 25 帧，按 F6 键，插入关键帧。将“库”面板中的图形元件“小女孩”拖曳到舞台窗口中，并放置在适当的位置，如图 7-89 所示。

（12）选中“小女孩”图层的第 40 帧，按 F6 键，插入关键帧。选中“小女孩”图层的第 25 帧，在舞台窗口中将“小女孩”实例水平向左拖曳到适当的位置，如图 7-90 所示。

图 7–87

图 7–88

图 7–89

图 7–90

（13）用鼠标右键单击“小女孩”图层的第 25 帧，在弹出的快捷菜单中选择“创建传统补间”命令，生成传统补间动画。

（14）选中“小女孩”图层，在按住 Shift 键的同时，选中“小推车”图层，如图 7-91 所示。将选中的图层拖曳到“图片 2”图层的下方，如图 7-92 所示。

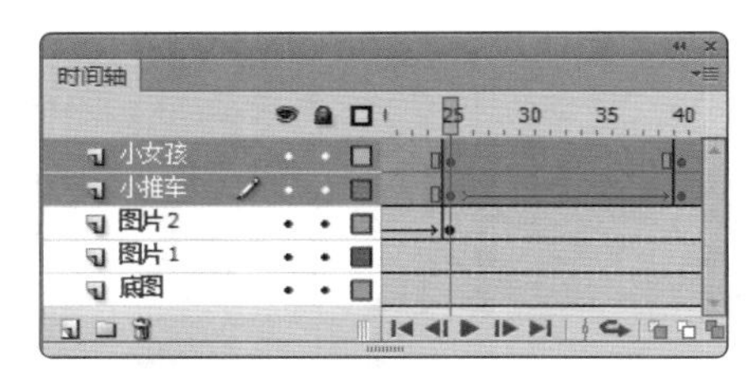

图 7–91

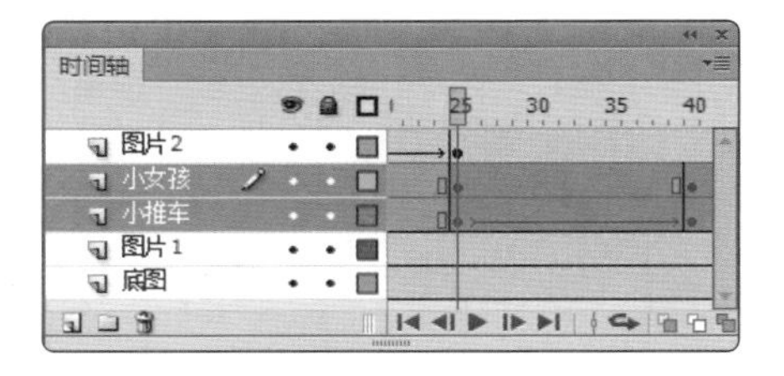

图 7–92

（15）选中“图片 2”图层。在“时间轴”面板中创建新图层并命名为“文字”。选中“文字”图层的第 40 帧，按 F6 键，插入关键帧。将“库”面板中的图形元件“文字”拖曳到舞台窗口中，并放置在适当的位置，如图 7-93 所示。

（16）保持“文字”实例的选取状态，选择“窗口 > 动画预设”命令，打开“动画预设”面板。展开“默认预设”文件夹，选中“脉搏”选项，如图 7-94 所示。单击“应用”按钮，应用预设，“时间轴”面板如图 7-95 所示。

（17）选中“文字”图层的第 170 帧，按 F5 键，插入普通帧。在“时间轴”面板中创建新图层并命名为“树叶”。选中“树叶”图层的第 60 帧，按 F6 键，插入关键帧。将“库”面板中的图形元件“树叶”拖曳到舞台窗口中，如图 7-96 所示。

（18）选中“树叶”图层的第 75 帧，按 F6 键，插入关键帧。选中“树叶”图层的第 60 帧，在舞台窗口中选中“树叶”实例，在图形“属性”面板中选择“色彩效果”选项组，在“样式”选项的下拉列表中选择“Alpha”，将其值设为 0，效果如图 7-97 所示。用鼠标右键单击“树叶”图层的第 60 帧，在弹出的快捷菜单中选择“创建传统补间”命令，生成传统补间动画。

图 7-93

图 7-94

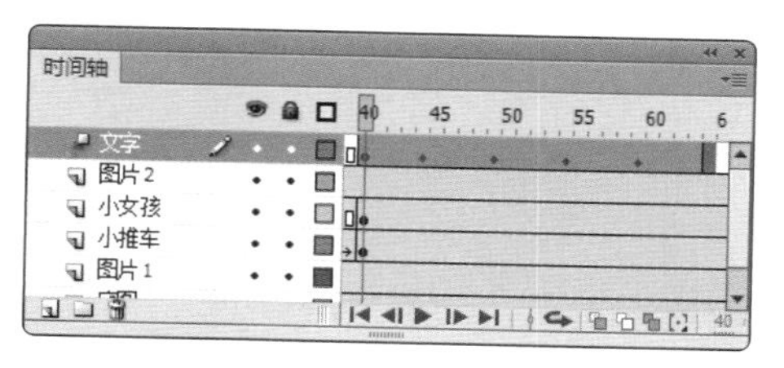

图 7-95

图 7-96

图 7-97

3 制作声音控制效果

（1）在“时间轴”面板中创建新图层并命名为“控制条”。将“库”面板中的图形元件“控制条”拖曳到舞台窗口中，并放置在适当的位置，如图 7-98 所示。

（2）在“时间轴”面板中创建新图层并命名为“矩形块”。将“库”面板中的影片剪辑元件“矩形块”拖曳到舞台窗口中，并放置在适当的位置，如图 7-99 所示。

图 7-98

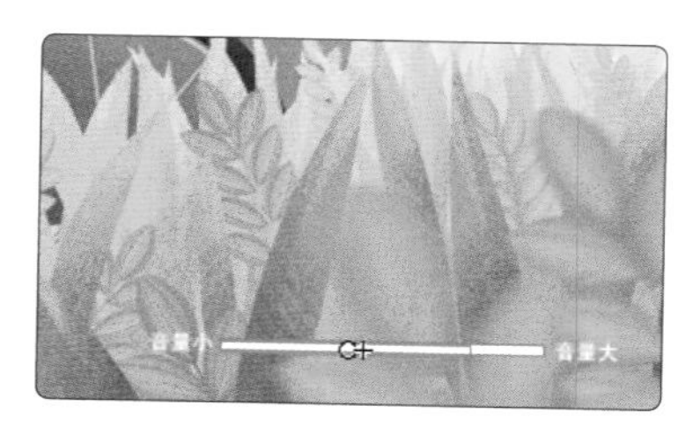

图 7-99

（3）保持“矩形块”实例的选取状态，在影片剪辑“属性”面板的“实例名称”文本框中输入“bar_sound”，如图 7-100 所示。

（4）在“时间轴”面板中创建新图层并命名为“按钮”。将“库”面板中的影片剪辑元件“按钮”拖曳到舞台窗口中，并放置在适当的位置，如图 7-101 所示。

（5）保持“按钮”实例的选取状态，在影片剪辑“属性”面板的“实例名称”文本框中输入“bar_con2”，如图 7-102 所示。

（6）用鼠标右键单击“库”面板中的声音文件“07”，在弹出的快捷菜单中选择“属性”命令，弹出“声音属性”对话框。进入“ActionScript”选项卡，勾选“为 ActionScript 导出 (X)”复选框，在“标识符”文本框中输入“one”，如图 7-103 所示。

图 7–100

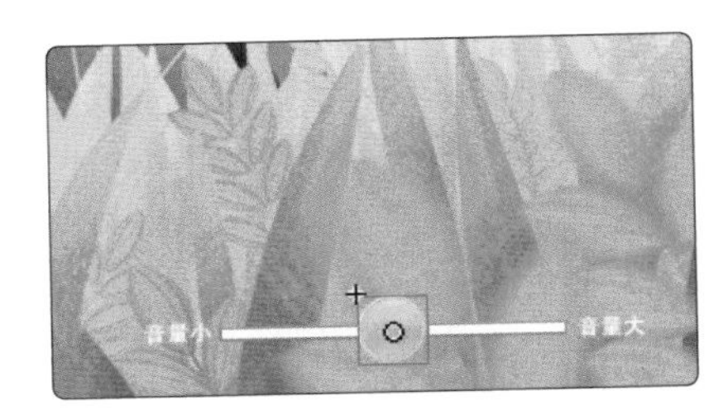

图 7–101

图 7–102

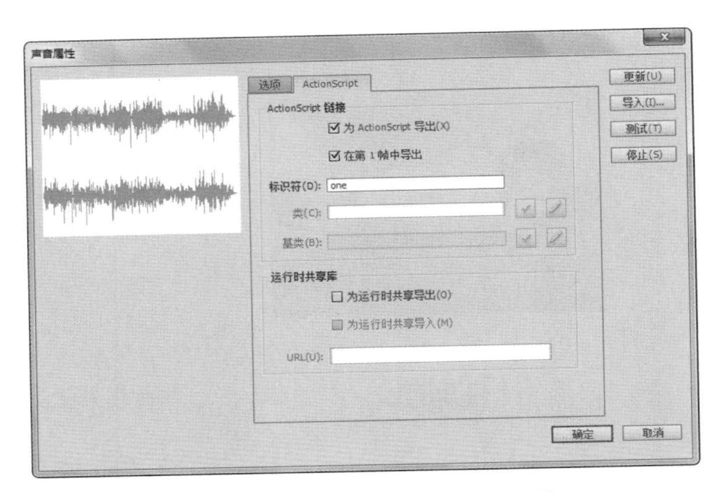

图 7–103

（7）在“时间轴”面板中创建新图层并命名为“动作脚本”，选中“动作脚本”图层的第 1 帧，选择“窗口 > 动作”命令，在弹出的“动作”面板中设置脚本语言，“脚本窗口”中的显示效果如图 7-104 所示。设置好动作脚本后，关闭“动作”面板，在“动作脚本”图层的第 1 帧上显示一个标记“a”。

（8）秋收片头制作完成，按 Ctrl+Enter 组合键即可查看效果，如图 7-105 所示。

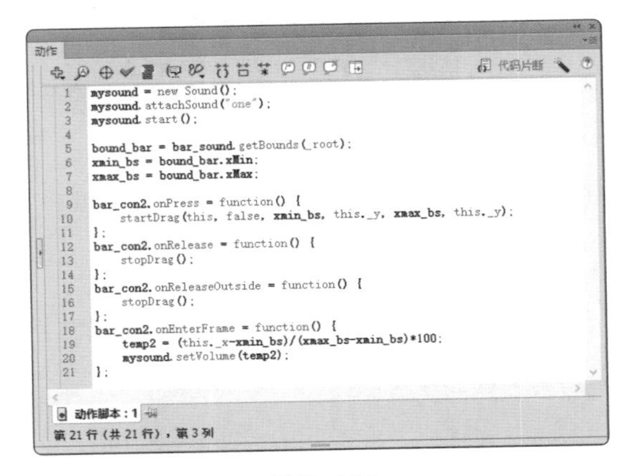

图 7–104

图 7–105

7.2.5 扩展实践：制作美食宣传片

使用“导入到库”命令将素材图片导入“库”面板；使用“声音”文件为动画添加背景音乐；使用“创建传统补间”命令制作动画效果；使用“属性”面板和“动作”面板控制声音音量的大小。最终效果参看云盘中的“Ch07 > 效果 > 制作美食宣传片，如图 7-106 所示。

微课

7.2.5 扩展实践

图 7-106

任务 7.3 项目演练：制作动画片片头

7.3.1 任务引入

动画片片头在动画制作中起着很重要的作用，本任务要求制作动画片《梦想少年》的片头，要求能体现出动画片的主旨精神。

7.3.2 设计理念

在设计时，选择清新文艺的画面风格，带给人神清气爽的感觉；少年依偎在大树下，充满对梦想的憧憬与期盼，紧贴动画主题；动画的名称使用渐变效果，使画面充满梦幻感，令人印象深刻。最终效果参看云盘中的“Ch07 > 效果 > 制作动画片片头”，如图 7-107 所示。

图 7-107

08

项目8

制作精美网页

——网页应用

网页是构成网站的基本元素。经过严谨、合理的内容规划，成熟的创意设计可以制作出精美的网页作品。应用Flash技术制作的网页将文字与动画、音效和视频相结合，使网页变得丰富多彩并增强了交互性。通过本项目的学习，读者可以掌握网页的设计方法和制作技巧。

学习引导

知识目标

- 了解网页设计的概念
- 掌握网页设计的流程及原则

能力目标

- 熟悉网页的设计思路
- 掌握网页的制作方法和技巧

素养目标

- 培养网页布局能力
- 培养对各种设计元素的综合应用能力

实训项目

- 制作化妆品网页
- 制作 VIP 登录界面

相关知识：网页设计基础

1 网页设计的概念

网页设计是指根据客户希望向大众传递的信息进行网站功能策划、页面设计与美化等工作。图 8-1 所示为一些网页效果。

图 8–1

2 网页设计的流程

网页设计一般可分为网站策划、交互设计、交互自查、界面设计、界面测试、设计验证 6 个步骤，如图 8-2 所示。

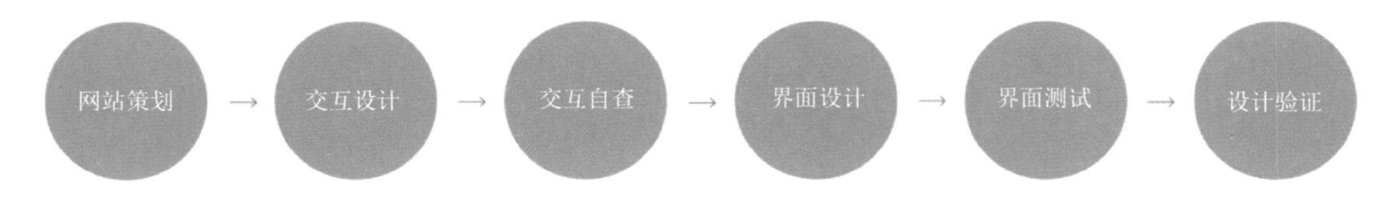

图 8–2

3 网页设计的原则

网页设计的原则有主题明确、交互人性化、功能完善、页面美观、实时更新等。图 8-3 所示为一些网页效果。

图 8-3

任务 8.1 制作化妆品网页

8.1.1 任务引入

本任务要求制作化妆品网页，要求内容包括图片和详细的文字讲解，重点表现化妆品的产品特性，风格唯美、浪漫。

8.1.2 设计理念

在设计时，页面选用柔美的色彩，给人以浪漫、青春的感觉；以花瓣作为背景点缀，增添了页面的梦幻感；标签栏便于用户浏览化妆品，能突出展示产品的特点。最终效果参看云盘中的“Ch08 > 效果 > 制作化妆品网页”，如图 8-4 所示。

图 8-4

8.1.3 任务知识：按钮事件

新建空白文档，选择“文件 > 打开”命令，在弹出的“打开”对话框中选择云盘中的“基础素材 > Ch08 > 01”文件，单击“打开”按钮，文件被打开，如图 8-5 所示。

图 8-5

选择“选择”工具，在舞台窗口中选中按钮实例。选择“窗口 > 动作”命令，弹出“动作”面板，在面板的左上方将脚本语言版本设置为“ActionScript 1.0&2.0”。在面板中单击“将新项目添加到脚本中”按钮，在弹出的菜单中选择“全局函数 > 影片剪辑控制 > on”命令，如图 8-6 所示。

在“脚本窗口”中显示选择的脚本语言，在下拉列表中列出了多种按钮事件，如图 8-7 所示。各事件的含义如下。

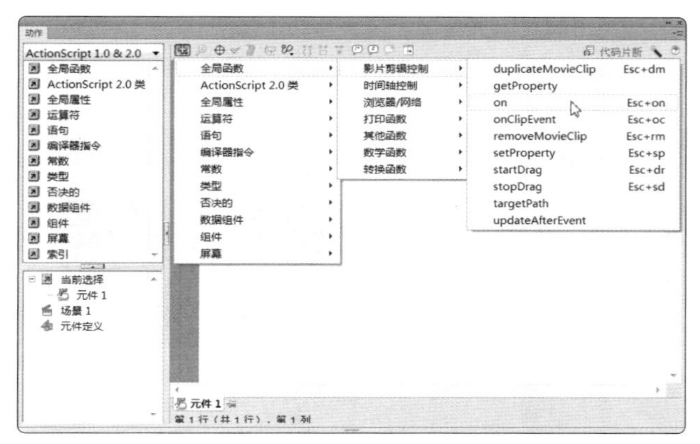

图 8-6

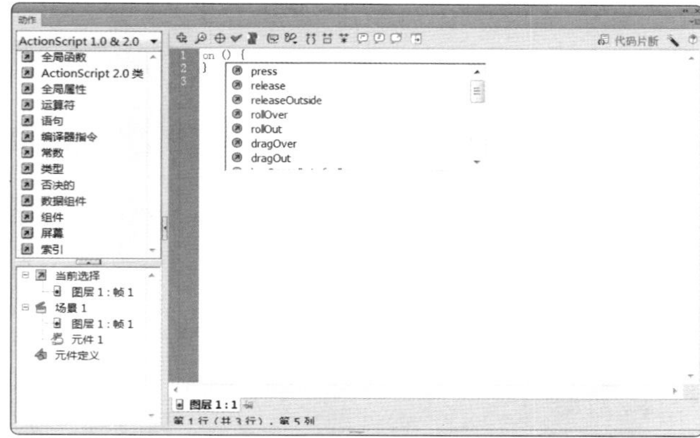

图 8-7

- press（按下）：按钮被按下的事件。
- release（弹起）：按钮被按下后，弹起时的动作，即鼠标按键被释放时的事件。
- releaseOutside（在按钮外放开）：将按钮按下后，移动鼠标指针到按钮外面，然后再释放鼠标的事件。
- rollOver（指针经过）：鼠标指针经过目标按钮时的事件。
- rollOut（指针离开）：鼠标指针进入目标按钮，再离开的事件。
- dragOver（拖曳指向）：第 1 步，选中按钮，并按住鼠标左键不放；第 2 步，继续按住鼠标左键并拖曳鼠标指针到按钮的外面；第 3 步，将鼠标指针再移回到按钮上。
- dragOut（拖曳离开）：单击按钮后，按住鼠标左键不放，然后拖曳鼠标指针使其离开按钮的事件。
- keyPress（键盘按下）：当按下键盘上的键时事件发生。在下拉列表中设置了多个键盘按键名称，可以根据需要选择。

8.1.4 任务实施

1 绘制标签

（1）选择“文件 > 新建”命令，弹出“新建文档”对话框。在“常规”选项卡中选择“ActionScript 2.0”选项，将“宽”设为 800，“高”设为 484，“背景颜色”设为黑色，单击“确定”按钮，完成文档的创建。

（2）在“属性”面板的“发布”选项组中选择“目标”下拉列表中的“Flash Player 10.3”，如图 8-8 所示。

（3）将“图层 1”重命名为“底图”。选择“文件 > 导入 > 导入到库”命令，在弹出的“导入到库”对话框中选择云盘中的“Ch08 > 素材 > 制作化妆品网页 > 01 ～ 05”文件，单击“打开”按钮，文件被导入“库”面板，如图 8-9 所示。

（4）在“库”面板下方单击“新建元件”按钮，弹出“创建新元件”对话框。在“名称”文本框中输入“标签”，在“类型”下拉列表中选择“图形”，单击“确定”按钮，新建图形元件“标签”，如图 8-10 所示，舞台窗口也随之转换为图形元件的舞台窗口。

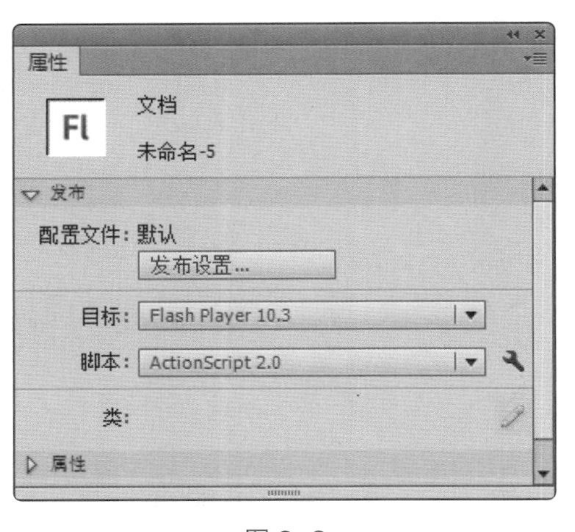

图 8–8

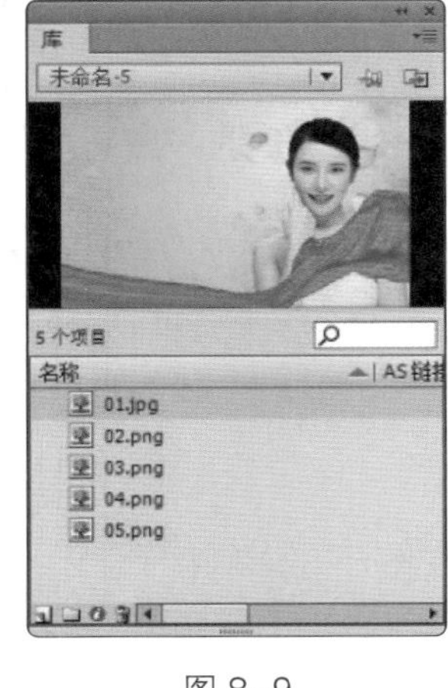

图 8–9

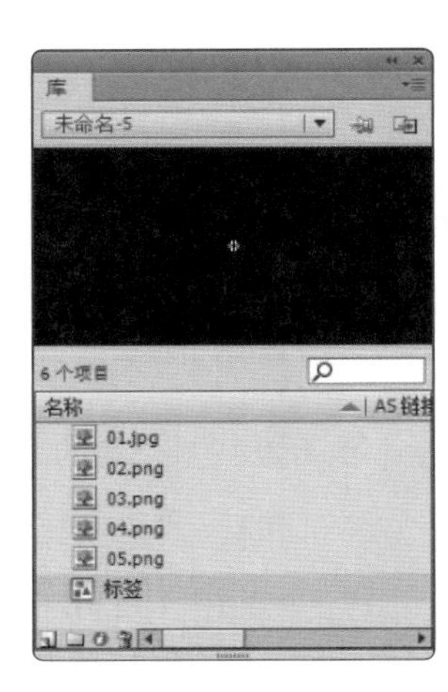

图 8–10

（5）选择“矩形”工具，在“矩形”工具的“属性”面板中将“笔触颜色”设为白色，“填充颜色”设为绿色（#20B7B9），“笔触”设为 3，其他选项的设置如图 8-11 所示。在舞台窗口中绘制一个圆角矩形，效果如图 8-12 所示。

（6）选择“选择”工具，选中圆角矩形的下部，按 Delete 键删除，效果如图 8-13 所示。单击“新建元件”按钮，新建按钮元件“按钮”。选中“图层 1”的“点击”帧，按 F6 键，插入关键帧。将“库”面板中的图形元件“标签”拖曳到舞台窗口中，效果如图 8-14 所示。

（7）在舞台窗口中选中“标签”实例，按 Ctrl+B 组合键，将其打散。选择“选择”工具，双击边线，将其选中，如图 8-15 所示。按 Delete 键将其删除，效果如图 8-16 所示。

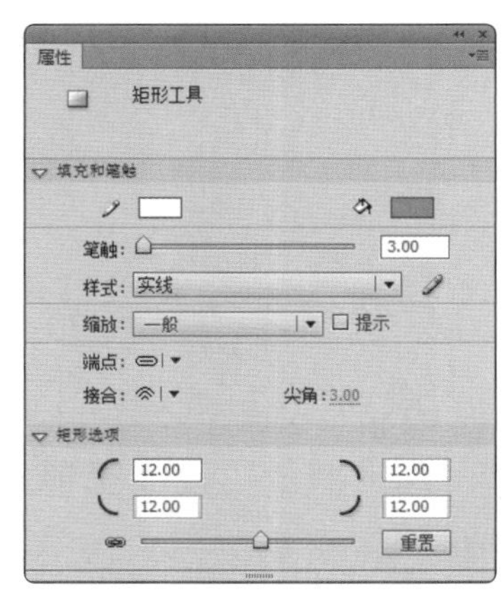

图 8–11

图 8–12

图 8–13

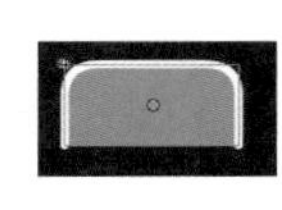

图 8–14

图 8–15

图 8–16

2 制作影片剪辑

（1）单击“新建元件”按钮，新建影片剪辑元件“产品介绍”。将“图层 1”重命名为“标签”。将“库”面板中的图形元件“标签”向舞台窗口中拖曳 4 次，使各实例保持同一水平高度，效果如图 8-17 所示。

（2）选中左边第 1 个“标签”实例，按 Ctrl+B 组合键，将其打散。在工具箱中将“填充颜色”设为红色（#F32989），舞台窗口中的效果如图 8-18 所示。

图 8–17　　图 8–18

（3）用步骤（2）的方法对其他“标签”实例进行操作，将第 2 个标签的“填充颜色”设为紫色（#A339E1），将第 3 个标签的“填充颜色”设为粉色（#FF66CC），将第 4 个标签的“填充颜色”设为洋红色（#FF00FF），效果如图 8-19 所示。选中“标签”图层的第 4 帧，按 F5 键，插入普通帧。

（4）单击“时间轴”面板下方的“新建图层”按钮，创建新图层并将其命名为“彩色块”。选择“矩形”工具，在舞台窗口中绘制一个圆角矩形，效果如图 8-20 所示。分别选中“彩色块”图层的第 2 ～ 4 帧，按 F6 键，插入关键帧。

（5）选中“彩色块”图层的第 1 帧，在舞台窗口中选中圆角矩形，将其“填充颜色”和“笔触颜色”设为与第 1 个标签颜色相同。选择“橡皮擦”工具，在工具箱下方选中“擦除线条”按钮，将矩形与第 1 个标签重合部分擦除，效果如图 8-21 所示。

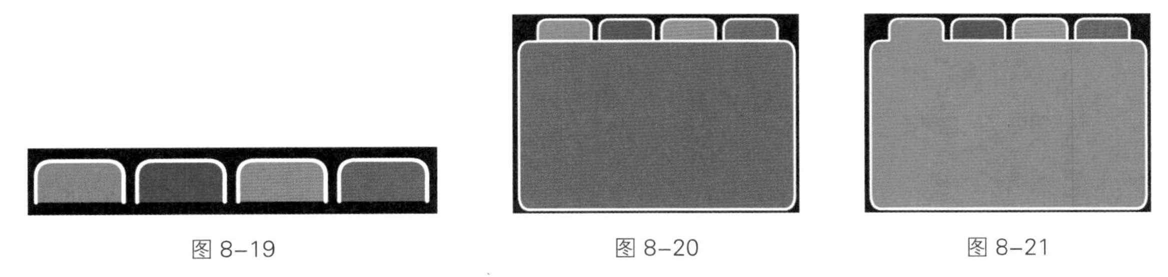

图 8–19　　图 8–20　　图 8–21

（6）用步骤（5）的方法分别对“彩色块”图层的第 2 ～ 4 帧进行操作，将各帧对应舞台窗口中的矩形颜色分别设为与第 2 个、第 3 个、第 4 个标签颜色相同，并将各矩形与对应标签重合部分的线段删除，效果如图 8-22 所示。

（7）在“时间轴”面板中创建新图层并将其命名为“按钮”。将“库”面板中的按钮元件“按钮”向舞台窗口中拖曳 4 次，分别与各彩色标签重合，效果如图 8-23 所示。

（8）选中从左边数起的第 1 个按钮，选择“窗口 > 动作”命令，在弹出的“动作”面板中设置脚本语言（脚本语言的具体设置可以参考云盘中的实例源文件），“脚本窗口”中的显示效果如图 8-24 所示。

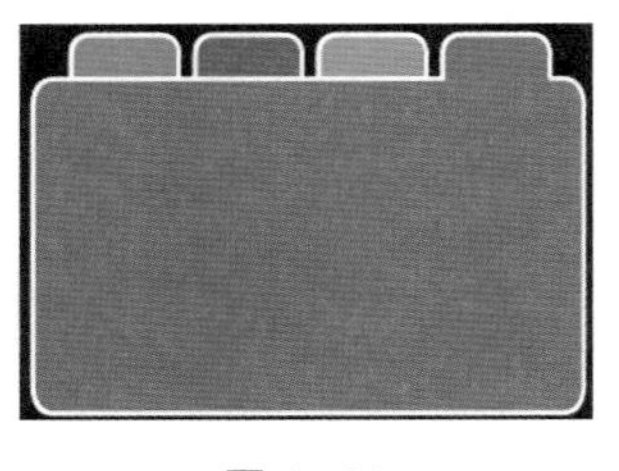

图 8-22

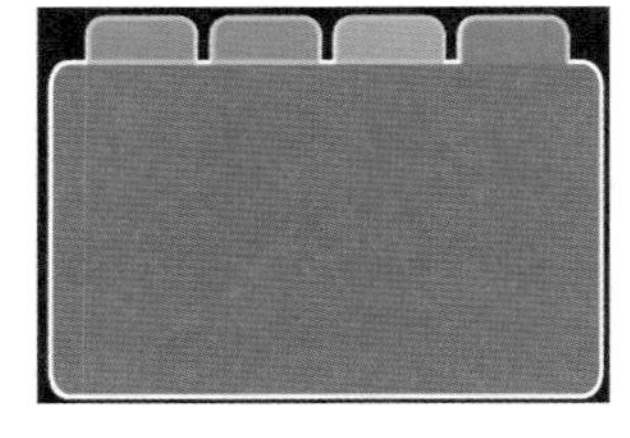

图 8-23

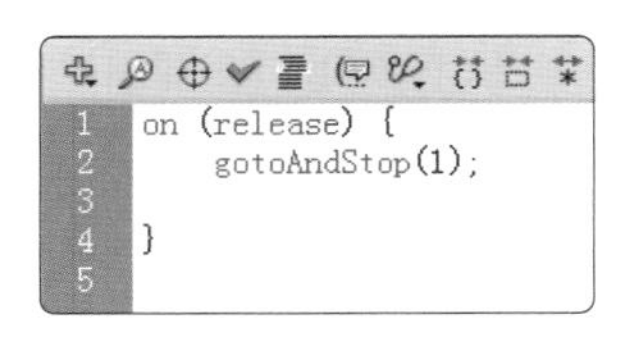

```
1 on (release) {
2     gotoAndStop(1);
3
4 }
5
```

图 8-24

（9）用步骤（8）的方法对其他按钮设置脚本语言，只需将脚本语言“gotoAndStop”后面括号中的数字改成相应的帧数即可。

（10）在“时间轴”面板中创建新图层并将其命名为“产品介绍”。分别选中“产品介绍”图层的第 2 帧、第 3 帧、第 4 帧，按 F6 键，插入关键帧。选中“产品介绍”图层的第 1 帧，将“库”面板中的位图“05”拖曳到舞台窗口中，效果如图 8-25 所示。

（11）选择“文本”工具T，在“文本”工具的“属性”面板中进行设置，在舞台窗口中输入白色文字，效果如图 8-26 所示。选中“产品介绍”图层的第 2 帧，将“库”面板中的位图“04”拖曳到舞台窗口中。选择“文本”工具T，在“文本”工具的“属性”面板中进行设置，在舞台窗口中输入白色文字，效果如图 8-27 所示。

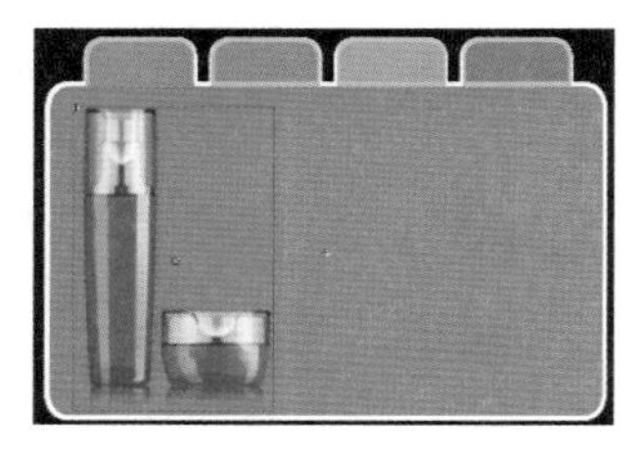

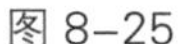

图 8-25

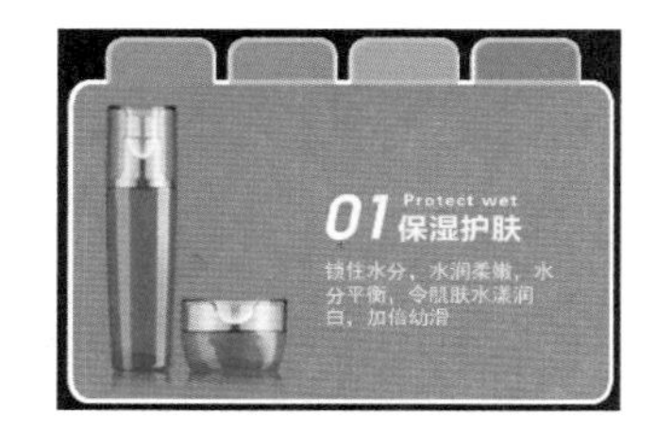

图 8-26

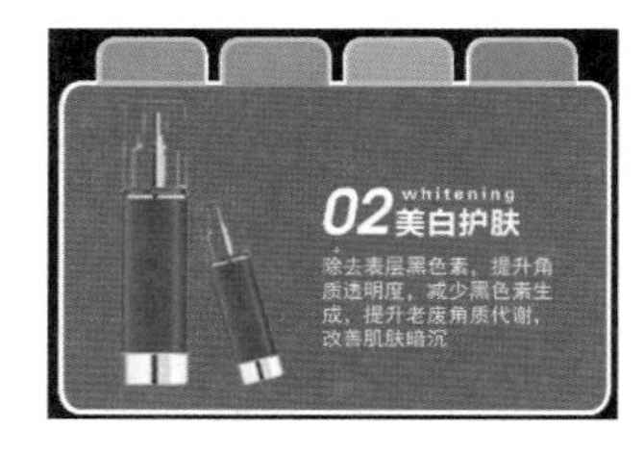

图 8-27

（12）选中“产品介绍”图层的第 3 帧，将“库”面板中的图形元件“元件 2”拖曳到舞台窗口中。选择“文本”工具T，在“文本”工具的“属性”面板中进行设置，在舞台窗口中输入白色文字，效果如图 8-28 所示。选中“产品介绍”图层的第 4 帧，将“库”面板中的图形元件“元件 3”拖曳到舞台窗口中。选择“文本”工具T，在“文本”工具的“属性”面板中进行设置，在舞台窗口中输入白色文字，效果如图 8-29 所示。

（13）在“时间轴”面板中创建新图层并将其命名为“动作脚本”。选中“动作脚本”图层的第 1 帧，调出“动作”面板，在动作面板中设置脚本语言，“脚本窗口”中显示的效果如图 8-30 所示。设置好动作脚本后，关闭“动作”控制面板，在“动作脚本”图层的第 1 帧上显示一个标记“a”。

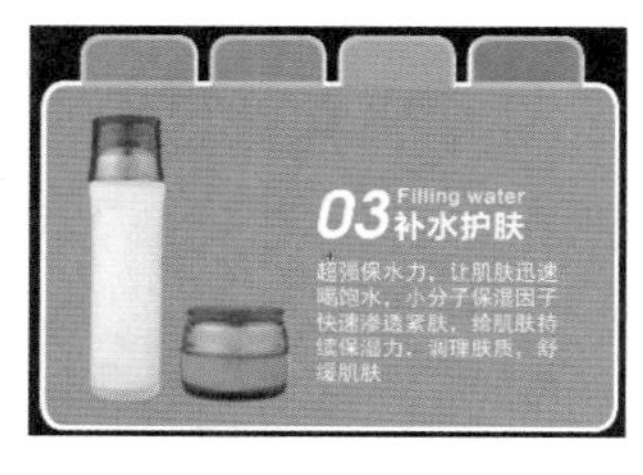

图 8-28

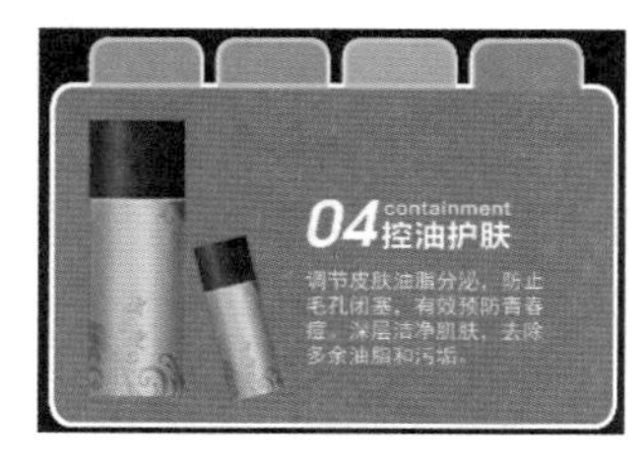

图 8-29

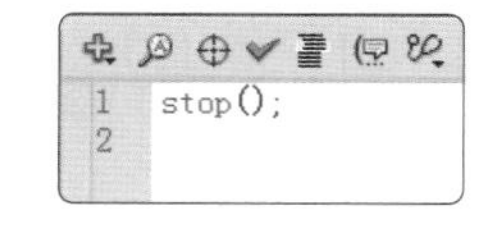

```
1 stop();
2
```

图 8-30

3 制作场景动画

（1）单击舞台窗口左上方的“场景 1”图标，进入“场景 1”的舞台窗口。将“库”面板中的位图“01”拖曳到舞台窗口中，效果如图 8-31 所示。

（2）在“时间轴”面板中创建新图层并将其命名为“产品介绍”。将“库”面板中的影片剪辑元件“产品介绍”拖曳到舞台窗口中，效果如图 8-32 所示。

（3）在“时间轴”面板中创建新图层并将其命名为“矩形块”。选择“窗口 > 颜色”命令，弹出“颜色”面板。在“类型”下拉列表中选择“线性渐变”，在色带上设置 3 个控制点，将两边的颜色控制点设为白色，在“Alpha”选项中将其不透明度设为 0，将中间的颜色控制点设为白色，在“Alpha”选项中将其不透明度设为 30%，生成渐变色，如图 8-33 所示。

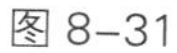

图 8-31

图 8-32

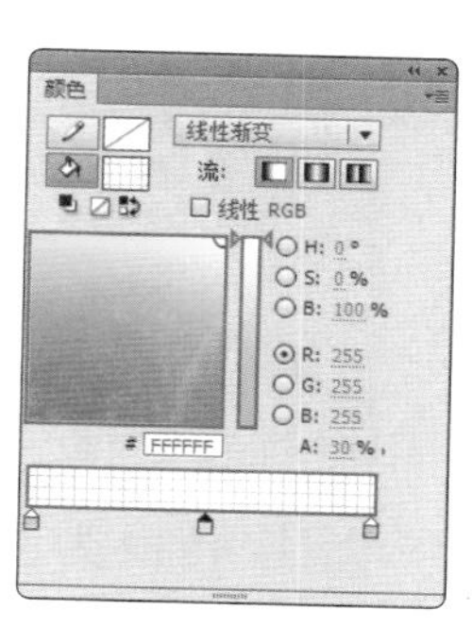

图 8-33

（4）选择“矩形”工具，在舞台窗口中绘制一个矩形，效果如图 8-34 所示。在“时间轴”面板中创建新图层并将其命名为“文字阴影”。

（5）选择“文本”工具，在“文本”工具的“属性”面板中进行设置。在舞台窗口中的适当位置输入大小为 45、字体为“方正风雅宋简体”的灰色（#666666）文字，文字效果如图 8-35 所示。再次在舞台窗口中输入大小为 41、字体为“Bickham Script Pro”的灰色（#666666）英文，文字效果如图 8-36 所示。

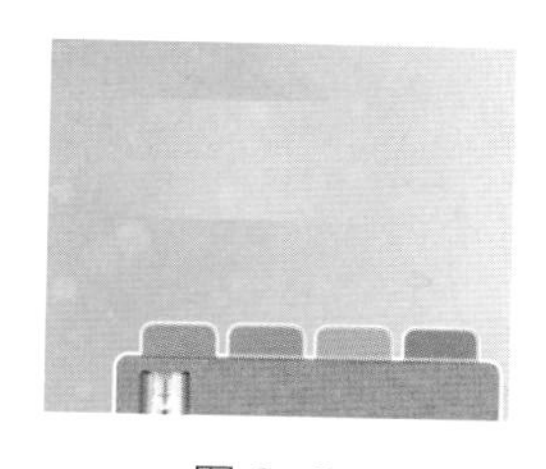

图 8-34

图 8-35

图 8-36

（6）选中“文字阴影”图层，按 Ctrl+C 组合键，复制文字。在“时间轴”面板中创建新图层并将其命名为“文字”。按 Ctrl+Shift+V 组合键，将复制的文字原位粘贴到“文字”图层中。选择“选择”工具，将文字拖曳到适当的位置并在工具箱中将“填充颜色”设为白色，舞台窗口中的文字也随之改变，效果如图 8-37 所示。保持文字的选取状态，按两次 Ctrl+B 组合键，将文字打散。

（7）在“时间轴”面板中创建新图层并将其命名为“渐变色块”。选择“窗口 > 颜色”命令，弹出“颜色”面板。在“类型”下拉列表中选择“径向渐变”，在色带上设置3个控制点，将两边的颜色控制点设为粉色（#FF99CC），将中间的颜色控制点设为肉色（#FFCCCC），生成渐变色，如图8-38所示。

（8）选择“矩形”工具，在舞台窗口中绘制一个矩形，效果如图8-39所示。

图8-37

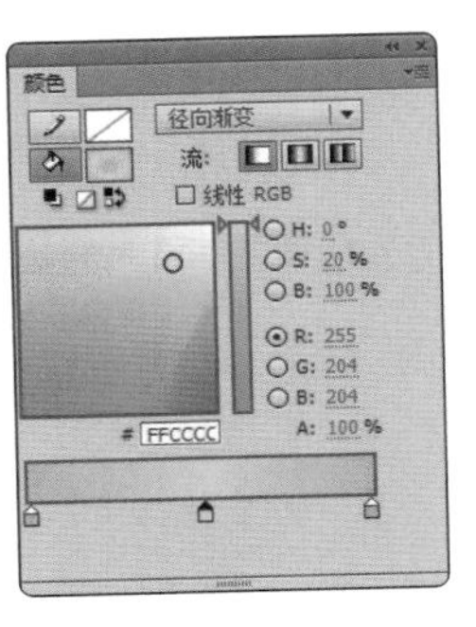

图8-38

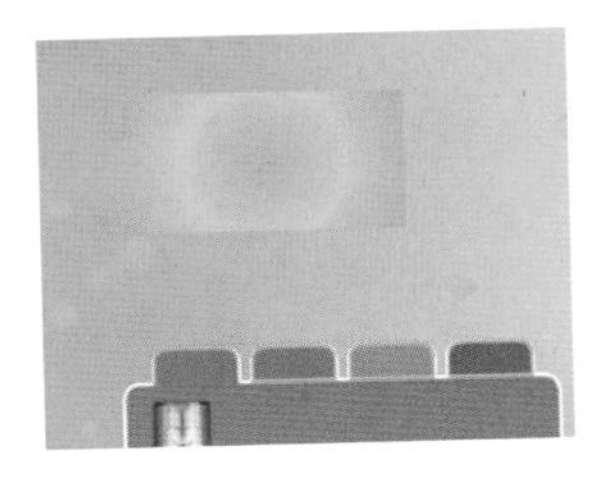

图8-39

（9）在“时间轴”面板中将“渐变色块”图层拖曳到“文字”图层的下方，如图8-40所示。用鼠标右键单击“文字”图层的名称，在弹出的快捷菜单中选择“遮罩层”命令，将“文字”图层转换为遮罩层，图层“渐变色块”为被遮罩层，如图8-41所示。化妆品网页制作完成，按Ctrl+Enter组合键查看效果，如图8-42所示。

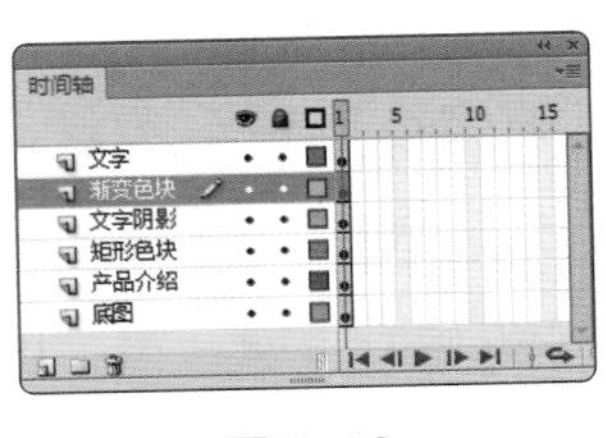

图8-40

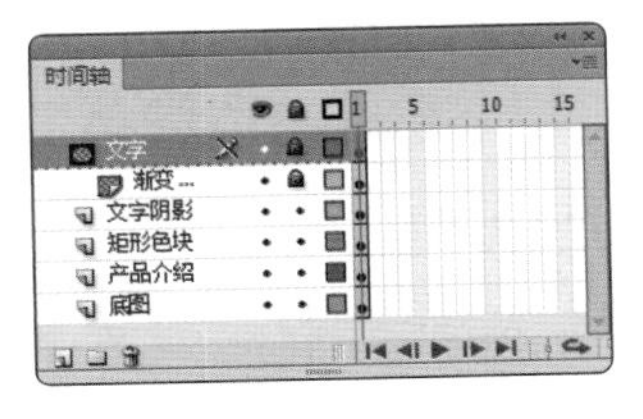

图8-41

图8-42

8.1.5 扩展实践：制作滑雪网页

使用“导入”命令导入素材文件，使用“矩形”工具和“文本”工具制作按钮元件，使用“分散到图层”命令和“创建传统补间”命令制作导航条动画，使用“动作脚本”命令添加动作脚本。最终效果参看云盘中的“Ch08 > 效果 > 制作滑雪网页”，如图8-43所示。

图8-43

任务 8.2 制作 VIP 登录界面

8.2.1 任务引入

本任务要求制作服饰网站的 VIP 登录界面，VIP 登录该网站后，可以浏览更多的品牌信息，了解更多的新产品及介绍。要求设计表现出服饰类网站的特色，营造出优雅时尚的氛围。

8.2.2 设计理念

在设计时，使用白色背景，突出网站简约、大气的定位；模特图片点明了主题，给人浪漫和时尚感；简洁的登录信息大方直观，便于用户操作。最终效果参看云盘中的“Ch08 > 效果 > 制作 VIP 登录界面”，如图 8-44 所示。

图 8-44

8.2.3 任务知识：添加使用命令

（1）新建空白文档。选择“文件 > 导入 > 导入到库”命令，将“02”文件导入“库”面板。选择“矩形”工具，在“矩形”工具的“属性”面板中将“笔触颜色”设为深绿色（#336666），“填充颜色”设为淡绿色（#00CCCC），“笔触”设为 3，其他选项的设置如图 8-45 所示。在舞台窗口中绘制一个圆角矩形，效果如图 8-46 所示。

（2）选择“文本”工具，调出“文本”工具的“属性”面板，在“文本类型”下拉列表中选择“输入文本”，其他选项的设置如图 8-47 所示。

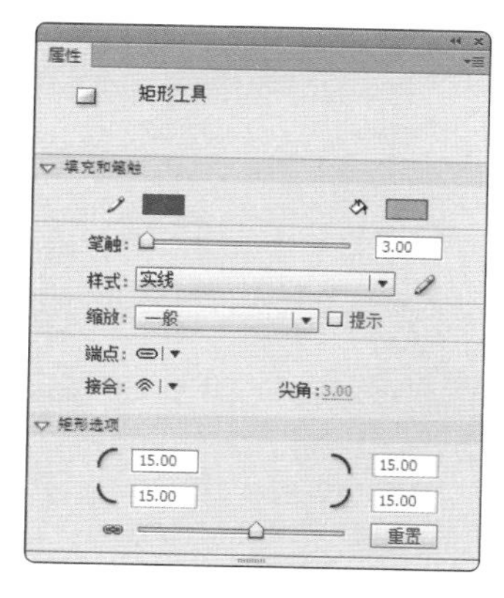

图 8-45

图 8-46

图 8-47

（3）在舞台窗口中拖曳出长的文本框，输入文字“输入密码”，效果如图 8-48 所示。选择“选择”工具，在舞台窗口中选择文本框，在输入文本“属性”面板中的“实例名称”文本框中输入“info”，如图 8-49 所示。

（4）单击舞台窗口中的任意位置，取消对动态文本的选择。选择“文本”工具，在“文本”工具“属性”面板中的“文本类型”下拉列表中选择“输入文本”，其他选项值不变，在文字“输入密码”的下方拖曳出一个文本框，效果如图 8-50 所示。

（5）选择“选择”工具，选中刚拖曳出的文本框，在“文本”工具“属性”面板中的“实例名称”文本框中输入“secret”，在“段落”选项组的“行为”下拉列表中选择“密码”。单击“在文本周围显示边框”按钮，如图 8-51 所示。

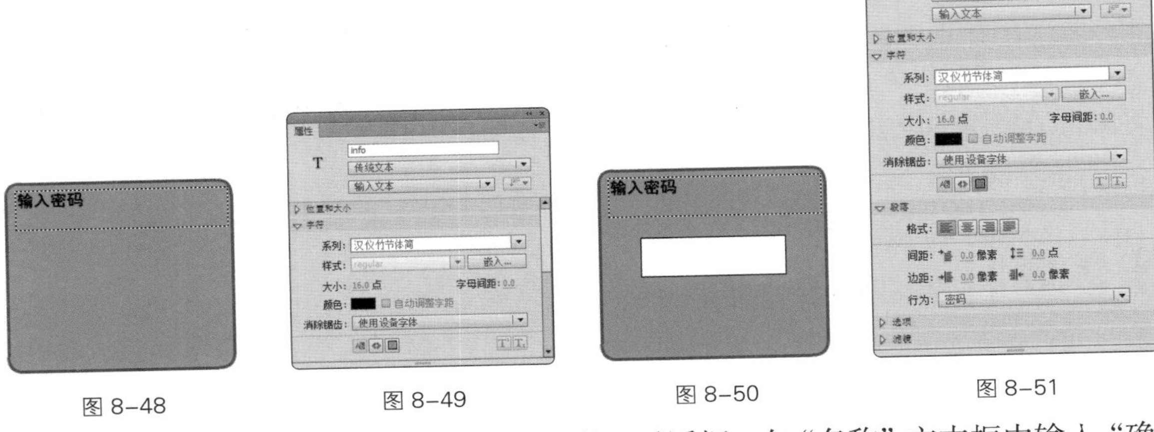

图 8-48　图 8-49　图 8-50　图 8-51

（6）按 Ctrl+F8 组合键，弹出“创建新元件”对话框。在“名称”文本框中输入“确定”，在“类型”下拉列表中选择“按钮”选项，单击“确定”按钮，新建按钮元件“确定”，舞台窗口也随之转换为按钮元件的舞台窗口。选择“矩形”工具，在“矩形”工具的“属性”面板中将“笔触颜色”设为黄色（#FFCC00），“填充颜色”设为亮绿色（#7DFFFF），“笔触”设为 2，其他选项的设置如图 8-52 所示。在舞台窗口中绘制一个圆角矩形，效果如图 8-53 所示。

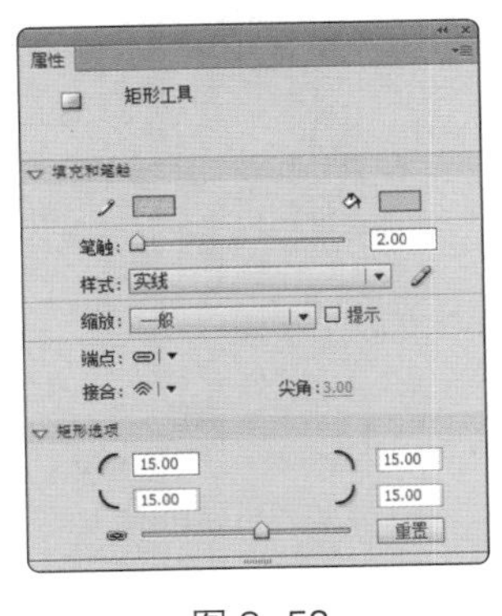

图 8-52

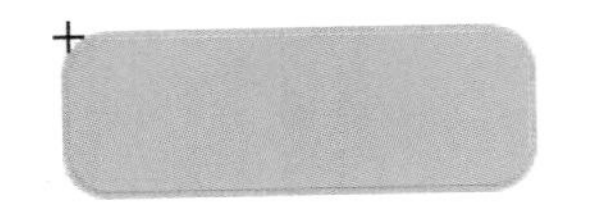

图 8-53

（7）选择“文本”工具，在“文本”工具“属性”面板中的“文本类型”下拉列表中选择“静态文本”，在舞台窗口中的适当位置输入大小为 34、字体为“汉仪中隶书简”

的黑色文字，文字效果如图 8-54 所示。

（8）选中“图层 1”的“指针经过”帧，按 F6 键，插入关键帧。选择“选择”工具▶，在舞台窗口中选择“确定”文字，在工具箱中将“填充颜色”设为红色（#D52424），文字颜色也随之改变，效果如图 8-55 所示。单击舞台窗口左上方的“场景 1”图标 场景 1，进入“场景 1”的舞台窗口。将“库”面板中的按钮元件“确定”拖曳到舞台窗口中，效果如图 8-56 所示。

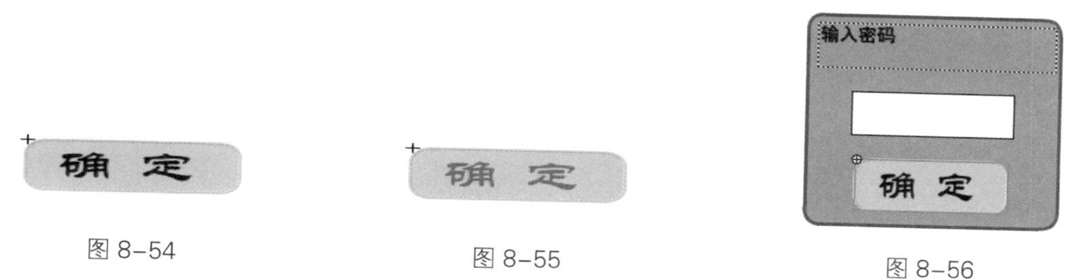

图 8-54　　图 8-55　　图 8-56

（9）选择“窗口 > 动作”命令，弹出“动作”面板（其快捷键为 F9 键），在面板的左上方将脚本语言版本设置为“ActionScript 1.0&2.0”，在“脚本窗口”中设置以下脚本语言。

```
on (release) {
   if(secret.text=="1234")         //其中“1234”表示输入的正确密码信息
{gotoAndPlay(2);}
else
{secret.text="";
times=times-1;
info.text="密码错误！还有"+times+"次机会";
}
if(times==0) gotoAndStop(3);
}
```

“动作”面板中的效果如图 8-57 所示。

（10）分别选中“图层 1”的第 2 帧、第 3 帧，按 F7 键，插入空白关键帧。选中第 2 帧，将“库”面板中的位图“02”拖曳到舞台窗口中，效果如图 8-58 所示。选中第 3 帧，选择“文本”工具T，在“文本”工具“属性”面板的“文本类型”下拉列表中选择“静态文本”，在舞台窗口中的适当位置输入大小为 34、字体为“汉仪中隶书简”的黑色文字，文字效果如图 8-59 所示。

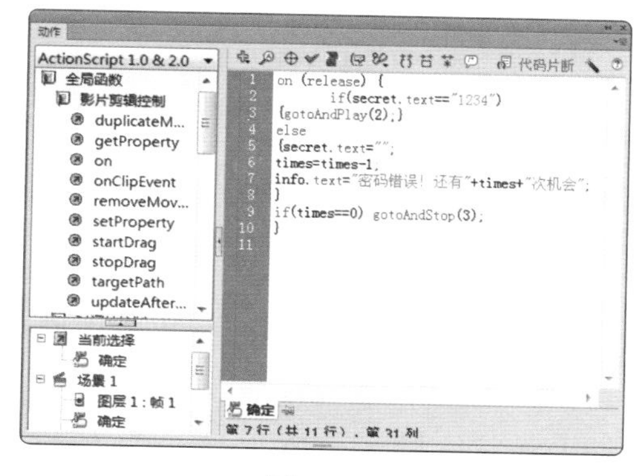

图 8-57

图 8-58

你 没 机 会 了

图 8-59

（11）选中“图层 1”的第 1 帧，选择“窗口 > 动作”命令，弹出“动作”面板，在“脚本窗口”中设置以下脚本语言。

```
stop( );
var times=5;
```

“动作”面板中的效果如图 8-60 所示。

（12）选中“图层 1”的第 2 帧，在“脚本窗口”中设置脚本语言，效果如图 8-61 所示。选中“时间轴”面板中的第 3 帧，在“脚本窗口”中设置脚本语言，效果如图 8-62 所示。“时间轴”面板中的效果如图 8-63 所示。

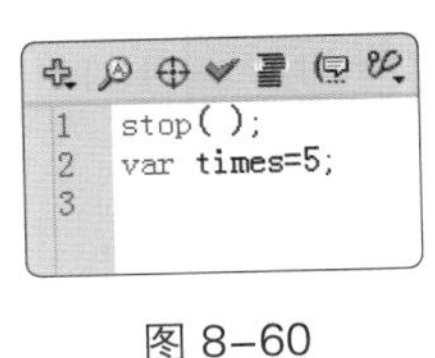

图 8-60

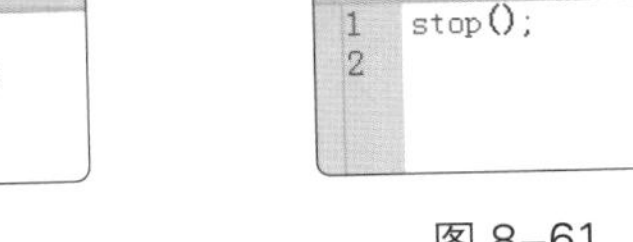

图 8-61

图 8-62

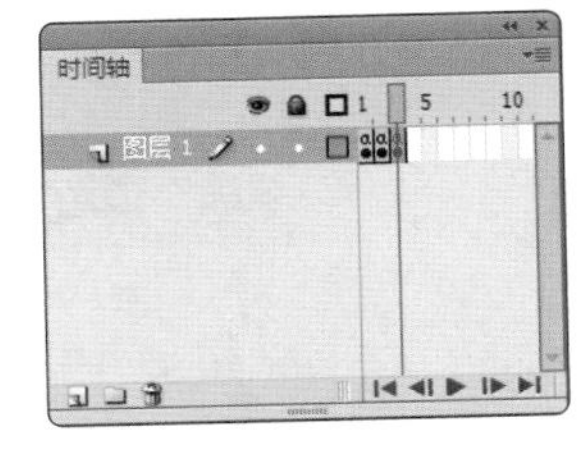

图 8-63

（13）按 Ctrl+Enter 组合键查看动画效果。在动画开始界面的密码框中输入密码，效果如图 8-64 所示。当密码输入正确时，可以看“02”图片，效果如图 8-65 所示。当密码输入错误时，会出现提醒语句，效果如图 8-66 所示。

此动画设定 5 次重新输入密码的机会，当 5 次都输入错误时，会出现提示语句，表示已经不能再重新输入密码，效果如图 8-67 所示。

图 8-64

图 8-65

图 8-66

你 没 机 会 了

图 8-67

8.2.4 任务实施

1 导入素材并制作按钮

（1）选择“文件 > 新建”命令，弹出“新建文档”对话框。在“常规”选项卡中选择“ActionScript 2.0”选项，将“宽”设为 600，“高”设为 404，单击“确定”按钮，完成文档的创建。

（2）在“属性”面板的“发布”选项组中，选择“目标”下拉列表中的“Flash Player 7”，如图 8-68 所示。

（3）将“图层 1”重命名为“底图”。选择“文件 > 导入 > 导入到库”命令，在弹出的

“导入到库”对话框中选择云盘中的“Ch08 > 素材 > 制作 VIP 登录界面 > 01 ～ 04”文件，单击“确定”按钮，文件被导入“库”面板，如图 8-69 所示。

（4）按 Ctrl+F8 组合键，弹出“创建新元件”对话框。在“名称”文本框中输入“登录”，在“类型”下拉列表中选择“按钮”选项，如图 8-70 所示。单击“确定”按钮，新建按钮元件“登录”，舞台窗口也随之转换为按钮元件的舞台窗口。

图 8-68

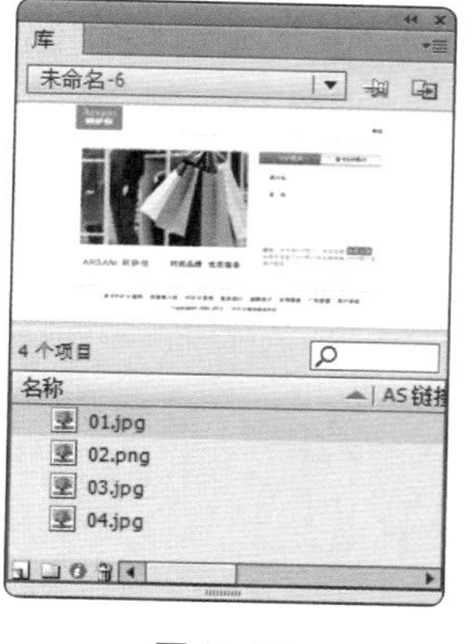

图 8-69

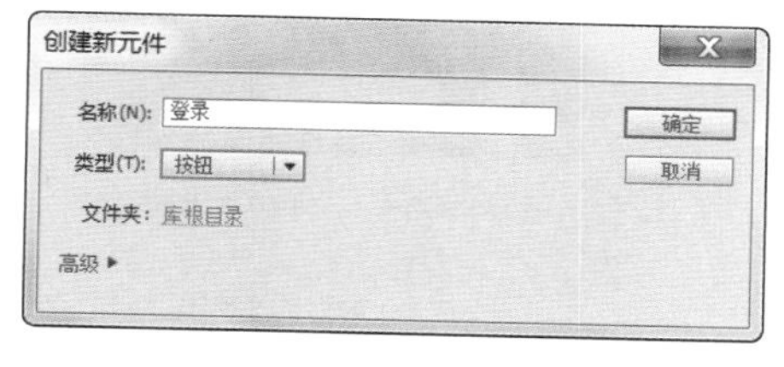

图 8-70

（5）将“库”面板中的位图“02”拖曳到舞台窗口中，效果如图 8-71 所示。单击“时间轴”面板下方的“新建图层”按钮，创建新图层并将其命名为“文字”。选择“文本”工具T，在“文本”工具的“属性”面板中进行设置，在舞台窗口中的适当位置输入大小为 12、字体为“方正兰亭特黑简体”的白色文字，文字效果如图 8-72 所示。

（6）选择“图层 1”的“指针经过”帧，按 F5 键，插入普通帧。选中“文字”图层的“指针经过”帧，按 F6 键，插入关键帧，在工具箱中将“填充颜色”设为黄色（#FFFF99），效果如图 8-73 所示。

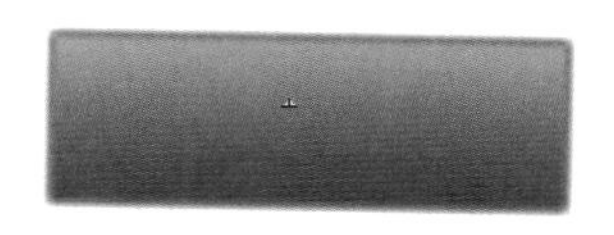

图 8-71

登录

图 8-72

图 8-73

（7）用相同的方法制作按钮元件“返回”和“清除”，如图 8-74 和图 8-75 所示。

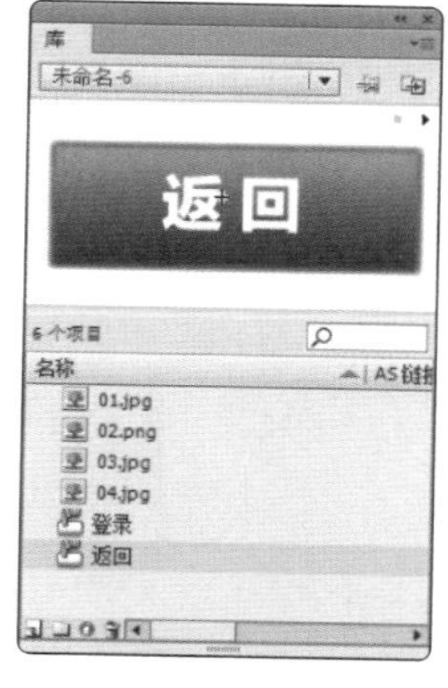

图 8-74

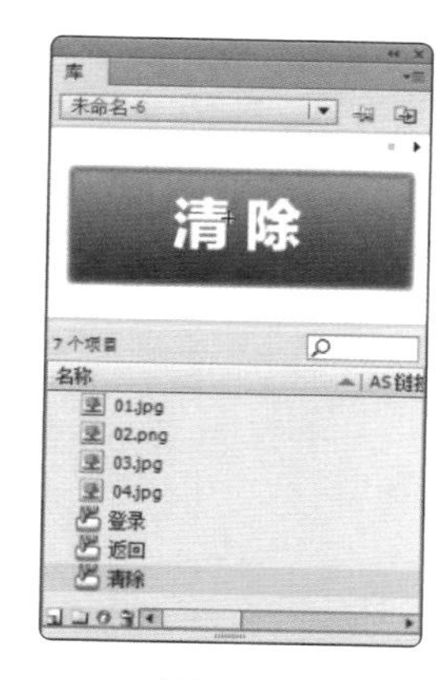

图 8-75

2 添加动作脚本

（1）单击舞台窗口左上方的“场景 1”图标，进入“场景 1”的舞台窗口。将“库”面板中的位图“01”拖曳到舞台窗口中，效果如图 8-76 所示。单击“时间轴”面板下方的“新建图层”按钮，创建新图层并将其命名为“按钮”。分别将“库”面板中的按钮元件“登录”和“清除”拖曳到舞台窗口中，并放置到适当的位置，效果如图 8-77 所示。

Arsani
阿萨倪
帮助
VIP用户
金卡VIP用户
用户名：
密 码：
提示：还不是VIP用户？点击这是 免费注册
如果您是金卡VIP用户可以使用金卡VIP用户名进行登录
ARSANI 阿萨倪
时尚品牌·优质服务

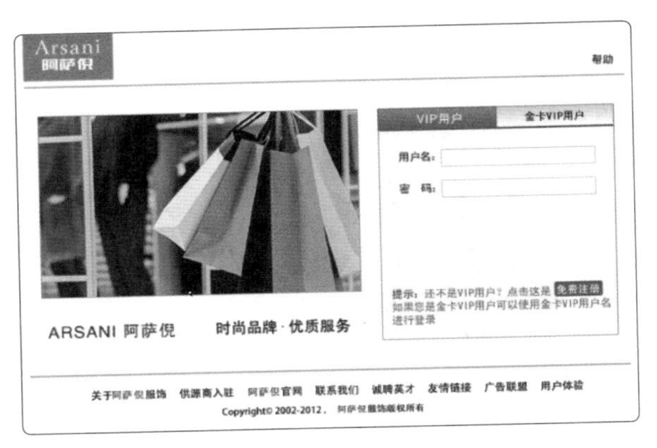

图 8-76

VIP用户
金卡VIP用户
用户名：
密 码：
登录
清除
提示：还不是VIP用户？点击这是 免费注册
如果您是金卡VIP用户可以使用金卡VIP用户名
进行登录

图 8-77

（2）选择“文本”工具，在“文本”工具的“属性”面板中进行设置，在舞台窗口中的适当位置输入大小为 12、字体为“黑体”的黑色文字，文字效果如图 8-78 所示。选中文字“找回密码”，如图 8-79 所示，在工具箱中将“填充颜色”设为红色（#CC0000），效果如图 8-80 所示。

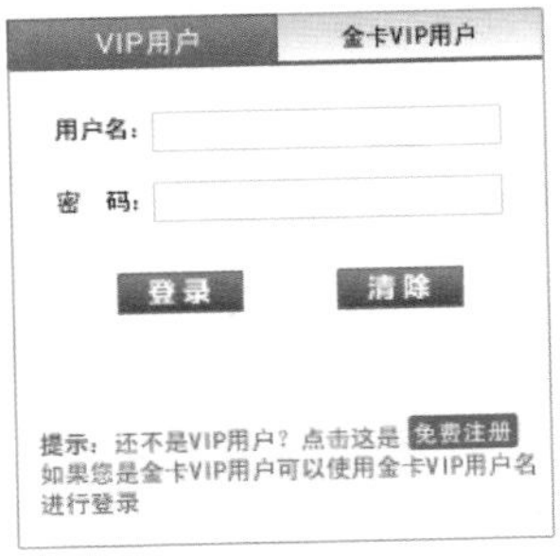

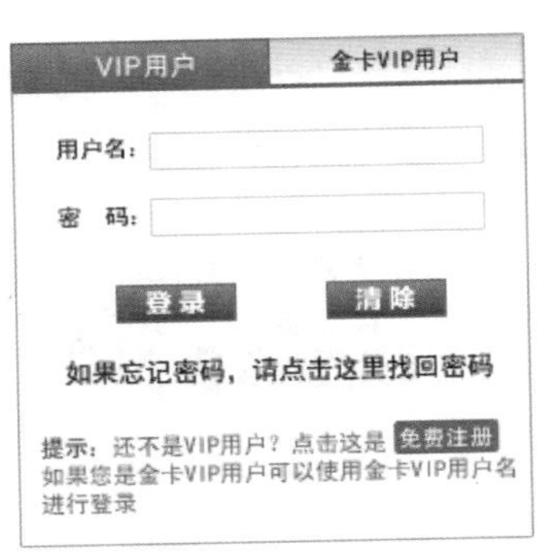

VIP用户
金卡VIP用户
用户名：
密 码：
登录
清除
如果忘记密码，请点击这里找回密码
提示：还不是VIP用户？点击这是 免费注册
如果您是金卡VIP用户可以使用金卡VIP用户名
进行登录

图 8-78

VIP用户
金卡VIP用户
用户名：
密 码：
登录
清除
如果忘记密码，请点击这里找回密码
提示：还不是VIP用户？点击这是 免费注册
如果您是金卡VIP用户可以使用金卡VIP用户名
进行登录

图 8-79

VIP用户
金卡VIP用户
用户名：
密 码：
登录
清除
如果忘记密码，请点击这里找回密码
提示：还不是VIP用户？点击这是 免费注册
如果您是金卡VIP用户可以使用金卡VIP用户名
进行登录

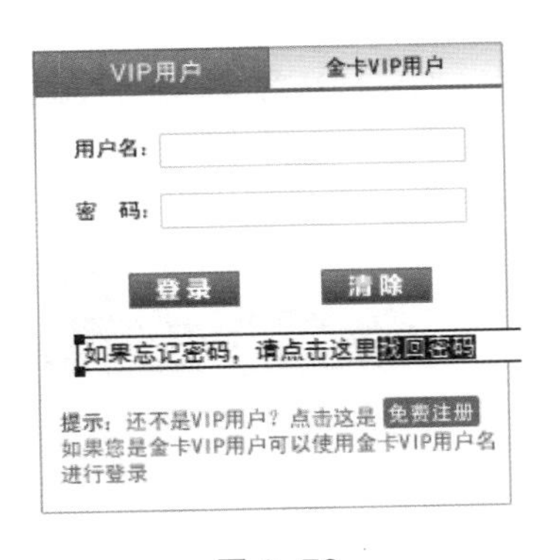

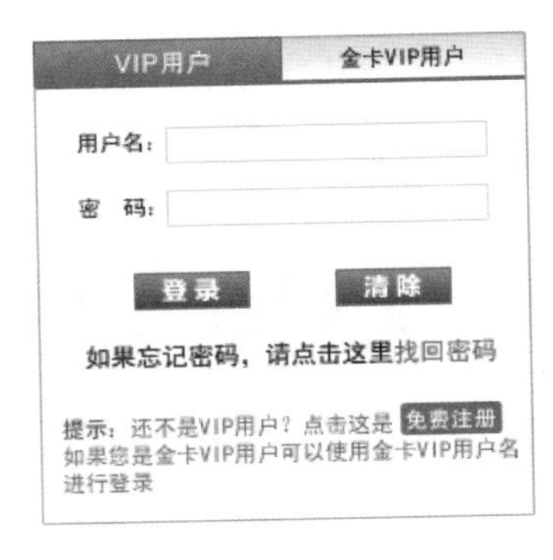

图 8-80

（3）单击“时间轴”面板下方的“新建图层”按钮，创建新图层并将其命名为“输入文本框”。选择“文本”工具，调出“文本”工具的“属性”面板，选中“文本类型”下拉列表中的“输入文本”，在舞台窗口中绘制一个文本框，如图 8-81 所示。

（4）选中文本框，在“文本”工具“属性”面板“选项”选项组的“变量”文本框中输入“yonghuming”，如图 8-82 所示。

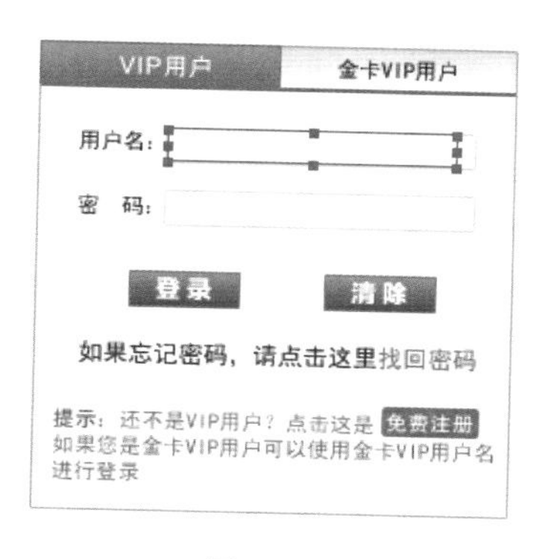

图 8-81

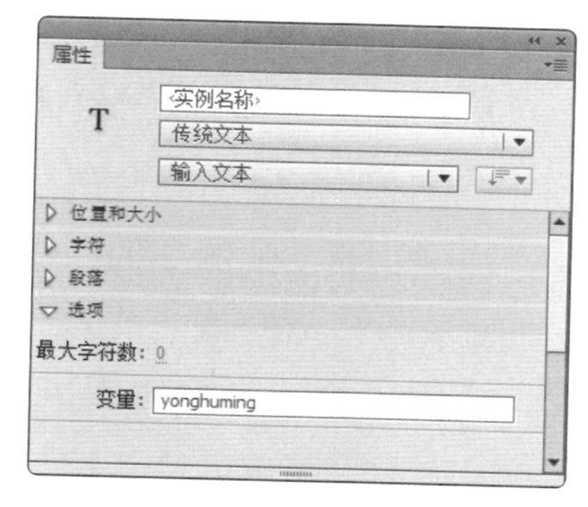

图 8-82

（5）选择“选择”工具，选中文本框，在按住 Alt 键的同时拖曳鼠标到适当的位置，复制文本框，如图 8-83 所示。在“文本”工具“属性”面板“选项”选项组的“变量”文本框中输入“mima”，如图 8-84 所示。

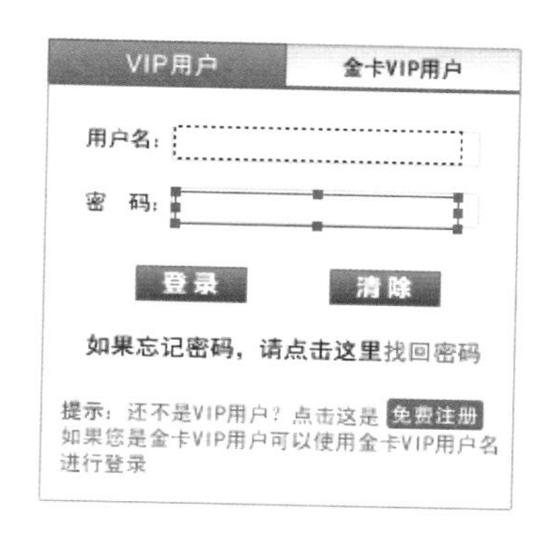

图 8-83

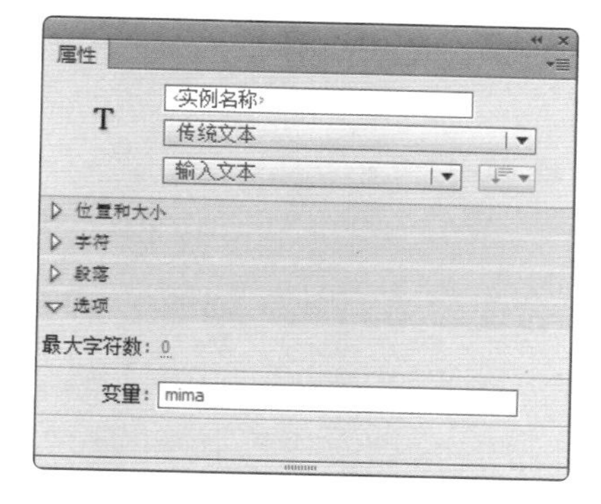

图 8-84

（6）选中“输入文本框”图层的第 1 帧，选择“窗口 > 动作”命令，弹出“动作”面板。单击“将新项目添加到脚本中”按钮，在弹出的菜单中选择“全局函数 > 时间轴控制 > stop”命令。在“脚本窗口”中显示选择的脚本语言，如图 8-85 所示。设置好动作脚本后，关闭“动作”面板。在“动作脚本”图层的第 1 帧显示一个标记“a”。

（7）单击“时间轴”面板下方的“新建图层”按钮，创建新图层并将其命名为“密码错误页”。选中“密码错误页”的第 2 帧，按 F6 键，插入关键帧，将“库”面板中的位图“03”拖曳到舞台窗口中，效果如图 8-86 所示。

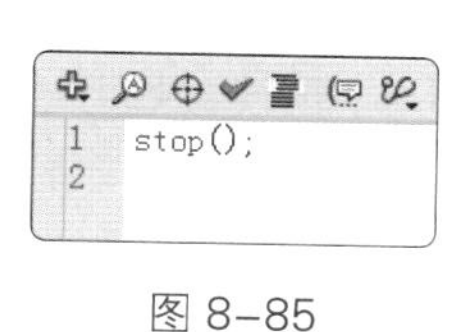

图 8-85

图 8-86

（8）选择“文本”工具T，在“文本”工具的“属性”面板中进行设置，在舞台窗口中的适当位置输入大小为13、字体为“黑体”的黑色文字，文字效果如图8-87所示。将“库”面板中的按钮元件“返回”拖曳到舞台窗口中，效果如图8-88所示。

（9）选中“密码错误页”的第2帧，选择“窗口 > 动作”命令，弹出“动作”面板。单击“将新项目添加到脚本中”按钮，在弹出的菜单中选择“全局函数 > 时间轴控制 > stop”命令。在“脚本窗口”中显示选择的脚本语言，如图8-89所示。设置好动作脚本后，关闭“动作”面板。在“动作脚本”图层的第2帧显示出一个标记“a”。

图 8–87

图 8–88

图 8–89

（10）选中“密码错误页”的第3帧，按F7键，插入空白关键帧，将“库”面板中的位图“04”拖曳到舞台窗口中，效果如图8-90所示。

（11）选中“密码错误页”的第3帧，选择“窗口 > 动作”命令，弹出“动作”面板。单击“将新项目添加到脚本中”按钮，在弹出的菜单中选择“全局函数 > 时间轴控制 > stop”命令。在“脚本窗口”中显示选择的脚本语言，如图8-91所示。设置好动作脚本后，关闭“动作”面板。在“动作脚本”图层的第3帧显示一个标记“a”。

图 8–90

图 8–91

（12）选中“按钮”图层的第1帧，在舞台窗口中选择“登录”实例，选择“窗口 > 动作”命令，弹出“动作”面板，在“动作”面板中设置脚本语言，“脚本窗口”中的显示效果如图8-92所示。

（13）在舞台窗口中选择“清除”实例，在“动作”面板中设置脚本语言，“脚本窗口”中的显示效果如图8-93所示。

```
1 on (release) {
2     if (yonghuming add mima eq "ZLL" add "123456") {
3         gotoAndPlay(3);
4     } else {
5         gotoAndPlay(2);
6     }
7 }
```

图 8-92

```
1 on (release) {
2     yonghuming = "";
3     mima = "";
4 }
5
```

图 8-93

（14）选中“密码错误页”图层的第 2 帧，在舞台窗口中选择“返回”实例，在“动作”面板中设置脚本语言，“脚本窗口”中的显示效果如图 8-94 所示。设置好动作脚本后，关闭“动作”面板。VIP 登录界面制作完成，按 Ctrl+Enter 组合键查看效果，如图 8-95 所示。

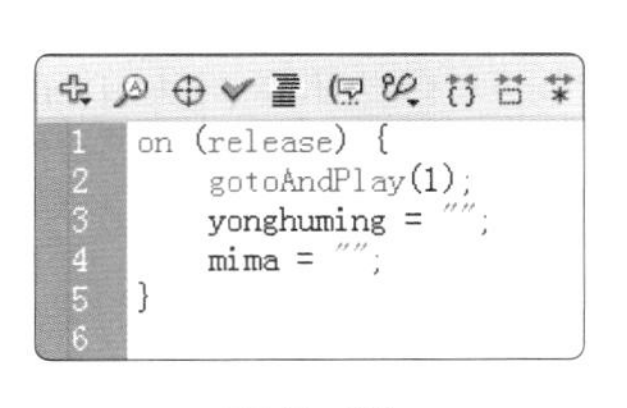

```
1 on (release) {
2     gotoAndPlay(1);
3     yonghuming = "";
4     mima = "";
5 }
6
```

图 8-94

图 8-95

8.2.5 扩展实践：制作会员登录界面

使用“导入”命令导入图片，使用“按钮”元件制作按钮效果，使用“文本”工具添加输入文本框，使用“动作”面板为按钮组件添加脚本语言。最终效果参看云盘中的“Ch08 > 效果 > 制作会员登录界面”，如图 8-96 所示。

图 8-96

任务 8.3　项目演练：制作优选购物网页

8.3.1 任务引入

本任务要求制作优选购物网页，要求注意界面的美观和布局的合理，操作方式简单合理，方便用户浏览和操作。

8.3.2 设计理念

在设计时，使用深粉色与淡黄色作为网页的主要色彩，营造甜美温馨的氛围；使用展开的贺卡图案作为主体图案，突出网站的特色，创意新颖；将导航栏放在页面上方，清晰、美观且便于用户浏览。最终效果参看云盘中的“Ch08 > 效果 > 制作优选购物网页”，如图 8-97 所示。

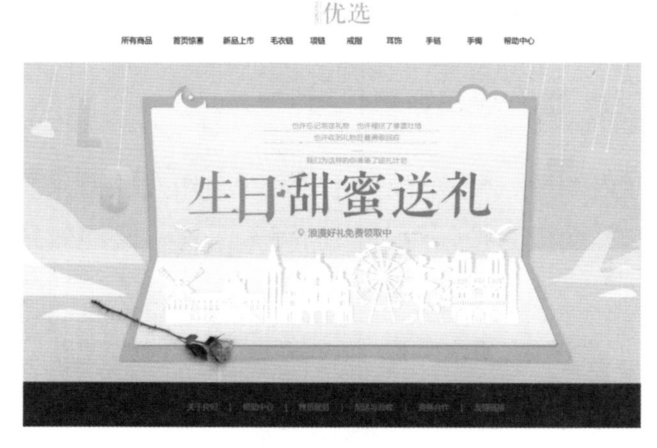

图 8-97

09

项目9

制作宣传广告
——动态海报设计

动态海报的产生得益于新媒体的发展。动态海报打破了传统海报平面的展现形式，运用动态图形为用户带来更为深刻的视觉体验与感受。通过本项目的学习，读者可以掌握动态海报的设计方法和制作技巧。

学习引导

知识目标

- 了解动态海报的概念
- 掌握动态海报的视觉表现和优势

能力目标

- 熟悉动态海报的设计思路
- 掌握动态海报的制作方法和技巧

素养目标

- 培养对新媒体设计的关注
- 培养对动态海报的鉴赏能力

实训项目

- 制作运动鞋促销海报
- 制作公益宣传海报

相关知识：动态海报设计基础

1 动态海报的概念

动态海报是在传统海报的基础上，运用动态图像技术对图像、图形、影像、文字、色彩、版式等视觉元素进行全新的设计，并能在数字媒体中发布展现效果。图 9-1 所示为动态海报范例。

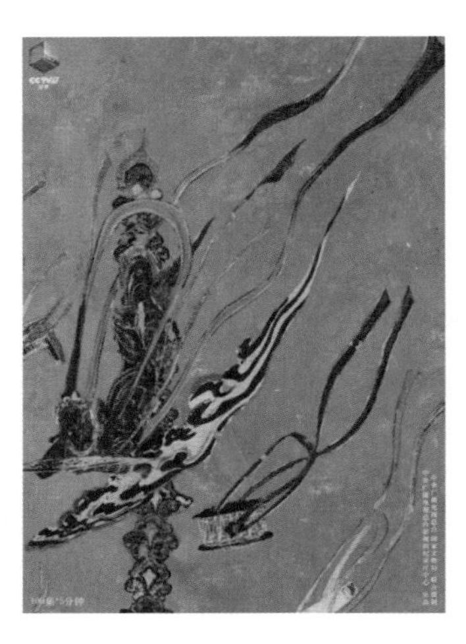

图 9-1

2 动态海报的视觉表现

动态海报的视觉表现是海报视觉元素的表现，主要包括图形、图像和影像的运动、色彩的变换、文字的变化和版式的表现等。图 9-2 所示为动态海报范例。

图 9-2

3 动态海报的优势

动态海报和传统海报相比的优势包括信息容量更大、视觉效果更强烈、情感体验更丰富、表现形式更多样等。图 9-3 所示为动态海报范例。

图 9-3

任务 9.1 制作运动鞋促销海报

微课

任务 9.1

9.1.1 任务引入

傲米商城是一家综合性购物商城，商品涉及服饰、鞋帽、家居用品、花卉等，该商城现推出新款运动鞋，需要为其设计一款促销海报，要求能突出产品的特色和优惠的力度。

9.1.2 设计理念

在设计时，使用田野图片作为背景，使页面看起来清爽怡人前景放置新款运动鞋实物图片，顾客可以更直观地浏览；简洁的文字突出了优惠活动力度。最终效果参看云盘中的“Ch09 > 效果 > 制作运动鞋促销海报”，如图 9-4 所示。

图 9-4

9.1.3 任务知识：动画预设

1 预览动画预设

Flash 随附的每个动画预设都包括预览，可在“动画预设”面板中查看其预览。通过预览，用户可以了解在将动画应用于 FLA 文件中的对象时所获得的结果。对于创建或导入的自定义预设，用户可以添加自己的预览。

选择“窗口 > 动画预设”命令，弹出“动画预设”面板，如图 9-5 所示。单击“默认预设”文件夹前面的三角图标，展开“默认预设”选项，选择其中一个默认的预设选项，即可预览默认动画预设，如图 9-6 所示。要停止预览播放，在“动画预设”面板外单击即可。

图 9-5

图 9-6

2 应用动画预设

在舞台上选中可补间的对象（元件实例或文本字段）后，可单击“应用”按钮来应用预设。每个对象只能应用一个预设。如果将第二个预设应用于相同的对象，则第二个预设将替换第一个预设。

一旦将预设应用于舞台上的对象后，在时间轴中创建的补间就不再与“动画预设”面板有任何关系了。在“动画预设”面板中删除或重命名某个预设对以前使用该预设创建的所有补间没有任何影响。如果在面板中的现有预设上保存新预设，它对使用原始预设创建的任何补间没有影响。

每个动画预设都包含特定数量的帧。在应用预设时，在时间轴中创建的补间范围将包含此数量的帧。如果目标对象已应用了不同长度的补间，补间范围将进行调整，以符合动画预设的长度。可在应用预设后调整时间轴中补间范围的长度。

包含 3D 动画的动画预设只能应用于影片剪辑实例。已补间的 3D 属性不适用于图形或按钮元件，也不适用于文本字段。可以将 2D 或 3D 动画预设应用于任何 2D 或 3D 影片剪辑。

如果动画预设对 3D 影片剪辑的 *z* 轴位置进行了动画处理，则该影片剪辑在显示时也会改变其 *x* 轴和 *y* 轴的位置。这是因为 *z* 轴上的移动是沿着从 3D 消失点（在 3D 元件实例属性检查器中设置）辐射到舞台边缘的不可见透视线执行的。

打开云盘中的“基础素材 > Ch09 > 01”文件，如图 9-7 所示。单击“时间轴”面板中的“新建图层”按钮，新建“图层 1”图层。将“库”面板中的图形元件“足球”拖曳到舞台窗口中，并放置在适当的位置，如图 9-8 所示。

选择“窗口 > 动画预设”命令，弹出“动画预设”面板。单击“默认预设”文件夹前面的倒三角，展开默认预设选项，如图 9-9 所示。在舞台窗口中选择“足球”实例，在“动画预设”面板中选择“多次跳跃”选项，如图 9-10 所示。

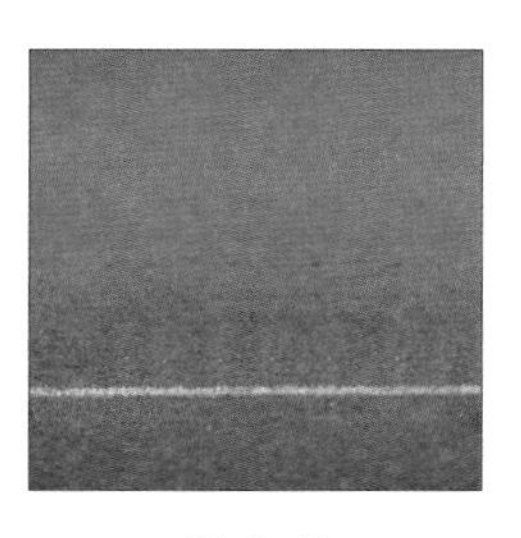

图 9–7

图 9–8

图 9–9

图 9–10

单击“动画预设”面板右下角的“应用”按钮，为“足球”实例添加动画预设，舞台窗口中的效果如图 9-11 所示，“时间轴”面板中的效果如图 9-12 所示。

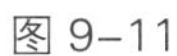

图 9–11

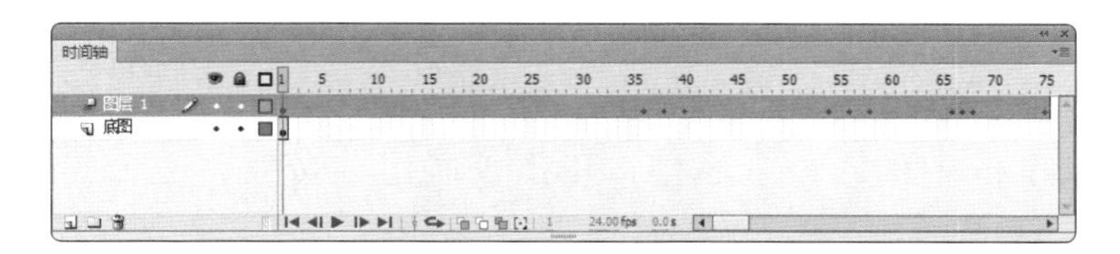

图 9–12

选择“选择”工具，在舞台窗口中向上拖曳“足球”实例到适当的位置，如图 9-13 所示。选中“底图”图层的第 75 帧，按 F5 键，插入普通帧，如图 9-14 所示。

图 9–13

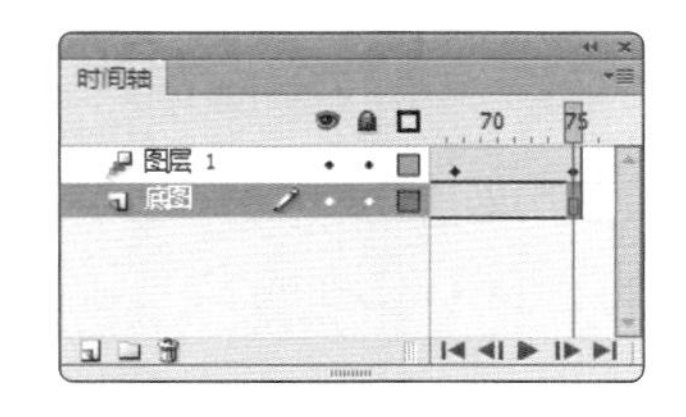

图 9–14

按 Ctrl+Enter 组合键，测试动画效果，在动画中足球会呈现自上而下降落，然后再次弹出、落下的状态。

③ 将补间另存为自定义动画预设

如果用户想将自己创建的补间，或对从“动画预设”面板应用的补间进行更改，可将它另存为新的动画预设。新预设将显示在“动画预设”面板中的“自定义预设”文件夹中。

选择“基本椭圆”工具，在工具箱中将“笔触颜色”设为无，“填充颜色”设为渐变色，在舞台窗口中绘制 1 个圆形，如图 9-15 所示。

选择“选择”工具，在舞台窗口中选中圆形，按 F8 键，弹出“转换为元件”对话框。在“名称”选项的文本框中输入“球”，在“类型”选项的下拉列表中选择“图形”，单击“确定”按钮，将圆形转换为图形元件。

用鼠标右键单击“球”实例，在弹出的快捷菜单中选择“创建补间动画”命令，生成补间动画效果。在舞台窗口中，将“球”实例向右拖曳到适当的位置，如图 9-16 所示。

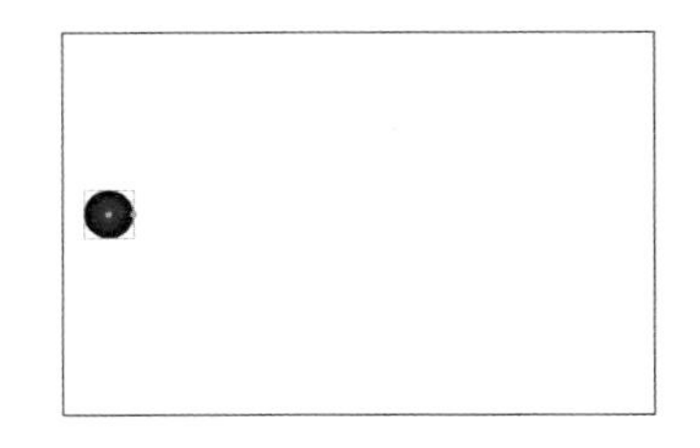
图 9–15

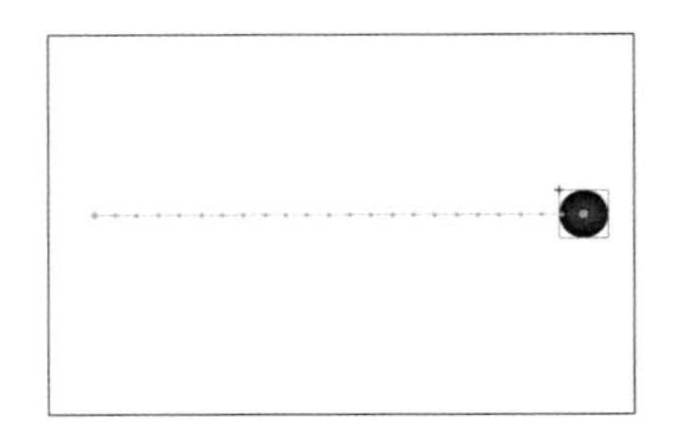
图 9–16

选择“选择”工具，将鼠标指针放置在运动路线上。当鼠标指针变为时，单击并按住鼠标左键不放，向上拖曳鼠标指标到适当的位置，将运动路线调为弧线，效果如图 9-17 所示。

在“时间轴”面板中单击“图层 1”，将该层中的所有补间选中。单击“动画预设”面板下方的“将选区另存为预设”按钮，弹出“将预设另存为”对话框。在“预设名称”选项的文本框中输入一个名称，单击“确定”按钮，完成另存为预设效果，“动画预设”面板如图 9-18 所示。

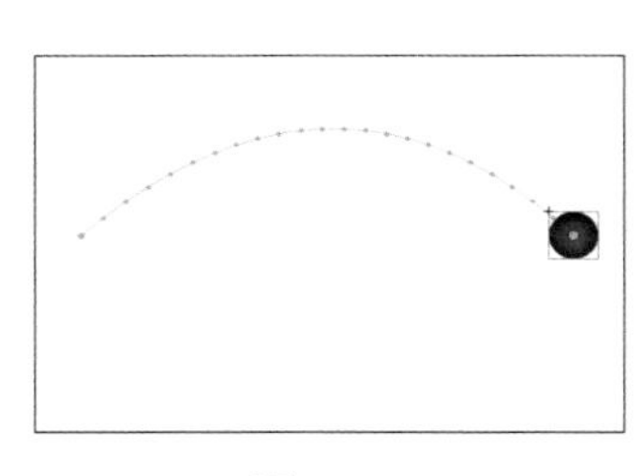
图 9–17

图 9–18

提示　动画预设只能包含补间动画。传统补间不能保存为动画预设。自定义的动画预设存储在“自定义预设”文件夹中。

4 导入和导出动画预设

在 Flash 中动画预设除了默认预设和自定义预设，还可以通过导入和导出的方式添加动画预设。

◎ 导入动画预设

动画预设存储为 XML 文件，导入 XML 补间文件可将其添加到“动画预设”面板。

单击“动画预设”面板右上角的“选项”按钮，在弹出的菜单中选择“导入 ...”命令，如图 9-19 所示，在弹出的“导入动画预设”对话框中选择要导入的文件。

单击“打开”按钮，上弧球 .xml 预设会被导入到“动画预设”面板中，如图 9-20 所示。

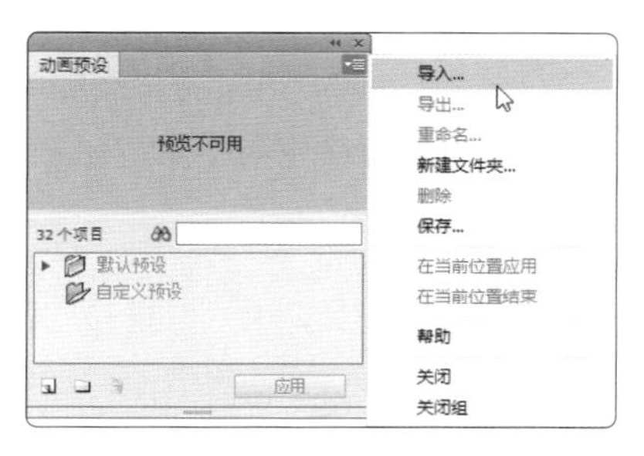

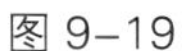
图 9–19

图 9–20

◎ 导出动画预设

在 Flash 中除了导入动画预设，还可以将制作好的动画预设导出为 XML 文件，以便与其他 Flash 用户共享。

在“动画预设”面板中选择需要导出的预设，如图 9-21 所示。单击“动画预设”面板右上角的选项按钮，在弹出的菜单中选择“导出 ...”命令，如图 9-22 所示。

在弹出的“另存为”对话框中，为 XML 文件选择保存位置及输入名称，单击“保存”按钮即可完成导出预设。

图 9–21

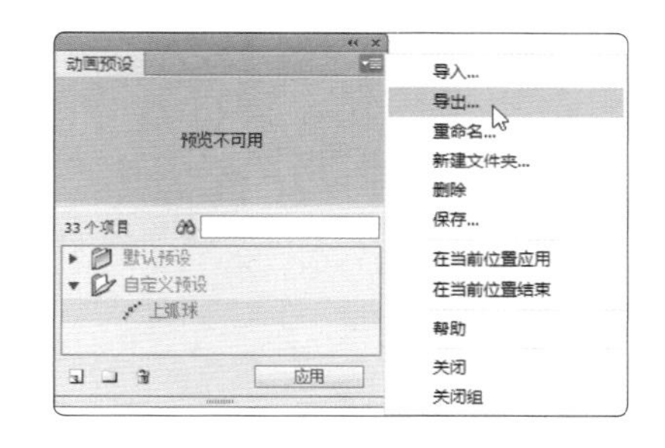

图 9–22

5 删除动画预设

可从“动画预设”面板中删除预设。在删除预设时，Flash 将从磁盘中删除其 XML 文件。制作要在以后再次使用的任何预设的备份，方法是先导出这些预设的副本。

在“动画预设”面板中选择需要删除的预设，如图 9-23 所示。单击面板下方的“删除项目”按钮，系统会弹出“删除预设”对话框，如图 9-24 所示。单击“删除”按钮，即可将选中的预设删除。

图 9–23

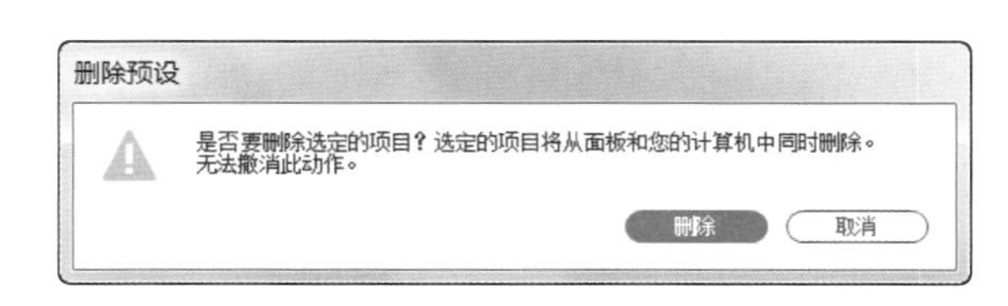

图 9–24

在删除预设时“默认预设”文件夹中的预设是删除不掉的。

9.1.4 任务实施

（1）选择“文件 > 新建”命令，弹出“新建文档”对话框。在“常规”选项卡中选择“ActionScript 3.0”选项，将“宽”选项设为800，“高”选项设为600。单击“确定”按钮，完成文档的创建。

（2）选择“文件 > 导入 > 导入到库”命令，在弹出的“导入到库”对话框中选择云盘中的“Ch09 > 素材 > 制作运动鞋促销海报 > 01 ~ 05”文件，单击“打开”按钮，文件被导入“库”面板，如图9-25所示。

（3）按Ctrl+F8组合键，弹出“创建新元件”对话框。在“名称”选项的文本框中输入“logo”，在“类型”选项的下拉列表中选择“图形”选项，单击“确定”按钮，新建图形元件“logo”，如图9-26所示。舞台窗口也随之转换为图形元件的舞台窗口。

（4）选择“文本”工具T，在“文本”工具的“属性”面板中进行设置，在舞台窗口中适当的位置输入大小为40、字体为“方正字迹 - 邢体草书简体”的绿色（#54a94d）英文，文字效果如图9-27所示。

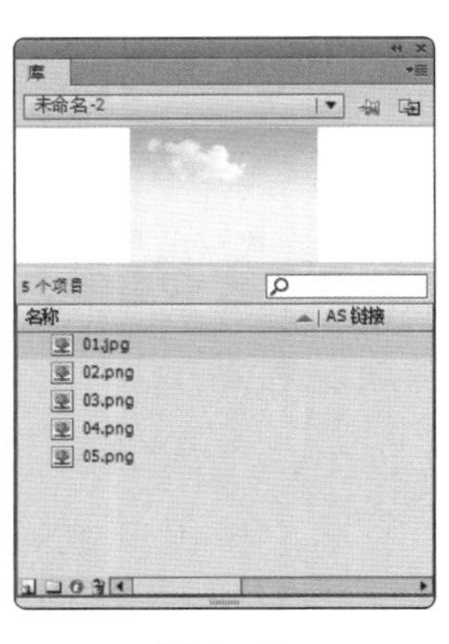

图9-25

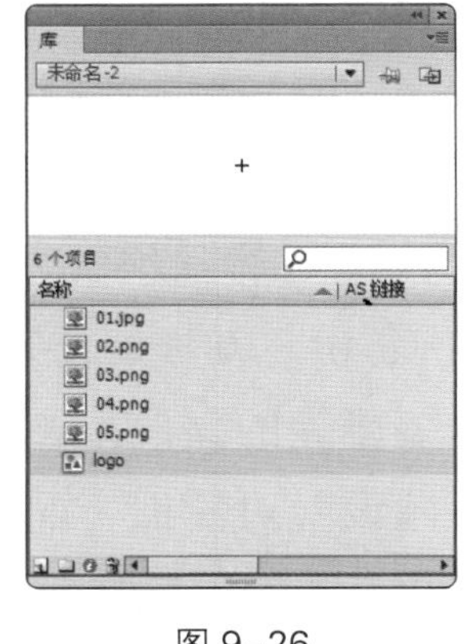

图9-26

图9-27

（5）新建图形元件“天空”，舞台窗口也随之转换为图形元件“天空”的舞台窗口。将“库”面板中的位图“01”文件拖曳到舞台窗口中，如图9-28所示。

（6）用相同的方法将“库”面板中的位图“02”“03”“04”“05”文件，分别制作成图形元件“草地”“文字”“鞋子”“音乐符”，如图9-29所示。

（7）单击舞台窗口左上方的“场景1”图标 场景1，进入“场景1”的舞台窗口。将“图层1”重命名为“天空”。将“库”面板中的图形元件“天空”拖曳到舞台窗口中，并放置在适当的位置，如图 9-30 所示。

图 9-28

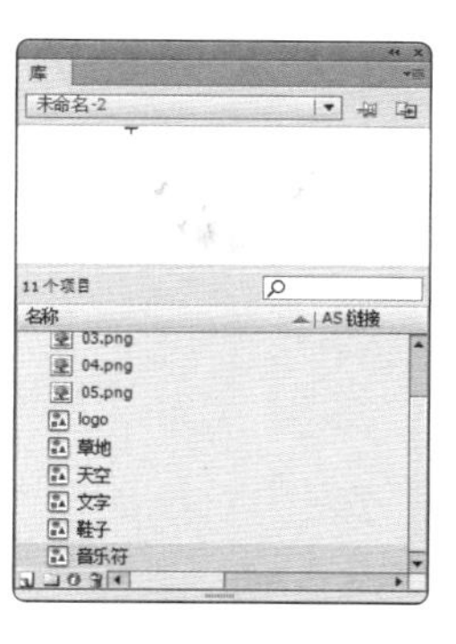

图 9-29

图 9-30

（8）保持“天空”实例的选取状态，选择“窗口 > 动画预设”命令，弹出“动画预设”面板，如图 9-31 所示，单击“默认预设”文件夹前面的倒三角，展开默认预设，如图 9-32 所示。

（9）在“动画预设”面板中选择“从顶部飞入”选项，如图 9-33 所示，单击“应用”按钮，舞台窗口中的效果如图 9-34 所示。

图 9-31

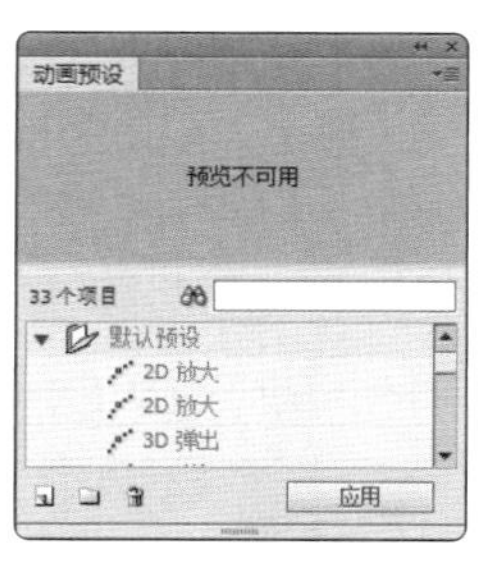

图 9-32

图 9-33

图 9-34

（10）选中“天空”图层的第 1 帧，在舞台窗口中将“天空”实例垂直向上拖曳到适当的位置，如图 9-35 所示。选中“天空”图层的第 24 帧，在舞台窗口中将“天空”实例垂直向上拖曳到与舞台中心重叠的位置，如图 9-36 所示。选中“天空”图层的第 180 帧，按 F5 键，插入普通帧。

（11）在“时间轴”面板中创建新图层并将其命名为“草地”。选中“草地”图层的第 24 帧，按 F6 键，插入关键帧。将“库”面板中的图形元件“草地”拖曳到舞台窗口中，并放置在适当的位置，如图 9-37 所示。

图 9-35

图 9-36

图 9-37

（12）保持“草地”实例的选取状态，在“动画预设”面板中选择“从底部飞入”选项，如图 9-38 所示，单击“应用”按钮，舞台窗口中的效果如图 9-39 所示。

（13）选中“草地”图层的第 47 帧，在舞台窗口中将“草地”实例的底部与舞台底部重叠，如图 9-40 所示。选中“草地”图层的第 180 帧，按 F5 键，插入普通帧。

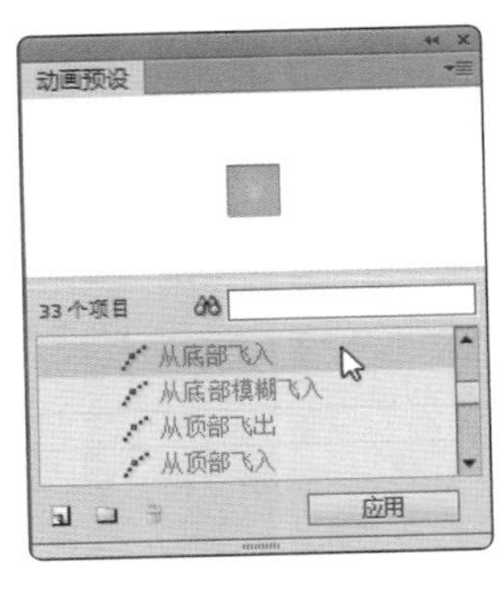

图 9-38

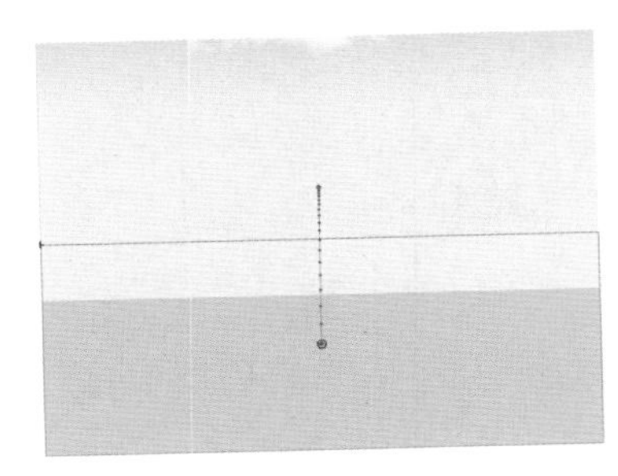

图 9-39

图 9-40

（14）在“时间轴”面板中创建新图层并将其命名为“鞋子”。选中“鞋子”图层的第 47 帧，按 F6 键，插入关键帧。将“库”面板中的图形元件“鞋子”拖曳到舞台窗口中，并放置在适当的位置，如图 9-41 所示。

（15）保持“鞋子”实例的选取状态，在“动画预设”面板中选择“从左边飞入”选项，单击“应用”按钮，舞台窗口中的效果如图 9-42 所示。

（16）选中“鞋子”图层的第 70 帧，在舞台窗口中将“鞋子”实例水平向右拖曳到适当的位置，如图 9-43 所示。选中“鞋子”图层的第 180 帧，按 F5 键，插入普通帧。

图 9-41

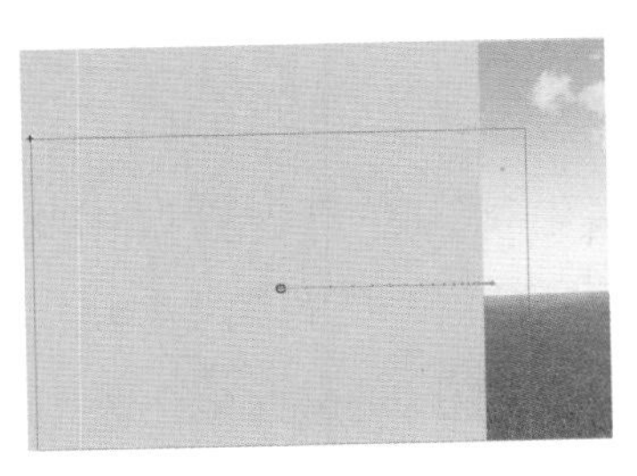

图 9-42

图 9-43

（17）在“时间轴”面板中创建新图层并将其命名为“文字”。选中“文字”图层的第 55 帧，按 F6 键，插入关键帧。将“库”面板中的图形元件“文字”拖曳到舞台窗口中，并放置在适当的位置，如图 9-44 所示。

（18）保持“文字”实例的选取状态，在“动画预设”面板中选择“从右边飞入”选项，单击“应用”按钮（应用），舞台窗口中的效果如图 9-45 所示。

（19）选中“文字”图层的第 78 帧，在舞台窗口中将“文字”实例水平向左拖曳到适当的位置，如图 9-46 所示。选中“文字”图层的第 180 帧，按 F5 键，插入普通帧。

图 9-44

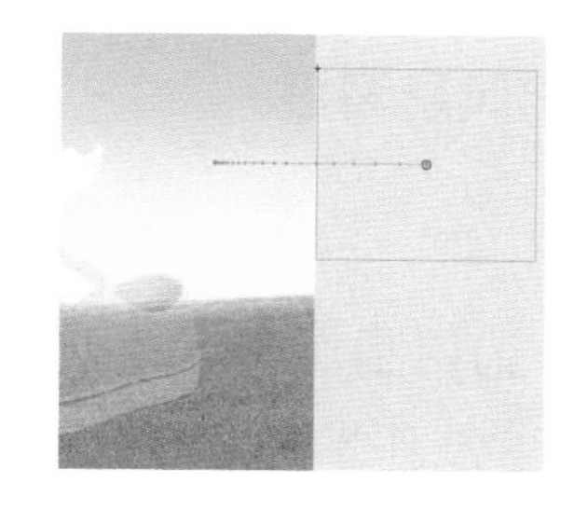

图 9-45

图 9-46

（20）在“时间轴”面板中创建新图层并将其命名为“logo”。选中“logo”图层的第65帧，按F6键，插入关键帧。将“库”面板中的图形元件“logo”拖曳到舞台窗口中，并放置在适当的位置，如图9-47所示。

（21）保持“logo”实例的选取状态，在“动画预设”面板中选择“从顶部飞入”选项，单击“应用”按钮，舞台窗口中的效果如图9-48所示。

（22）选中“logo”图层的第88帧，在舞台窗口中将“logo”实例垂直向上拖曳到适当的位置，如图9-49所示。选中“logo”图层的第180帧，按F5键，插入普通帧。

图 9-47

图 9-48

图 9-49

（23）在“时间轴”面板中创建新图层并将其命名为“音乐符”。选中“音乐符”图层的第70帧，按F6键，插入关键帧。将“库”面板中的图形元件“音乐符”拖曳到舞台窗口中，并放置在适当的位置，如图9-50所示。

（24）保持“音乐符”实例的选取状态，在“动画预设”面板中选择“脉搏”选项，如图9-51所示，单击“应用”按钮，应用预设样式。

（25）选中“音乐符”图层的第180帧，按F5键，插入普通帧。运动鞋促销海报效果制作完成，按Ctrl+Enter组合键即可查看效果，如图9-52所示。

图 9-50

图 9-51

图 9-52

9.1.5 扩展实践：制作迷你风扇海报

使用“新建元件”命令制作图形元件，使用“从左边飞入”选项、“从顶部飞入”选项、“从右边飞入”选项和“从底部飞入”选项制作文字动画，使用“脉搏”选项制作价位动画。最终效果参看云盘中的“Ch09 > 效果 > 制作迷你风扇海报”，如图 9-53 所示。

图 9-53

任务 9.2 制作公益宣传海报

微课
任务 9.2

9.2.1 任务引入

本任务要求制作“蒲公英的季节”公益宣传海报，用于宣传节能环保的理念，要求设计要体现出低碳、节能的理念。

9.2.2 设计理念

在设计时，以一幅风景图片作为背景，使画面充满自然的气息，蒲公英飞舞的动画效果增加了画面的活泼感和生动性；画面整体以绿色为主，搭配简洁的文字点明主题，令人印象深刻。最终效果参看云盘中的“Ch09 > 效果 > 制作公益宣传海报”，如图 9-54 所示。

图 9-54

9.2.3 任务知识：引导层

1 普通引导层

普通引导层主要用于为其他图层提供辅助绘图和绘图定位，引导层中的图形在播放影片时是不会显示的。

◎ 创建普通引导层

用鼠标右键单击“时间轴”面板中的某个图层，在弹出的快捷菜单中选择“引导层”命令，如图 9-55 所示。该图层转换为普通引导层，此时，图层前面的图标变为形状，如图 9-56 所示。

还可在“时间轴”面板中选中要转换的图层，选择“修改 > 时间轴 > 图层属性”命令，弹出“图层属性”对话框。在“类型”选项组中选择“引导层”单选按钮，如图 9-57 所示。单击“确定”按钮，选中的图层转换为普通引导层，此时，图层前面的图标变为形状，如图 9-58 所示。

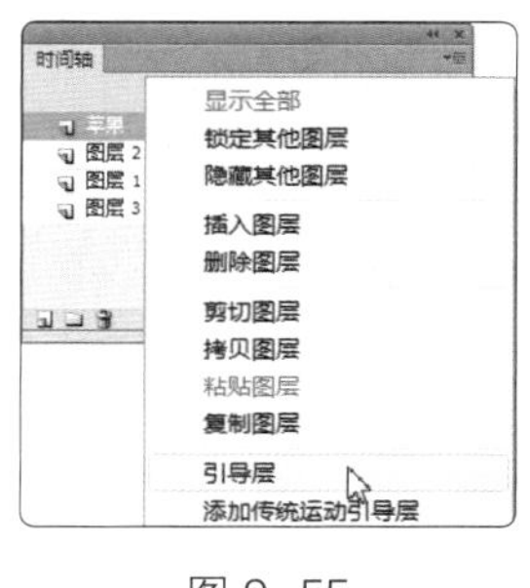

图 9-55

图 9-56

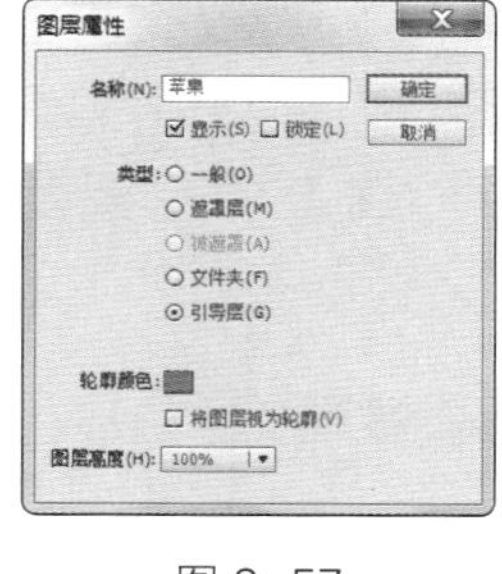

图 9-57

图 9-58

◎ 将普通引导层转换为普通图层

如果想在播放影片时显示普通引导层上的对象，还可以将普通引导层转换为普通图层。

用鼠标右键单击“时间轴”面板中的引导层，在弹出的快捷菜单中选择“引导层”命令，如图 9-59 所示。普通引导层转换为普通图层，此时，图层前面的图标变为形状，如图 9-60 所示。

还可在“时间轴”面板中选中引导层。选择“修改 > 时间轴 > 图层属性”命令，弹出“图层属性”对话框，在“类型”选项组中选择“一般”单选按钮，如图 9-61 所示。单击“确定”按钮，选中的普通引导层转换为普通图层，此时，图层前面的图标变为形状，如图 9-62 所示。

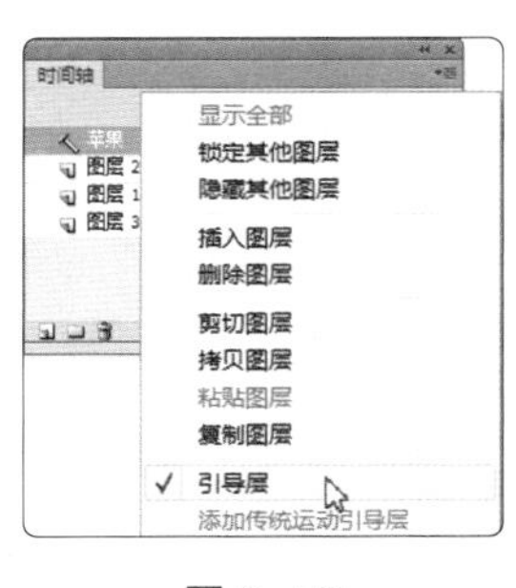

图 9-59

图 9-60

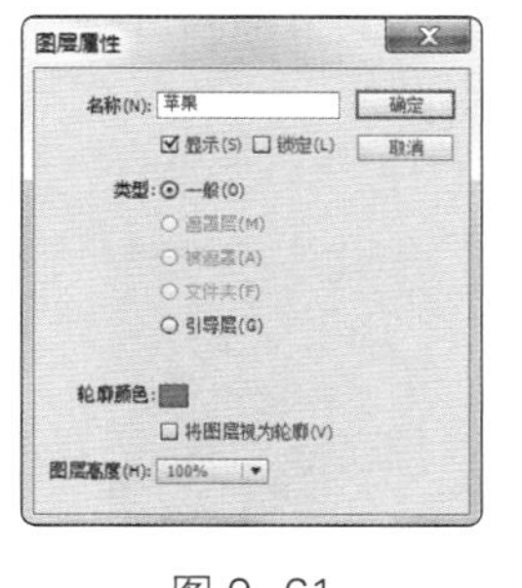

图 9-61

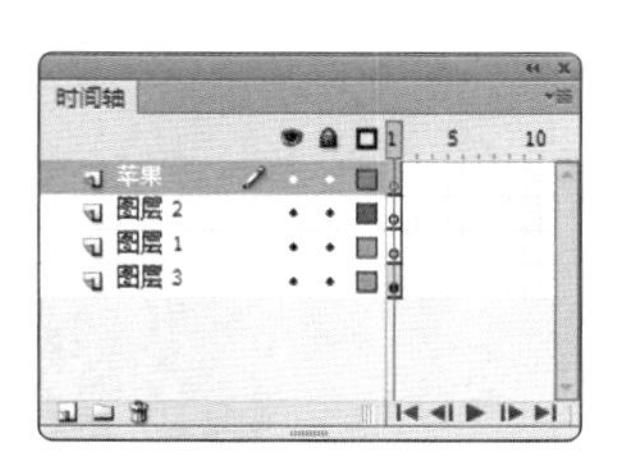

图 9-62

2 运动引导层

运动引导层的作用是设置对象运动路径的导向，使与之相链接的被引导层中的对象沿着路径运动，运动引导层上的路径在播放动画时不显示。在运动引导层上还可以创建多个运动轨迹，以引导被引导层上的多个对象沿不同的路径运动。要创建按照任意轨迹运动的动画，就需要添加运动引导层，但创建的运动引导层动画要求是传统补间动画，形状补间与逐帧动画不可用。

◎ 创建运动引导层

用鼠标右键单击“时间轴”面板中要添加引导层的图层，在弹出的快捷菜单中选择“添加传统运动引导层”命令，如图 9-63 所示。为图层添加运动引导层，此时引导层前面出现图标，如图 9-64 所示。

一个引导层可以引导多个图层上的对象按运动路径运动。如果要将多个图层变成某一个运动引导层的被引导层，只需在“时间轴”面板上将要变成被引导层的图层拖曳至引导层下方即可。

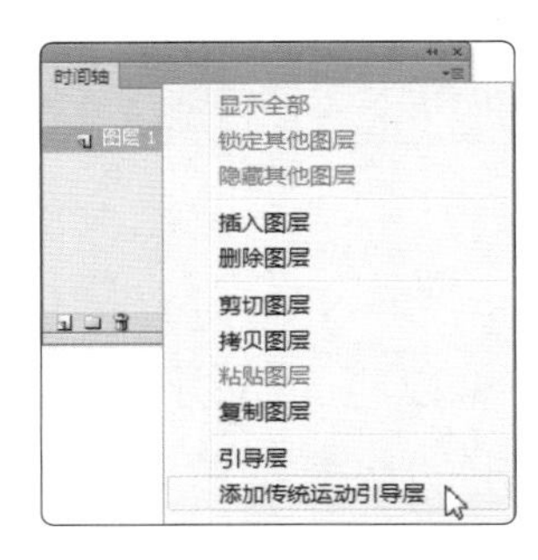

图 9-63

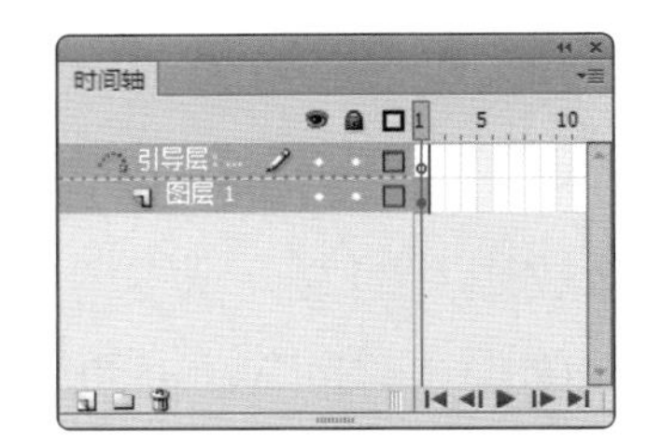

图 9-64

◎ 将运动引导层转换为普通图层

将运动引导层转换为普通图层的方法与将普通引导层转换为普通图层的方法一样，这里不再赘述。

◎ 应用运动引导层制作动画

打开云盘中的“基础素材 > Ch09 > 01”文件，如图 9-65 所示。用鼠标右键单击“时间轴”面板中的“蝴蝶”图层，在弹出的快捷菜单中选择“添加传统运动引导层”命令，为“蝴蝶”图层添加运动引导层，如图 9-66 所示。

图 9-65

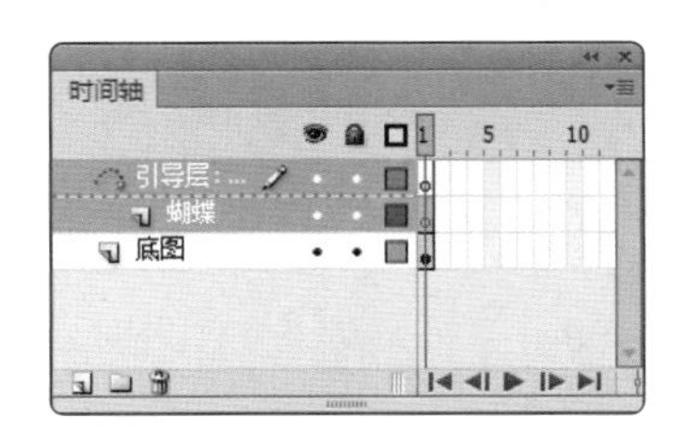

图 9-66

选择“钢笔”工具，在引导层的舞台窗口中绘制一条曲线，如图 9-67 所示。选择“时间轴”面板，单击引导层中的第 20 帧，按 F5 键，在第 20 帧处插入普通帧。用相同的方法在“底图”图层的第 20 帧处插入普通帧，如图 9-68 所示。

图 9-67

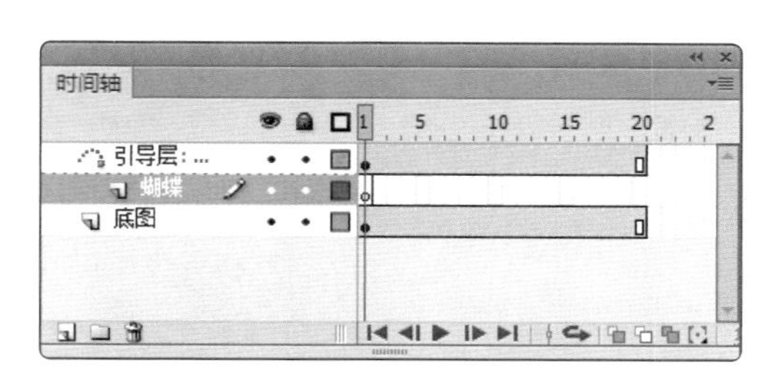

图 9-68

在“时间轴”面板中选中“蝴蝶”图层的第 1 帧，将“库”面板中的影片剪辑元件“02”拖曳到舞台窗口中，放置在曲线的下方端点上，如图 9-69 所示。

在“时间轴”面板中单击“蝴蝶”图层的第 20 帧，按 F6 键，在第 20 帧处插入关键帧。将舞台窗口中的蝴蝶拖曳到曲线的上方端点上，如图 9-70 所示。

图 9-69

图 9-70

选中“蝴蝶”图层的第 1 帧，单击鼠标右键，在弹出的快捷菜单中选择“创建传统补间”命令。在“图层 1”的第 1 ～ 20 帧上生成动作补间动画，如图 9-71 所示。在“帧”属性面板中，勾选“补间”选项组中的“调整到路径”复选框，如图 9-72 所示。运动引导层动画制作完成。

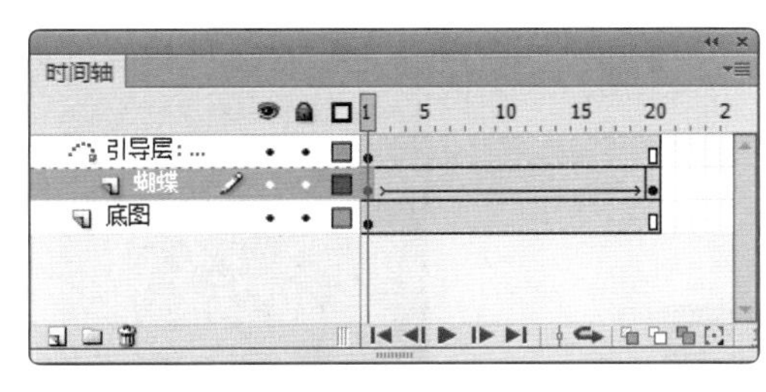

图 9-71

图 9-72

在不同的帧中，动画的效果如图 9-73 所示。按 Ctrl+Enter 组合键，测试动画效果，在动画中，弧线将不显示。

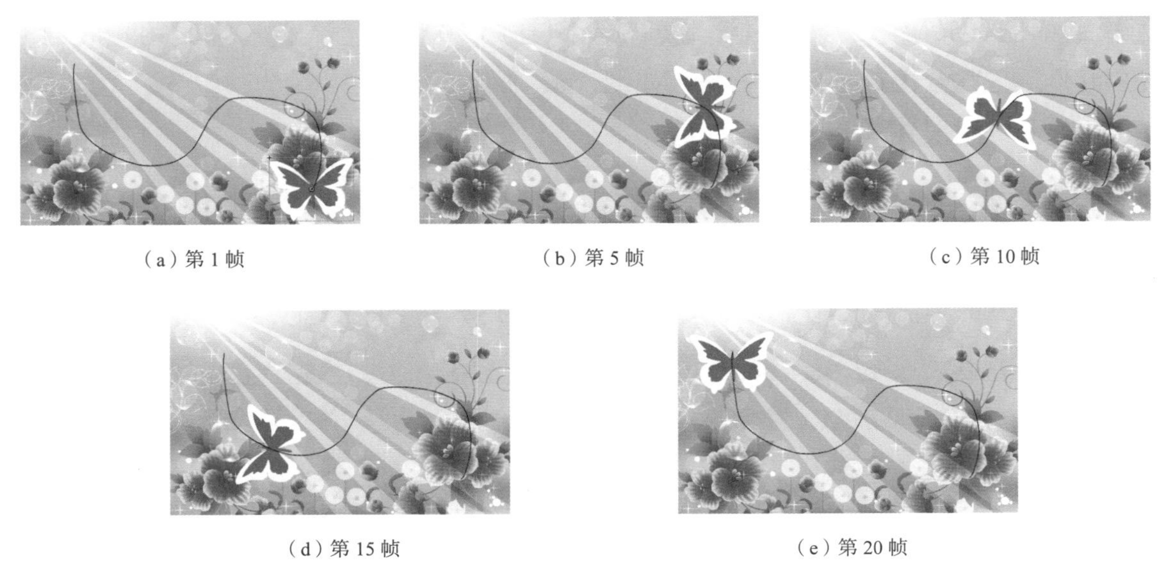

（a）第 1 帧　（b）第 5 帧　（c）第 10 帧

（d）第 15 帧　（e）第 20 帧

图 9–73

9.2.4 任务实施

1 导入图片

（1）选择“文件 > 新建”命令，弹出“新建文档”对话框。在“常规”选项卡中选择“ActionScript 3.0”选项，将“宽”设为 505，“高”设为 464，“背景颜色”设为黑色，单击“确定”按钮，完成文档的创建。

（2）在“库”面板中新建图形元件“蒲公英”，如图 9-74 所示，舞台窗口也随之转换为图形元件的舞台窗口。选择“文件 > 导入 > 导入舞台”命令，在弹出的“导入”对话框中选择云盘中的“Ch09 > 素材 > 制作公益宣传海报 > 02”文件，单击“打开”按钮，文件被导入舞台窗口，如图 9-75 所示。

（3）在“库”面板中新建影片剪辑元件“动 1”，如图 9-76 所示，舞台窗口也随之转换为影片剪辑元件的舞台窗口。

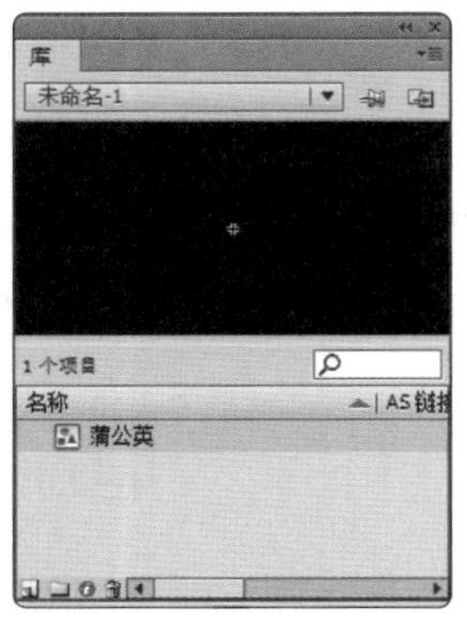

图 9–74

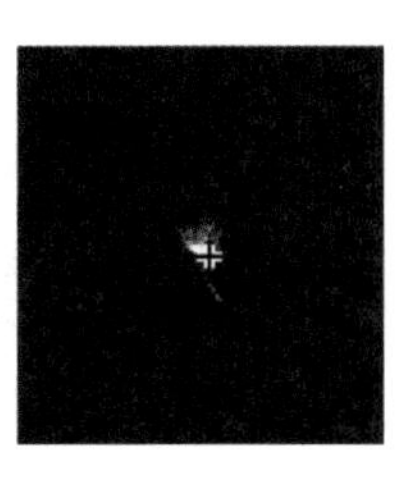

图 9–75

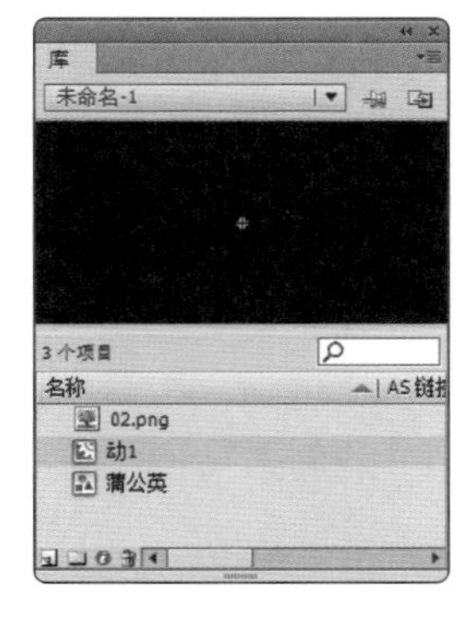

图 9–76

（4）在“图层 1”上单击鼠标右键，在弹出的快捷菜单中选择“添加传统运动引导层”

命令，效果如图 9-77 所示。选择“钢笔”工具，在工具箱中将“笔触颜色”设为绿色（#00FF00），在舞台窗口中绘制一条曲线，效果如图 9-78 所示。

（5）选中“图层 1”的第 1 帧，将“库”面板中的图形元件“蒲公英”拖曳到舞台窗口中曲线的下方端点，效果如图 9-79 所示。选中引导层的第 85 帧，按 F5 键，插入普通帧。

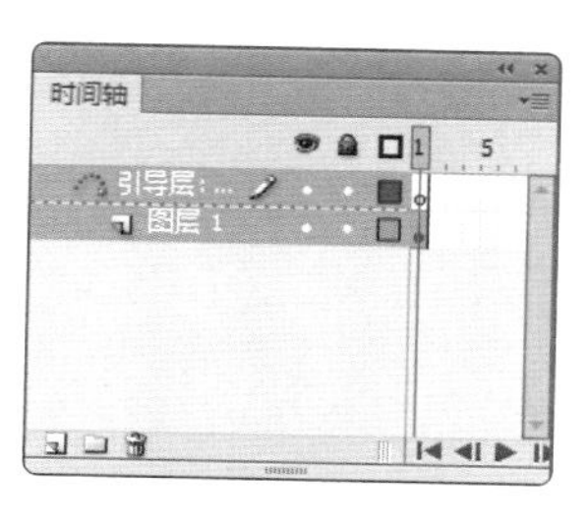

图 9-77

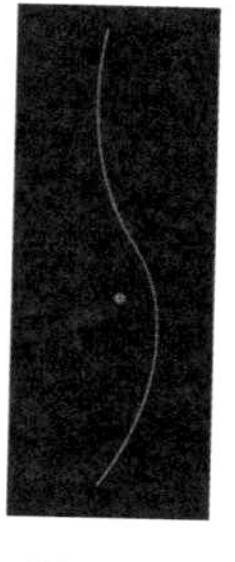
图 9-78

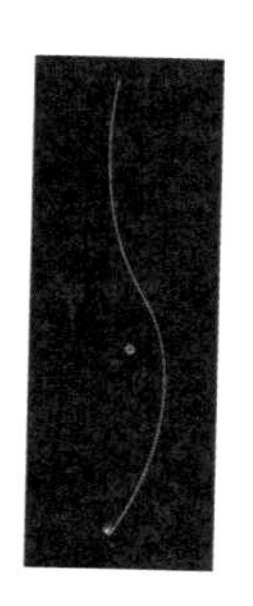
图 9-79

（6）选中“图层 1”的第 85 帧，按 F6 键，插入关键帧，在舞台窗口中选中“蒲公英”实例，将其拖曳到曲线的上方端点。用鼠标右键单击“图层 1”的第 1 帧，在弹出的快捷菜单中选择“创建传统补间”命令，生成传统补间动画。

（7）在“库”面板中新建影片剪辑元件“动 2”。在“图层 1”上单击鼠标右键，在弹出的快捷菜单中选择“添加传统运动引导层”命令。选中传统引导层的第 1 帧，选择“钢笔”工具，在舞台窗口中绘制一条曲线，效果如图 9-80 所示。

（8）选中“图层 1”的第 1 帧，将“库”面板中的图形元件“蒲公英”拖曳到舞台窗口中曲线的下方端点。选中引导层的第 83 帧，按 F5 键，插入普通帧。选中“图层 1”的第 83 帧，按 F6 键，插入关键帧，在舞台窗口中选中“蒲公英”实例，将其拖曳到曲线的上方端点。

（9）用鼠标右键单击“图层 1”的第 1 帧，在弹出的快捷菜单中选择“创建传统补间”命令，生成传统补间动画。

（10）在“库”面板中新建影片剪辑元件“动 3”。在“图层 1”上单击鼠标右键，在弹出的快捷菜单中选择“添加传统运动引导层”命令，效果如图 9-81 所示。选中传统引导层的第 1 帧，选择“钢笔”工具，在舞台窗口中绘制一条曲线，效果如图 9-82 所示。

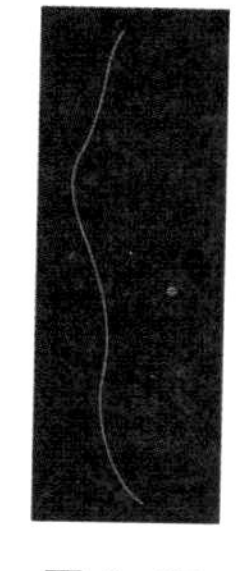
图 9-80

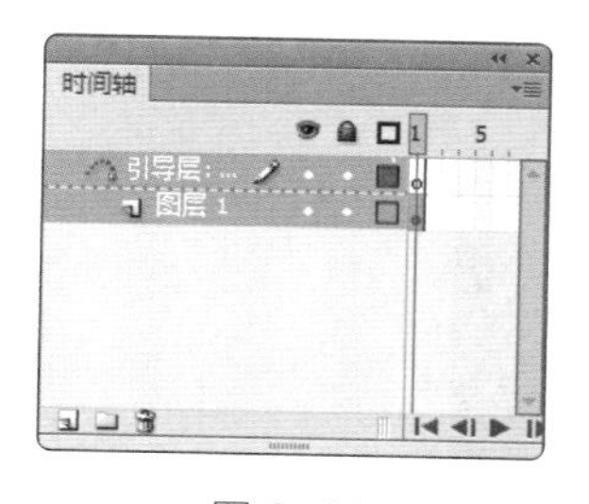

图 9-81

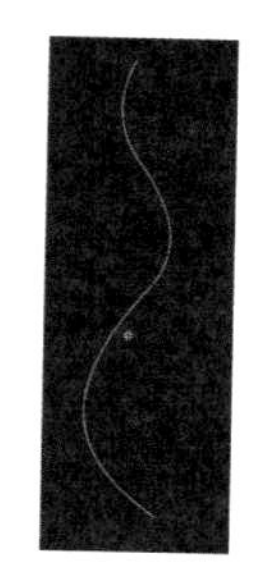
图 9-82

（11）选中“图层 1”的第 1 帧，将“库”面板中的图形元件“蒲公英”拖曳到舞台窗口中曲线的下方端点。选中引导层的第 85 帧，按 F5 键，插入普通帧。选中“图层 1”的第 85 帧，按 F6 键，插入关键帧，在舞台窗口中选中“蒲公英”实例，将其拖曳到曲线的上方端点。

（12）用鼠标右键单击“图层 1”的第 1 帧，在弹出的快捷菜单中选择“创建传统补间”命令，生成传统补间动画。

（13）在“库”面板中新建影片剪辑元件“一起动”。将“图层 1”重命名为“1”。分别将“库”面板中的影片剪辑元件“动 1”“动 2”“动 3”向舞台窗口中拖曳 2 ～ 3 次，并调整到合适的大小，效果如图 9-83 所示。选中“1”图层的第 80 帧，按 F5 键，插入普通帧。

（14）在“时间轴”面板中创建新图层并将其命名为“2”。选中“2”图层的第 10 帧，按 F6 键，插入关键帧。分别将“库”面板中的影片剪辑元件“动 1”“动 2”“动 3”向舞台窗口中拖曳 2 ～ 3 次，并调整到合适的大小，效果如图 9-84 所示。

图 9–83

图 9–84

（15）继续在“时间轴”面板中创建 4 个新图层并分别将其命名为“3”“4”“5”“6”。分别选中“3”图层的第 20 帧、“4”图层的第 30 帧、“5”图层的第 40 帧、“6”图层的第 50 帧，按 F6 键，插入关键帧。分别将“库”面板中的影片剪辑元件“动 1”“动 2”“动 3”向选中的帧对应的舞台窗口中拖曳 2 ～ 3 次，并调整到合适的大小，效果如图 9-85 所示。

（16）在“时间轴”面板中创建新图层并将其命名为“动作脚本”。选中“动作脚本”图层的第 80 帧，按 F6 键，插入关键帧。选择“窗口 > 动作”命令，弹出“动作”面板。在面板的左上方将脚本语言版本设置为“ActionScript 1.0 & 2.0”，在面板中单击“将新项目添加到脚本中”按钮，在弹出的菜单中依次选择“全局函数 > 时间轴控制 > stop”命令，在“脚本窗口”中显示选择的脚本语言，如图 9-86 所示。设置好动作脚本后，关闭“动作”面板。在“动作脚本”图层的第 80 帧显示一个标记“a”。

图 9–85

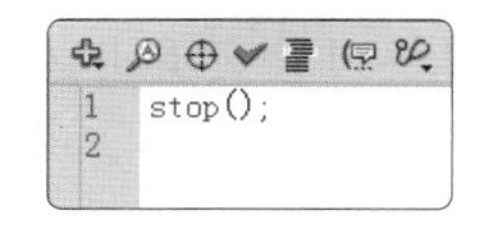

图 9–86

2 制作场景动画

（1）单击舞台窗口左上方的“场景 1”图标，进入“场景 1”的舞台窗口。将“图层 1”重命名为“底图”。选择“文件 > 导入 > 导入舞台”命令，在弹出的“导入”对话框中选择云盘中的“Ch09 > 素材 > 制作公益宣传海报 > 01”文件，单击“打开”按钮，文件被导入舞台窗口，效果如图 9-87 所示。

（2）在“时间轴”面板中创建新图层并将其命名为“蒲公英”。将“库”面板中的影片剪辑元件“一起动”拖曳到舞台窗口中，选择“任意变形”工具，调整大小并将其放置到适当的位置，效果如图 9-88 所示。选择“文件 > 导入 > 导入舞台”命令，在弹出的“导入”对话框中，选择云盘中的“Ch09 > 素材 > 制作公益宣传海报 > 03”文件，单击“打开”按钮，文件被导入舞台窗口，效果如图 9-89 所示。

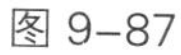
图 9-87

图 9-88

图 9-89

（3）选择“任意变形”工具，选中蒲公英，在按住 Alt 键的同时，将其拖曳到适当的位置复制图形，并调整其大小，效果如图 9-90 所示。用相同的方法复制多个蒲公英，效果如图 9-91 所示。

（4）在“时间轴”面板中创建新图层并将其命名为“矩形”。选择“矩形”工具，在工具箱中将“笔触颜色”设为无，“填充颜色”设为绿色（#497305），在舞台窗口中绘制一个矩形，效果如图 9-92 所示。

图 9-90

图 9-91

图 9-92

（5）在“时间轴”面板中创建新图层并将其命名为“文字”。选择“文本”工具，在“文本”工具的“属性”面板中进行设置，在舞台窗口中的适当位置输入大小为 65、字体为“方正卡通简体”的绿色（#006600）文字，文字效果如图 9-93 所示。

（6）选中文字“公”，如图 9-94 所示。在“文本”工具的“属性”面板中将字体设为“方正黄草简体”，大小设为 110，效果如图 9-95 所示。

（7）选中“文字”图层，选择“选择”工具，选中文字，按 Ctrl+C 组合键，复制文字。在“颜色”面板中将“Alpha”选项设为 30%，效果如图 9-96 所示。按 Ctrl+Shift+V 组合键，将复制的文字原位粘贴到当前位置。在舞台窗口中将复制的文字拖曳到适当的位置，使文字产生阴影效果，效果如图 9-97 所示。

图 9–93　图 9–94　图 9–95　图 9–96　图 9–97

（8）选择“文本”工具，在“文本”工具的“属性”面板中进行设置，在舞台窗口中的适当位置输入大小为 14、字体为“方正大黑简体”的绿色（#006600）文字，文字效果如图 9-98 所示。再次在舞台窗口中输入大小为 45、字体为“方正兰亭特黑简体”的绿色（#006600）文字，文字效果如图 9-99 所示。

（9）选择“窗口 > 颜色”命令，弹出“颜色”面板，选中“填充颜色”按钮，将“填充颜色”设为绿色（#006600），“Alpha”选项设为 50%，如图 9-100 所示。选择“文本”工具，在“文本”工具的“属性”面板中进行设置，在舞台窗口中的适当位置输入大小为 10、字体为“方正兰亭粗黑简体”的文字，文字效果如图 9-101 所示。公益宣传海报效果制作完成，按 Ctrl+Enter 组合键查看效果。

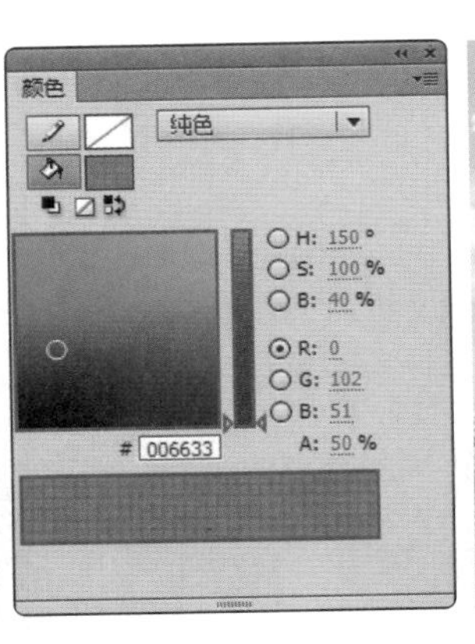

图 9–98　图 9–99　图 9–100　图 9–101

9.2.5 扩展实践：制作电商微信公众号横版海报

使用“添加传统运动引导层”命令添加引导层，使用“钢笔”工具绘制曲线，使用“创建传统补间”命令制作花瓣飘落动画效果。最终效果参看云盘中的“Ch09 > 效果 > 制作电商微信公众号横版海报”，如图 9-102 所示。

图 9-102

任务 9.3 项目演练：制作旅行箱海报

9.3.1 任务引入

新视野是一家生产经营各类皮件商品的公司，产品包括各式皮包、旅行箱等。现公司推出新款旅行箱，需要制作一幅网店宣传海报，要求设计简洁，重点宣传新产品和促销活动。

9.3.2 设计理念

在设计时，采用深蓝色背景，给人沉稳、可靠的感觉；实物图片的展示与直观醒目的文字相互搭配，展现出产品的特点和性能；促销信息文字醒目，突出了宣传主题。最终效果参看云盘中的“Ch09 > 效果 > 制作旅行箱海报”，如图 9-103 所示。

图 9-103

10

项目10

掌握商业应用
——综合设计实训

本项目为综合设计实训，提供5个真实的商业动漫设计项目。通过本项目的学习，读者可进一步掌握Flash的操作功能和使用技巧，并应用所学技能制作出专业的动漫设计作品。

学习引导

知识目标

- 巩固软件的基础使用方法
- 加深了解 Flash 的应用领域

能力目标

- 掌握 Flash 在不同应用领域的设计思路
- 掌握 Flash 在不同应用领域的使用技巧

素养目标

- 培养商业设计创意思维
- 培养对商业设计的流程掌控能力

实训项目

- 制作端午节贺卡
- 制作化妆品主图
- 制作儿童电子相册
- 制作房地产网页
- 制作射击游戏

任务 10.1 卡片设计——制作端午节贺卡

10.1.1 任务引入

傲米商城是一家综合性购物商城，商品涉及服饰、食品、水果、蔬菜、花卉等。现端午节来临之际，需要为其设计一款端午节贺卡，要求能突出传统节日的特色。

10.1.2 设计理念

在设计时，以粽子、竹子等图片作为画面主体元素，体现出节日的氛围和宣传主题；色彩搭配清爽怡人，令观者愉悦；竖排的文字强化了古典蕴味，与画面风格协调一致。最终效果参看云盘中的“Ch10 > 效果 > 制作端午节贺卡”，如图 10-1 所示。

图 10-1

10.1.3 任务实施

（1）选择“文件 > 新建”命令，弹出“新建文档”对话框。在“常规”选项卡中选择“ActionScript 3.0”选项，将“宽”设为 600，“高”设为 416，单击“确定”按钮，完成文档的创建。

（2）选择“文件 > 导入 > 导入到库”命令，弹出“导入到库”对话框。选择云盘中的“Ch10 > 素材 > 制作端午节贺卡 > 01 ～ 17”文件，单击“打开”按钮，文件被导入“库”面板，如图 10-2 所示。分别创建图形元件，如图 10-3 所示。

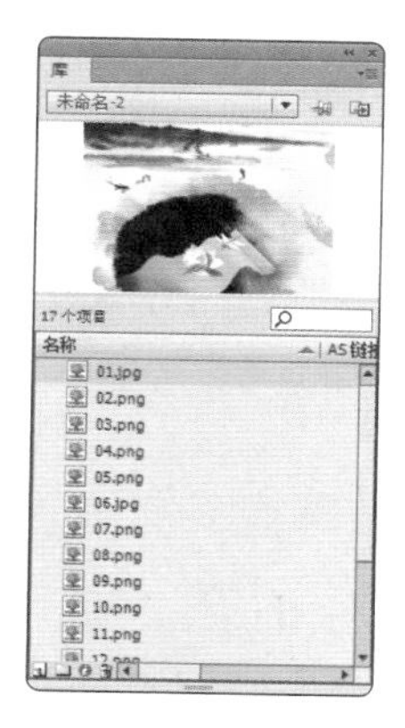

图 10-2

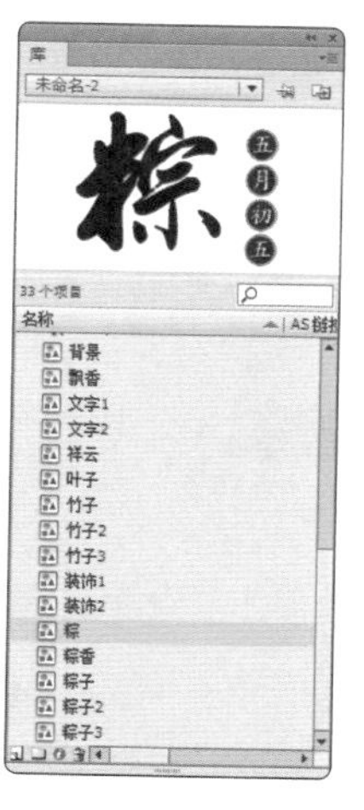

图 10-3

（3）单击舞台窗口左上方的“场景 1”图标[场景 1]，进入“场景 1”的舞台窗口。将“库”面板中的位图“01”拖曳到舞台窗口中，效果如图 10-4 所示。选中“底图”图层的第 50 帧，按 F5 键，插入普通帧。在“时间轴”面板中创建新图层并将其命名为“竹子”。

（4）将“库”面板中的图形元件“竹子 2”拖曳到舞台窗口中并放置在适当的位置，效果如图 10-5 所示。选中“竹子”图层的第 25 帧，按 F6 键，插入关键帧，选中第 50 帧，按 F5 键，插入普通帧。

（5）选中“竹子”图层的第 1 帧，在舞台窗口中将“竹子 2”实例水平向左拖曳到适当的位置，效果如图 10-6 所示。用鼠标右键单击“竹子”图层的第 1 帧，在弹出的快捷菜单中选择“创建传统补间”命令，生成传统补间动画。

图 10-4

图 10-5

图 10-6

（6）在“时间轴”面板中创建新图层并将其命名为“粽子”。将“库”面板中的图形元件“粽子 2”拖曳到舞台窗口中并放置在适当的位置，效果如图 10-7 所示。选中“粽子”图层的第 25 帧，按 F6 键，插入关键帧，选中第 50 帧，按 F5 键，插入普通帧。

（7）选中“粽子”图层的第 1 帧，在舞台窗口中将“粽子 2”实例垂直向下拖曳到适当的位置，效果如图 10-8 所示。用鼠标右键单击“粽子”图层的第 1 帧，在弹出的快捷菜单中选择“创建传统补间”命令，生成传统补间动画。

（8）在“时间轴”面板中创建新图层并将其命名为“标题”。将“库”面板中的图形元件“飘香”拖曳到舞台窗口中并放置在适当的位置，效果如图 10-9 所示。选中“标题”图层的第 25 帧，按 F6 键，插入关键帧，选中第 50 帧，按 F5 键，插入普通帧。

图 10-7

图 10-8

图 10-9

（9）选中“标题”图层的第 1 帧，在舞台窗口中将“飘香”实例水平向右拖曳到适当的位置，效果如图 10-10 所示。用鼠标右键单击“粽子”图层的第 1 帧，在弹出的快捷菜单中选择“创建传统补间”命令，生成传统补间动画。

（10）在“时间轴”面板中创建新图层并将其命名为“叶子”。选中“叶子”图层的第15帧，按F6键，插入关键帧。将“库”面板中的图形元件“叶子”拖曳到舞台窗口中并放置在适当的位置，效果如图10-11所示。选中“叶子”图层的第25帧，按F6键，插入关键帧，选中第50帧，按F5键，插入普通帧。

（11）选中“叶子”图层的第15帧，在舞台窗口中选中“叶子”实例，在实例“属性”面板“色彩效果”选项组的“样式”下拉列表中选择“Alpha”，将其值设为0，如图10-12所示。

（12）用鼠标右键单击“叶子”图层的第15帧，在弹出的快捷菜单中选择“创建传统补间”命令，生成传统补间动画。

图 10–10

图 10–11

图 10–12

（13）用上述方法分别制作“底图2”动画与“底图3”动画，“时间轴”面板分别如图10-13和图10-14所示。

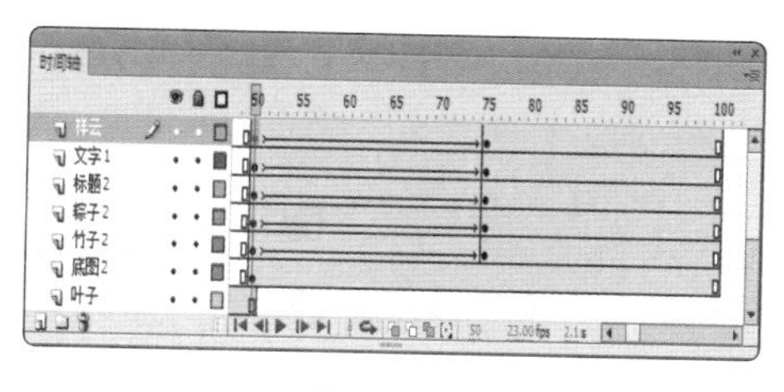

图 10–13

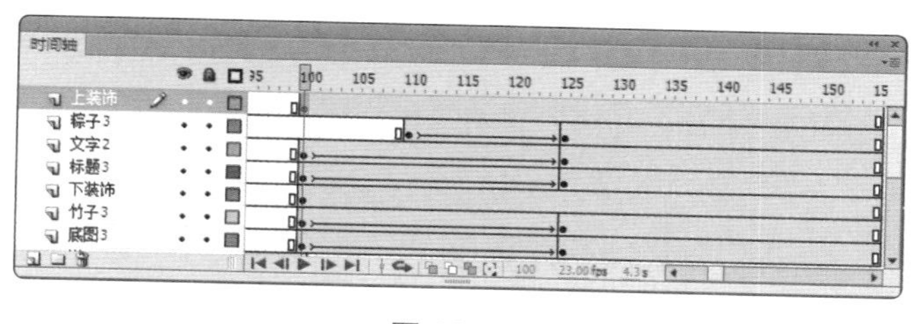

图 10–14

（14）在“时间轴”面板中创建新图层并将其命名为“音乐”。将“库”面板中的声音文件“17”拖曳到舞台窗口中。在“时间轴”面板中创建新图层并将其命名为“动作脚本”。选中“动作脚本”图层的第155帧，按F6键，插入关键帧。选择“窗口 > 动作”命令，弹出“动作”面板。在面板左上方将脚本语言版本设置为“ActionScript 1.0 & 2.0”，单击“将新项目添加到脚本中”按钮，在弹出的菜单中选择“全局函数 > 时间轴控制 > stop”命令。在“脚本窗口”中显示选择的脚本语言，如图10-15所示。设置好动作脚本后，关闭“动作”面板。在“动作脚本”图层的第155帧显示一个标记“a”。

（15）端午节贺卡制作完成，按Ctrl+Enter组合键查看效果，如图10-16所示。

图 10-15

图 10-16

任务 10.2 新媒体动图设计——制作化妆品主图

10.2.1 任务引入

佳丽是一个涉足护肤、彩妆、香水等多个产品领域的护肤品牌。该品牌现推出新款化妆品，要求设计一款主图，用于线上宣传。要求设计能突出产品的天然特色。

10.2.2 设计理念

在设计时，整体色彩清新淡雅，营造出自然、健康的氛围；画面主体由产品图片和原料图片搭配，突出了产品的天然特色；简洁的文字点明促销活动，更吸引顾客。最终效果参看云盘中的“Ch10 > 效果 > 制作化妆品主图”，如图 10-17 所示。

图 10-17

10.2.3 任务实施

（1）选择“文件 > 新建”命令，弹出“新建文档”对话框。在“常规”选项卡中选择“ActionScript 3.0”选项，将“宽”和“高”均设为 800，单击“确定”按钮，完成文档的创建。

（2）选择“文件 > 导入 > 导入到库”命令，在弹出的“导入到库”对话框中选择云盘中的“Ch10 > 素材 > 制作化妆品主图 > 01 ～ 06”文件，单击“打开”按钮，将文件导入“库”面板，如图 10-18 所示。

（3）将“图层 1”重命名为“底图”。将“库”面板中的位图“01”拖曳到舞台窗口中，如图 10-19 所示。选中“底图”图层的第 100 帧，按 F5 键，插入普通帧。

（4）在“时间轴”面板中创建新图层并将其命名为“水花”。将“库”面板中的位图“02”拖曳到舞台窗口中，并放置在适当的位置，如图 10-20 所示。保持图像的选取状态，按 F8 键，在弹出的“转换为元件”对话框中进行设置，如图 10-21 所示。单击“确定”按钮，将选取的图像转为图形元件。

图 10-18

图 10-19

图 10-20

图 10-21

（5）选中“水花”图层的第 10 帧，按 F6 键，插入关键帧。选中“水花”图层的第 1 帧，在舞台窗口中选中“水花”实例，在图形“属性”面板“色彩效果”选项组的“样式”下拉列表中选择“Alpha”，将其值设为 0，效果如图 10-22 所示。

（6）用鼠标右键单击“水花”图层的第 1 帧，在弹出的快捷菜单中选择“创建传统补间”命令，生成传统补间动画。

（7）在“时间轴”面板中创建新图层并将其命名为“芦荟”。将“库”面板中的位图“03”拖曳到舞台窗口中，并放置在适当的位置，如图 10-23 所示。保持图像的选取状态，按 F8 键，在弹出的“转换为元件”对话框中进行设置，如图 10-24 所示。单击“确定”按钮，将选取的图像转换为图形元件。

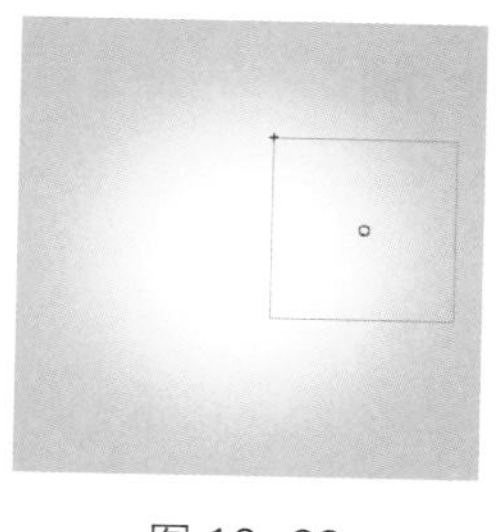

图 10-22

图 10-23

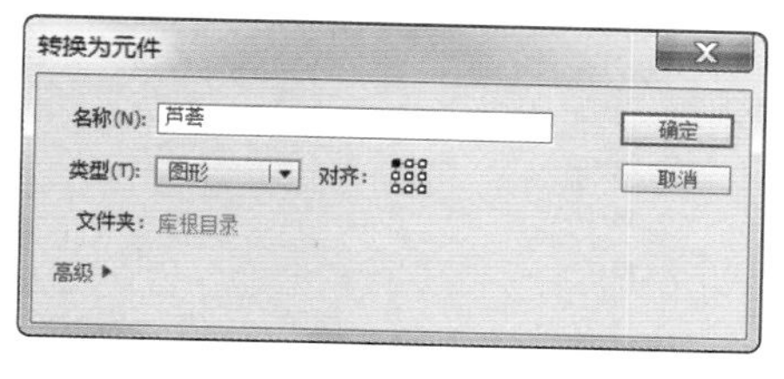

图 10-24

（8）选中“芦荟”图层的第 10 帧，按 F6 键，插入关键帧。选中“芦荟”图层的第 1 帧，在舞台窗口中选中“芦荟”实例，在图形“属性”面板“色彩效果”选项组的“样式”下拉列表中选择“Alpha”，将其值设为 0，效果如图 10-25 所示。

（9）用鼠标右键单击“芦荟”图层的第 1 帧，在弹出的快捷菜单中选择“创建传统补间”命令，生成传统补间动画。

（10）在“时间轴”面板中创建新图层并将其命名为“遮罩 1”。选择“矩形”工具，在工具箱中将“笔触颜色”设为无，“填充颜色”设为黄色（#FFCC00），在舞台窗口中绘制一个矩形，效果如图 10-26 所示。

（11）选中“遮罩 1”图层的第 15 帧，按 F6 键，插入关键帧。选择“任意变形”工具，在矩形周围出现控制点，将矩形下侧中间的控制点向下拖曳到适当的位置，改变矩形的高度，效果如图 10-27 所示。

图 10-25

图 10-26

图 10-27

（12）用鼠标右键单击“遮罩 1”图层的第 1 帧，在弹出的快捷菜单中选择“创建补间形状”命令，生成形状补间动画，如图 10-28 所示。在“遮罩 1”图层上单击鼠标右键，在弹出的快捷菜单中选择“遮罩层”命令，将“遮罩 1”图层设置为遮罩层，“芦荟”图层设置为被遮罩层，如图 10-29 所示。

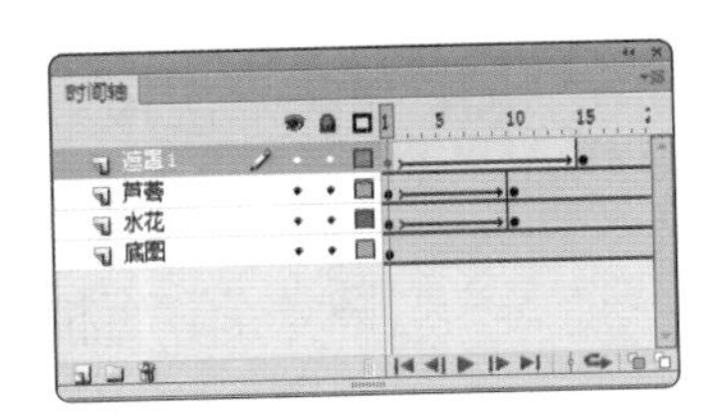

图 10-28

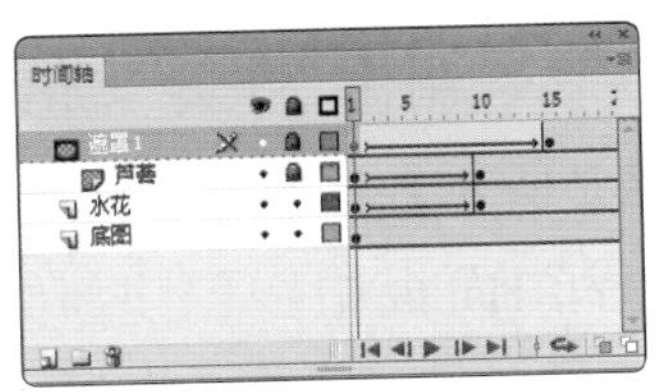

图 10-29

（13）用上述方法在“时间轴”面板中再次创建多个图层，并制作动画效果，“时间轴”面板如图 10-30 所示。化妆品主图制作完成，按 Ctrl+Enter 组合键查看效果，如图 10-31 所示。

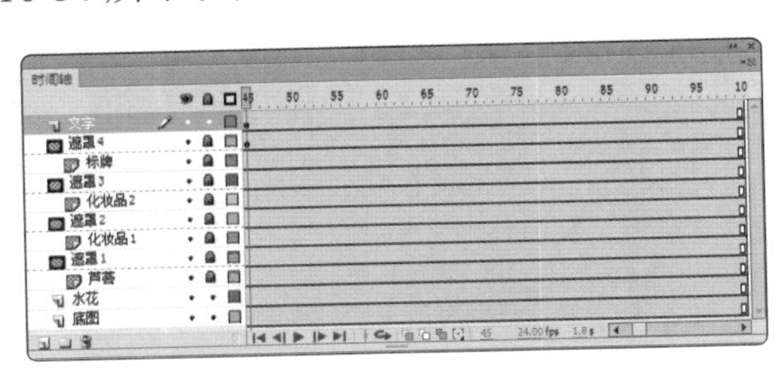

图 10-30

图 10-31

任务 10.3 电子相册——制作美食相册

10.3.1 任务引入

时尚摄影工作室是一家主打创意摄影的工作室，现需要制作一款美食相册，要求设计突出各类美食色香味俱全的特点。

10.3.2 设计理念

在设计时，整体风格素雅、大气，将食材作为背景点缀，主题鲜明；叠放的照片设计使画面层次分明，更加生动。最终效果参看云盘中的“Ch10 > 效果 > 制作美食相册”，如图 10-32 所示。

图 10-32

10.3.3 任务实施

（1）选择“文件 > 新建”命令，弹出“新建文档”对话框。在“常规”选项卡中选择“ActionScript 2.0”选项，将“宽”设为 600，“高”设为 450，单击“确定”按钮，完成文档的创建。将“图层 1”重命名为“底图”。

（2）选择“文件 > 导入 > 导入到库”命令，在弹出的“导入到库”对话框中选择云盘中的“Ch10 > 素材 > 制作美食相册 > 01 ～ 09”文件，单击“打开”按钮，文件被导入“库”面板，如图 10-33 所示。

（3）在“库”面板中新建一个图形元件“照片 1”，如图 10-34 所示，舞台窗口也随之转换为图形元件的舞台窗口。将“库”面板中的位图“02”拖曳到舞台窗口中，效果如图 10-35 所示。用相同的方法制作其他图形元件，“库”面板中的显示效果如图 10-36 所示。

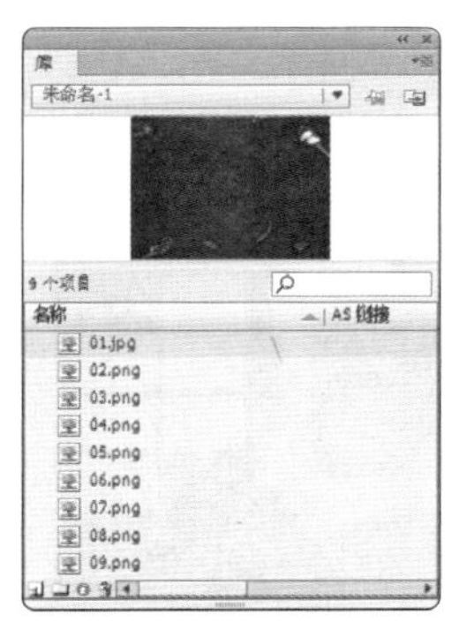

图 10-33

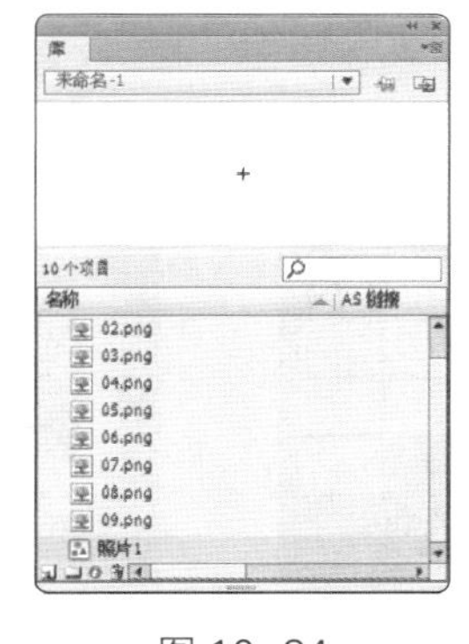

图 10-34

图 10-35

图 10-36

（4）在“库”面板中新建一个按钮元件“按钮 1”，如图 10-37 所示，舞台窗口也随之转换为按钮元件的舞台窗口。将“库”面板中的位图“09”拖曳到舞台窗口中，效果如图 10-38 所示。选中“指针经过”帧，按 F5 键，插入普通帧。

（5）在“时间轴”面板中创建新图层“图层 2”。将“库”面板中的图像元件“照片 1”拖曳到舞台窗口中。选择“任意变形”工具，在舞台窗口中选中“照片 1”实例。在按住 Shift 键的同时，将其等比例缩小并拖曳到适当的位置，效果如图 10-39 所示。选中“指针经过”帧，按 F6 键，插入关键帧。

（6）选中“图层 2”的“弹起”帧，选中舞台窗口中的“照片 1”实例，在图形的“属性”面板“色彩效果”选项组的“样式”下拉列表中选择“Alpha”，将其值设为 50%，效果如图 10-40 所示。用相同的方法制作按钮元件“按钮 2 ～按钮 6”，如图 10-41 所示。

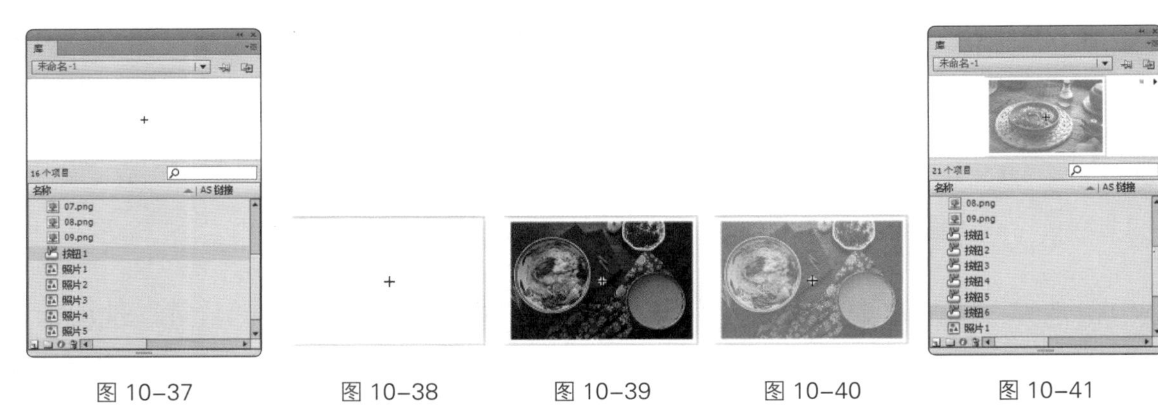

图 10–37　　图 10–38　　图 10–39　　图 10–40　　图 10–41

（7）单击舞台窗口左上方的“场景 1”图标，进入“场景 1”的舞台窗口。将“库”面板中的位图“01”拖曳到舞台窗口中，效果如图 10-42 所示。选中第 6 帧，按 F5 键，插入普通帧。

（8）在“时间轴”面板中创建新图层并将其命名为“照片边框”。将“库”面板中的位图“10”拖曳到舞台窗口中，效果如图 10-43 所示。选中“照片边框”图层的第 6 帧，按 F5 键，插入普通帧。在“时间轴”面板中创建新图层并将其命名为“照片”。

（9）将“库”面板中的图形元件“照片 1”拖曳到舞台窗口中并放置在适当的位置，效果如图 10-44 所示。选中“照片”图层的第 2 帧，按 F7 键，插入空白关键帧。

图 10–42

图 10–43

图 10–44

（10）将“库”面板中的图形元件“照片 2”拖曳到与“照片 1”相同的位置，如图 10-45 所示。用相同的方法分别选中“照片”图层的第 3 ～ 6 帧，按 F7 键，插入空白关键帧，并分别将图形元件“照片 3”～“照片 6”拖曳到相应帧的舞台窗口中，效果分别如图 10-46 ～图 10-49 所示。

（11）在“时间轴”面板中创建新图层并将其命名为“按钮”。分别将“库”面板中的按钮元件“按钮 1”～“按钮 6”拖曳到舞台窗口中并放置在适当的位置，效果如图 10-50 所示。

图 10-45

图 10-46

图 10-47

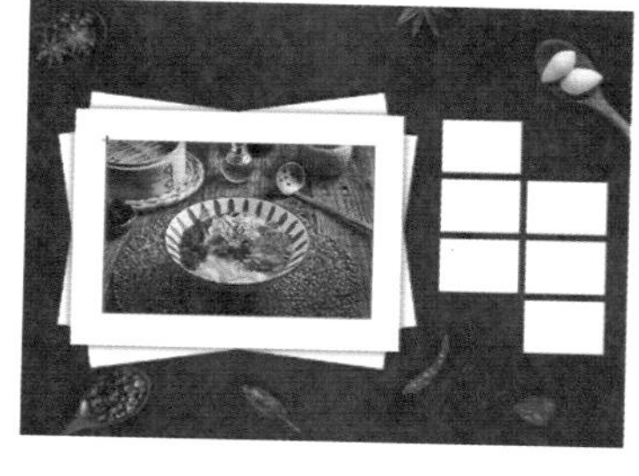

图 10-48

图 10-49

图 10-50

（12）在“时间轴”面板中创建新图层并命名为“动作脚本”。选择“窗口 > 动作”命令，弹出“动作”面板。在面板的左上方将脚本语言版本设置为“ActionScript 1.0 & 2.0”，在面板中单击“将新项目添加到脚本中”按钮，在弹出的菜单中选择“全局函数 > 时间轴控制 > stop”命令。在“脚本窗口”中显示选择的脚本语言，如图 10-51 所示。设置好动作脚本后，关闭“动作”面板。在“动作脚本”图层的第 1 帧显示一个标记“a”。

（13）选中“按钮”图层，在舞台窗口中选择“按钮 1”实例，选择“窗口 > 动作”命令，在“动作”面板中设置脚本语言（脚本语言的具体设置可以参考素材云盘中的实例源文件），“脚本窗口”中显示的效果如图 10-52 所示。

图 10-51

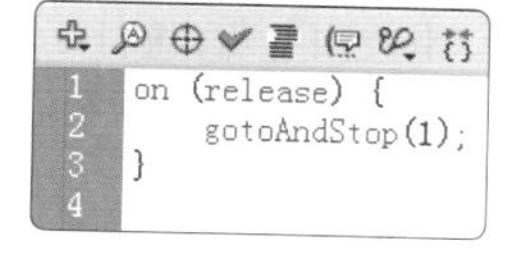

图 10-52

（14）用相同的方法为其他按钮设置脚本语言，只需将脚本语言“gotoAndStop”后面括号中的数字改成相应的帧数即可，如图 10-53 ～图 10-57 所示。美食相册制作完成，按 Ctrl+Enter 组合键查看效果，如图 10-58 所示。

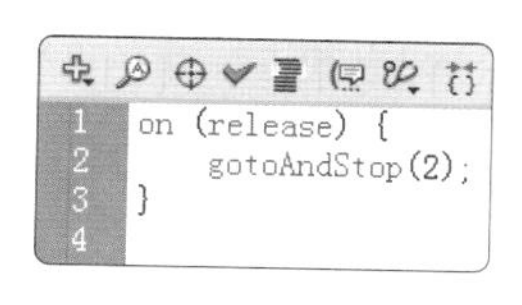

图 10-53

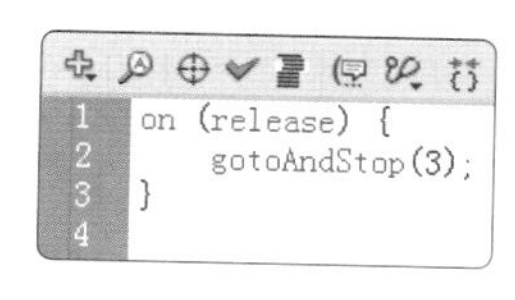

图 10-54

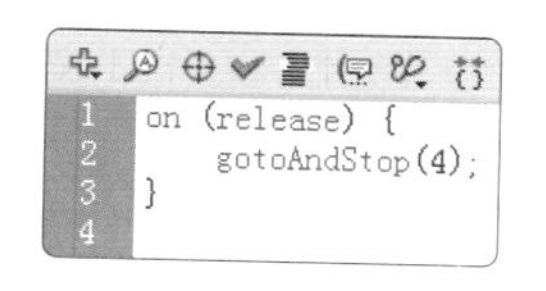

图 10-55

图 10-56

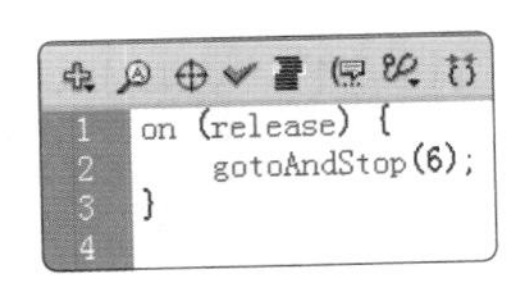

图 10-57

图 10-58

任务 10.4 网页应用——制作房地产网页

10.4.1 任务引入

房地产信息网站是某房地产公司为进行网络营销创建的，现需要为其制作一个宣传网页，要求根据各模块功能需求，合理进行布局和制作。

10.4.2 设计理念

在设计时，使用蓝色为主色调，深色的背景与同色系的导航栏相呼应，突出了楼盘典雅高贵的气质；导航栏的设计简洁清晰，方便购房者查找和浏览需要的楼盘和户型；光环图形的设计使页面主题得以升华，令人印象深刻。最终效果参看云盘中的“Ch10 > 效果 > 制作房地产网页”，如图 10-59 所示。

图 10-59

10.4.3 任务实施

（1）选择“文件 > 新建”命令，弹出“新建文档”对话框。在“常规”选项卡中选择“ActionScript 2.0”选项，将“宽”选项设为 600，“高”选项设为 800，单击“确定”按钮，完成文档的创建。

（2）选择“文件 > 导入 > 导入到库”命令，在弹出的“导入到库”对话框中选择“Ch10 > 素材 > 制作房地产网页 > 01 ～ 06”文件，单击“打开”按钮，文件被导入到“库”面板中，如图 10-60 所示。

（3）按 Ctrl+F8 组合键，弹出“创建新元件”对话框。在“名称”选项的文本框中输入“按钮 1”，在“类型”选项的下拉列表中选择“按钮”，单击“确定”按钮，新建按钮元件“按钮 1”，如图 10-61 所示，舞台窗口也随之转换为按钮元件的舞台窗口。将“库”面板中的位图“02”拖曳到舞台窗口中，如图 10-62 所示。

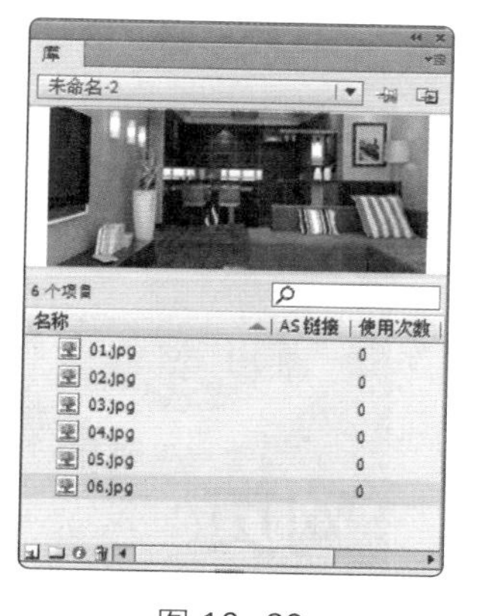

图 10-60

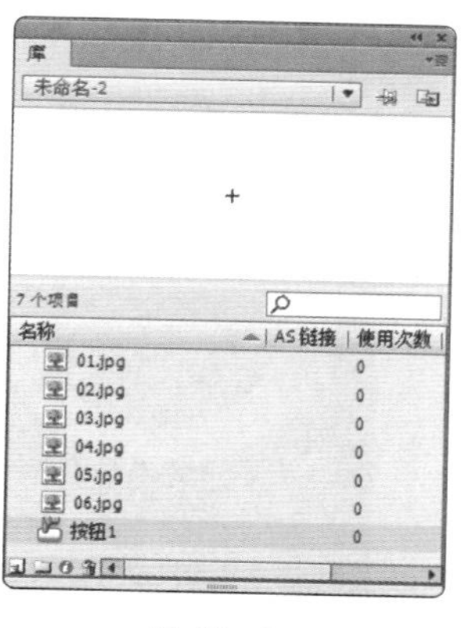

图 10-61

图 10-62

（4）单击“时间轴”面板下方的“新建图层”按钮，新建“图层 2”，如图 10-63 所示。选择“文本”工具，在“文本”工具的“属性”面板中进行设置，在舞台窗口中适当的位置输入大小为 18、字体为“方正粗倩简体”的白色文字，文字效果如图 10-64 所示。使用相同的方法制作按钮元件“按钮 2”“按钮 3”“按钮 4”，“库”面板如图 10-65 所示。

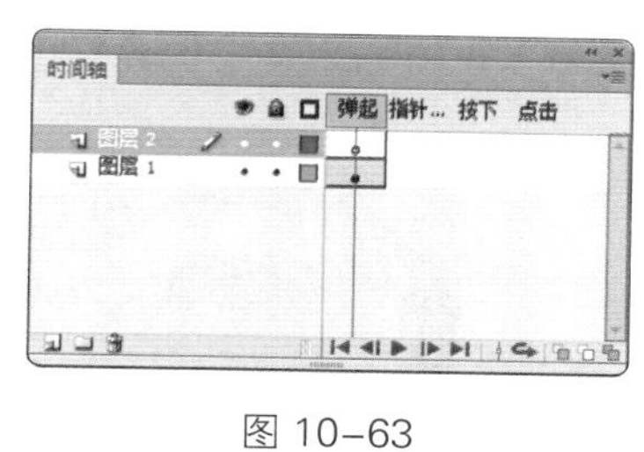

图 10-63

图 10-64

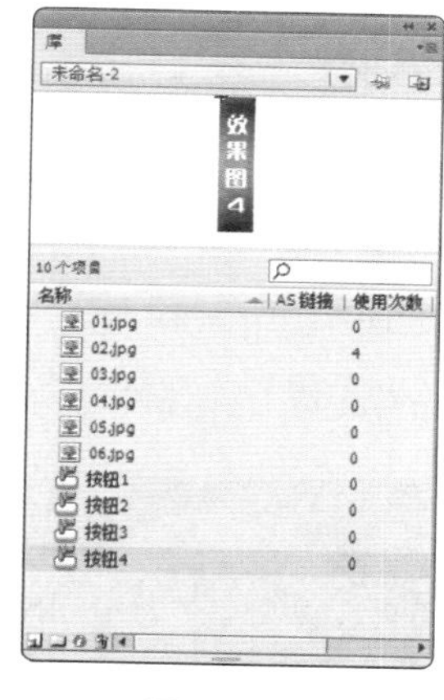

图 10-65

（5）单击舞台窗口左上方的“场景 1”图标，进入“场景 1”的舞台窗口，将“图层 1”重命名为“底图”，将“库”面板中的位图“01”拖曳到舞台窗口中。选中“底图”图层的第 4 帧，按 F5 键，插入普通帧。

（6）在“时间轴”面板中创建新图层并将其命名为“按钮”。将“库”面板中的按钮元件“按钮 1”拖曳到舞台窗口中，在按钮“属性”面板中，将“X”选项设为 117，“Y”选项设为 558，将实例放置在背景图的左下方，效果如图 10-66 所示。

（7）将“库”面板中的按钮元件“按钮 2”拖曳到舞台窗口中，在按钮“属性”面板中将“X”选项设为 409，“Y”选项设为 558，将实例放置在背景图的右下方，效果如图 10-67 所示。

（8）将“库”面板中的按钮元件“按钮 3”拖曳到舞台窗口中，在按钮“属性”面板中将“X”选项设为437，“Y”选项设为558，将实例放置在背景图的右下方，效果如图10-68所示。

图10-66

图10-67

图10-68

（9）将“库”面板中的按钮元件“按钮4”拖曳到舞台窗口中，在按钮“属性”面板中将“X”选项设为465，“Y”选项设为558，将实例放置在背景图的右下方，效果如图10-69所示。

（10）在“时间轴”面板中创建新图层并将其命名为“图片”。将“库”面板中的位图“03”拖曳到舞台窗口中，在位图“属性”面板中将“X”选项设为146，“Y”选项设为558，将实例放置在背景图的中下方，效果如图10-70所示。

（11）选中“图片”图层的第2帧，按F7键，插入空白关键帧。将“库”面板中的位图“04”拖曳到舞台窗口中，在位图“属性”面板中将“X”选项设为146，“Y”选项设为558，将实例放置在背景图的中下方，效果如图10-71所示。

图10-69

图10-70

图10-71

（12）选中“图片”图层的第3帧，按F7键，插入空白关键帧。将“库”面板中的位图“05”拖曳到舞台窗口中，在位图“属性”面板中将“X”选项设为146，“Y”选项设为558，将实例放置在背景图的中下方，效果如图10-72所示。

（13）选中“图片”图层的第4帧，按F7键，插入空白关键帧。将“库”面板中的位图“06”拖曳到舞台窗口中，在位图“属性”面板中将“X”选项设为146，“Y”选项设为558，将实例放置在背景图的中下方，效果如图10-73所示。

图 10-72

图 10-73

（14）在“时间轴”面板中创建新图层并将其命名为“动作脚本”。选中“动作脚本”图层的第 1 帧，选择“窗口 > 动作”命令，弹出“动作”面板。在“动作”面板中设置脚本语言，“脚本窗口”中显示的效果如图 10-74 所示。在“动作脚本”图层的第 1 帧上显示出一个标记“a”，如图 10-75 所示。

（15）选中“按钮”图层的第 1 帧，在舞台窗口中选中“按钮 1”实例，调出“动作”面板。在“动作”面板中设置脚本语言，“脚本窗口”中显示的效果如图 10-76 所示。

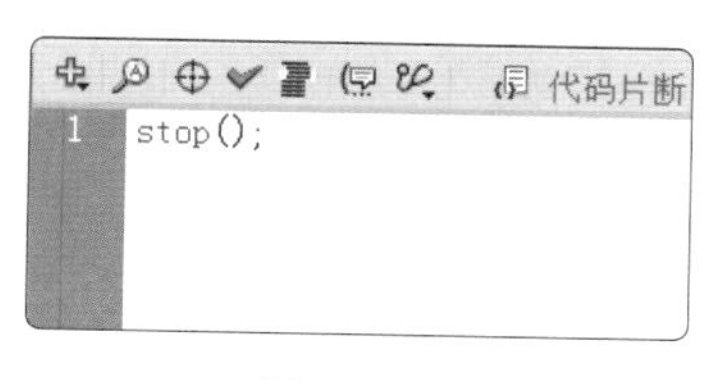

图 10-74

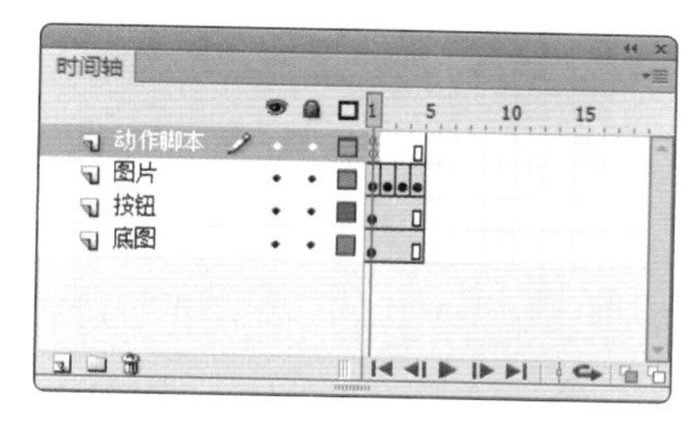

图 10-75

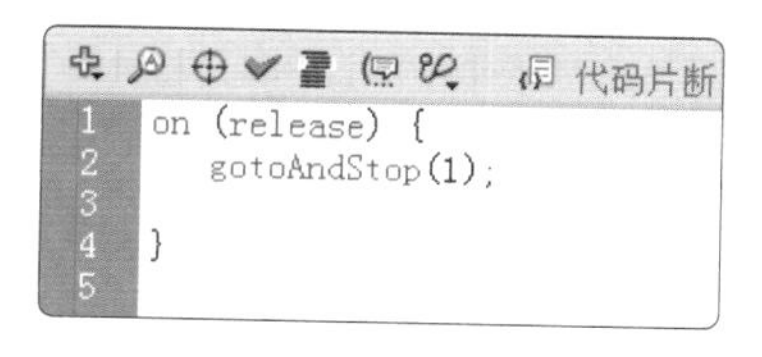

图 10-76

（16）在舞台窗口中选中“按钮 2”实例，调出“动作”面板。在“动作”面板中设置脚本语言，“脚本窗口”中显示的效果如图 10-77 所示。

（17）在舞台窗口中选中“按钮 3”实例，调出“动作”面板。在“动作”面板中设置脚本语言，“脚本窗口”中显示的效果如图 10-78 所示。

（18）在舞台窗口中选中“按钮 4”实例，调出“动作”面板。在“动作”面板中设置脚本语言，“脚本窗口”中显示的效果如图 10-79 所示。设置好动作脚本后，关闭“动作”面板。房地产网页制作完成，按 Ctrl+Enter 组合键即可查看效果。

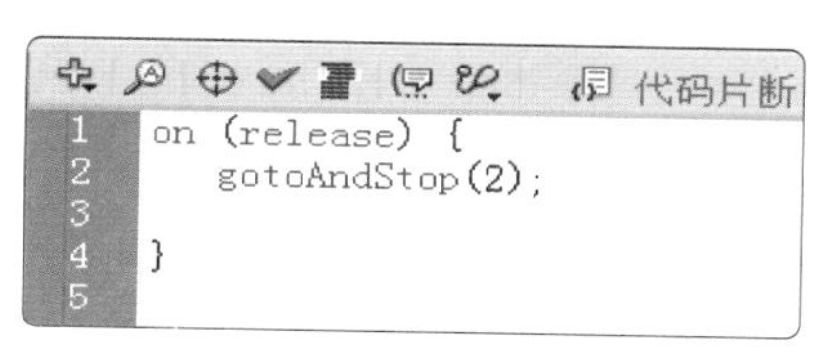

图 10-77

```
1 on (release) {
2     gotoAndStop(3);
3
4 }
5
```

图 10-78

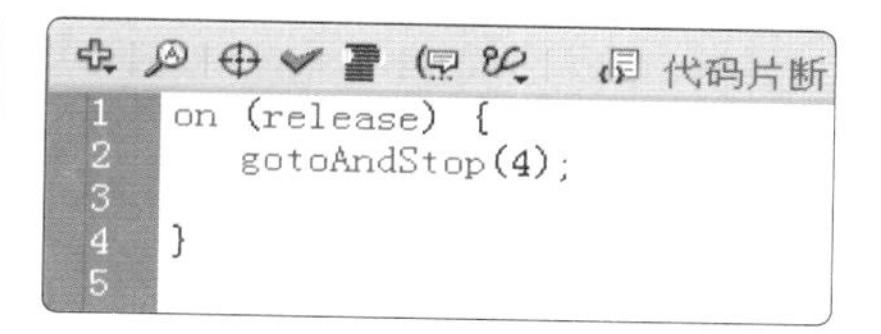

图 10-79

任务 10.5 游戏设计——制作射击游戏

微课

任务 10.5

10.5.1 任务引入

易起玩是一家研发动画游戏的工作室，设计开发了多款手游和端游。现工作室要开发一款可爱风格的射击类游戏，要求设计符合各年龄段玩家的喜好。

10.5.2 设计理念

在设计时，使用海洋作为游戏场景，丰富的海洋生物令画面热闹非凡，加上气泡效果，使画面更加生动逼真；整体色彩鲜艳明亮，使人身心愉悦；多元素的组合使画面层次分明，立体感强。最终效果参看云盘中的“Ch10 > 效果 > 制作射击游戏”，如图 10-80 所示。

图 10–80

10.5.3 任务实施

（1）选择“文件 > 打开”命令，在弹出的“打开”对话框中选择云盘中的“Ch10 > 素材 > 制作射击游戏 > 01”文件，单击“打开”按钮，打开文件。选择“文件 > 导入 > 导入到库”命令，在弹出的“导入到库”对话框中选择云盘中的“Ch10 > 素材 > 制作射击游戏 > 02 ～ 06”文件，单击“打开”按钮，文件被导入“库”面板，如图 10-81 所示。

（2）在“库”面板中新建一个图形元件“鱼”，如图 10-82 所示，舞台窗口也随之转换为图形元件的舞台窗口。将“库”面板中的位图“05.png”拖曳到舞台窗口中的适当位置，效果如图 10-83 所示。

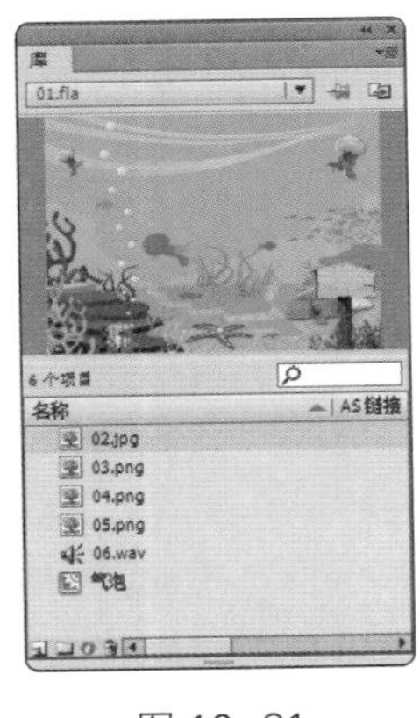

图 10–81

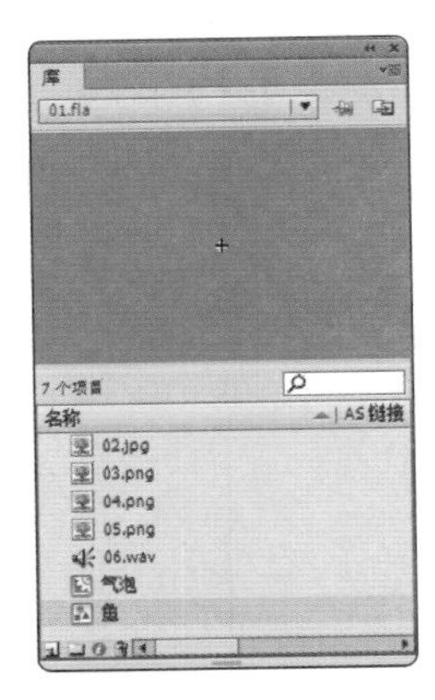

图 10–82

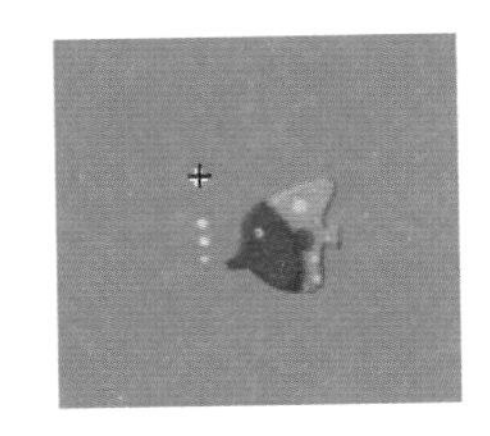

图 10–83

（3）在“库”面板中新建一个影片剪辑元件“鱼动 1”，舞台窗口也随之转换为影片剪辑元件的舞台窗口。将“库”面板中的图形元件“鱼”拖曳到舞台窗口中的适当位置，效果如图 10-84 所示。

（4）选中“图层 1”的第 100 帧，按 F6 键，插入关键帧。选择“选择”工具，选中“鱼”实例，在按住 Shift 键的同时，将其水平向左拖曳到适当的位置，效果如图 10-85 所示。用鼠标右键单击“鱼”图层的第 1 帧，在弹出的快捷菜单中选择“创建传统补间”命令，生成传统补间动画。

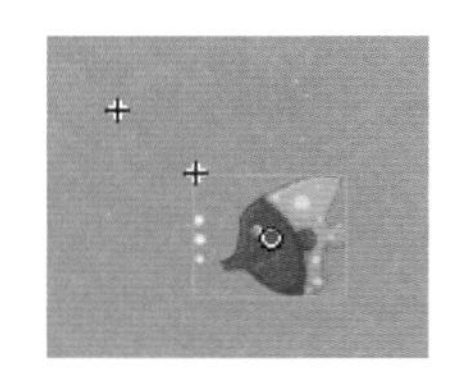

图 10-84

图 10-85

（5）在“库”面板中新建一个影片剪辑元件“鱼动 2”，舞台窗口也随之转换为影片剪辑元件的舞台窗口。将“库”面板中的位图“03.png”拖曳到舞台窗口中的适当位置，效果如图 10-86 所示。

（6）选中“图层 1”的第 5 帧，按 F7 键，插入空白关键帧。将“库”面板中的位图“04.png”拖曳到舞台窗口中的适当位置，效果如图 10-87 所示。选中“图层 1”的第 9 帧，按 F5 键，插入普通帧。

（7）在“库”面板中新建一个影片剪辑元件“瞄准镜”，舞台窗口也随之转换为影片剪辑元件的舞台窗口。调出“颜色”面板，选中“笔触颜色”按钮，将“笔触颜色”设为黑色，“Alpha”设为 50%；选中“填充颜色”按钮，将“填充颜色”设为白色，“Alpha”设为 50%，如图 10-88 所示。选择“椭圆”工具，在按住 Alt+Shift 组合键的同时，在舞台窗口的中心绘制一个圆形，效果如图 10-89 所示。

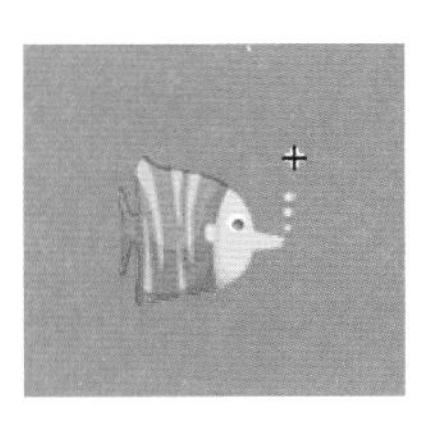

图 10-86

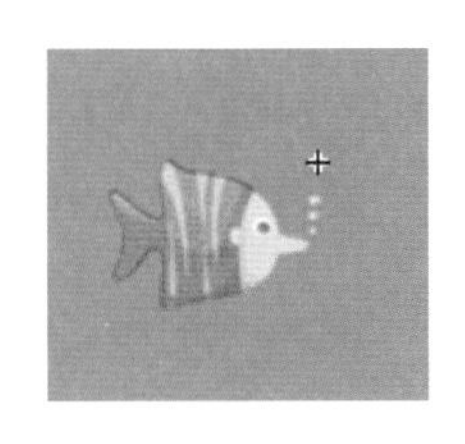

图 10-87

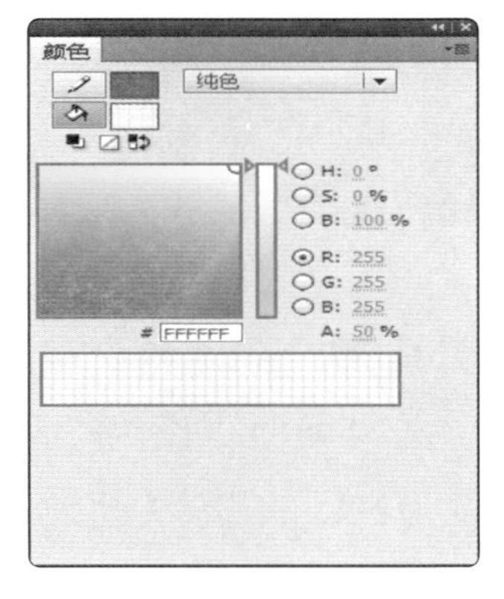

图 10-88

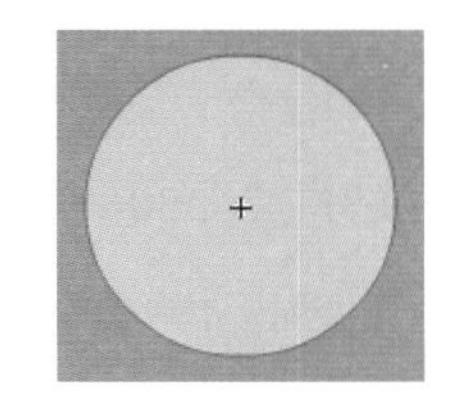

图 10-89

（8）选择“线条”工具，在按住 Shift 键的同时，在舞台窗口中绘制一条直线，效果如图 10-90 所示。选择“选择”工具，选中直线，调出“变形”面板。单击面板下方的“重制选区和变形”按钮，复制直线，将“旋转”设为 90° ，效果如图 10-91 所示。选择“任意变形”工具，同时选取两条直线，将这两条直线拖曳到圆形的中心位置并调整大小，效果如图 10-92 所示。

（9）选择“橡皮擦”工具，单击工具箱下方的“橡皮擦模式”按钮，在弹出的列表中选择“擦除线条”模式，在线条的中心单击擦除线条，效果如图 10-93 所示。选择“刷子”工具，在工具箱下方单击“刷子大小”按钮，在弹出的下拉列表中将第 2 个笔刷头的“刷子形状”设为圆形，将“填充颜色”设为红色（#FF0000），“Alpha”设为 100%，在两条线条的中心单击，效果如图 10-94 所示。

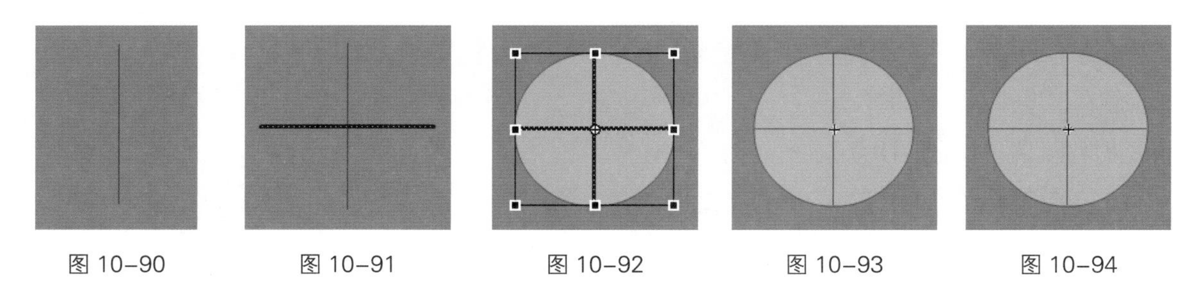

图 10-90　图 10-91　图 10-92　图 10-93　图 10-94

（10）单击舞台窗口左上方的“场景 1”图标，进入“场景 1”的舞台窗口。在“时间轴”面板中创建新图层并将其命名为“底图”。将“库”面板中的位图“02”拖曳到舞台窗口中，效果如图 10-95 所示。再次将“库”面板中的影片剪辑元件“鱼动 1”拖曳到舞台窗口中的适当位置，效果如图 10-96 所示。

（11）在“时间轴”面板中创建新图层并将其命名为“鱼 2”。分别将“库”面板中的影片剪辑元件“瞄准镜”“鱼动 2”拖曳到舞台窗口中的适当位置，效果如图 10-97 和图 10-98 所示。

图 10-95　图 10-96　图 10-97　图 10-98

（12）选择“文本”工具，在舞台窗口的标牌上拖曳出一个文本框。选中文本框，在文本“属性”面板中将“文本类型”设为“动态文本”，单击“约束”按钮，将其更改为解锁状态，将“宽”设为 93，“高”设为 29，如图 10-99 所示，舞台窗口中的效果如图 10-100 所示。

（13）在文本“属性”面板的“变量”文本框中输入“info”，其他选项的设置如图 10-101 所示。

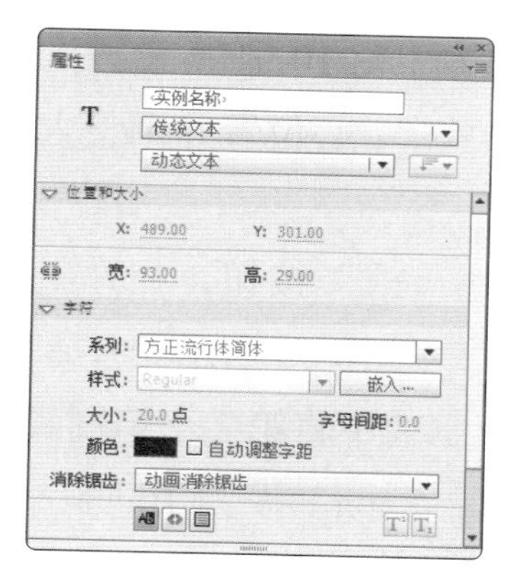

图 10-99

图 10-100

图 10-101

（14）在舞台窗口中选中“鱼动 2”实例，在影片剪辑“属性”面板的“实例名称”文本框中输入“fish”，如图 10-102 所示。选择“窗口 > 动作”命令，在“动作”面板中输入需要的动作脚本，如图 10-103 所示，设置好动作脚本后，关闭“动作”面板。

（15）在舞台窗口中选中“瞄准镜”实例，在影片剪辑“属性”面板的“实例名称”文本框中输入“gun”，如图 10-104 所示。选择“窗口 > 动作”命令，弹出“动作”面板，在“脚本窗口”中输入需要的动作脚本，如图 10-105 所示，设置好动作脚本后，关闭“动作”面板。

图 10-102

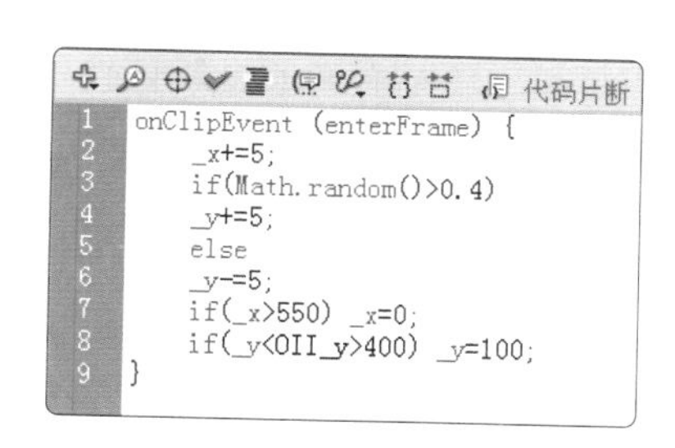

图 10-103

图 10-104

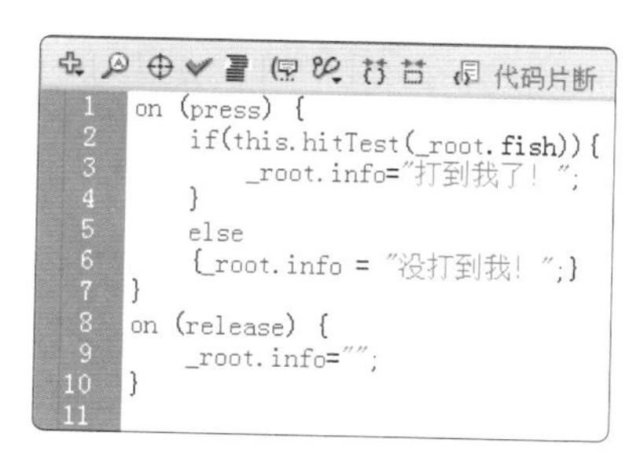

图 10-105

（16）在“库”面板中选中声音文件“06”，单击鼠标右键，在弹出的快捷菜单中选择“属性”命令，弹出声音“属性”面板。选择“ActionScript”选项，在“ActionScript 链接”选项组中勾选“为 ActionScript 导出”复选框，其他选项的设置如图 10-106 所示，单击“确定”

按钮。在舞台窗口中选中“瞄准镜”实例，调出“动作”面板，再次在“脚本窗口”中添加播放声音的动作脚本，如图 10-107 所示。设置好动作脚本后，关闭“动作”面板。

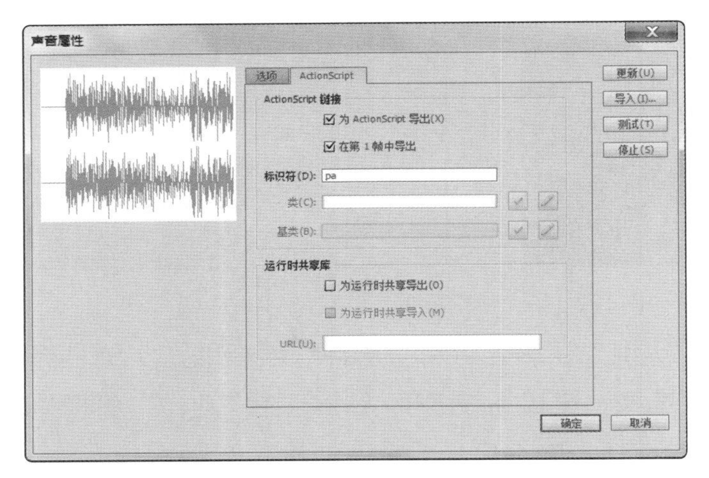

图 10-106

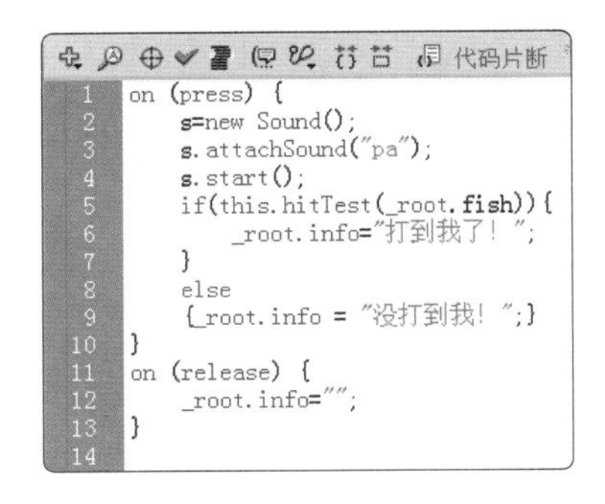

图 10-107

（17）选中“鱼 2”图层的第 1 帧，按 F9 键，弹出“动作”面板。在“脚本窗口”中输入需要的动作脚本，如图 10-108 所示，设置好动作脚本后，关闭“动作”面板。在“鱼 2”图层的第 1 帧显示一个标记“a”。在“时间轴”面板中将“气泡”图层拖曳到“鱼 2”图层的上方，如图 10-109 所示。射击游戏制作完成，按 Ctrl+Enter 组合键查看效果，如图 10-110 所示。

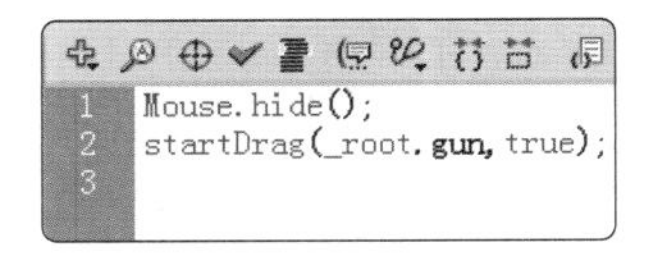

图 10-108

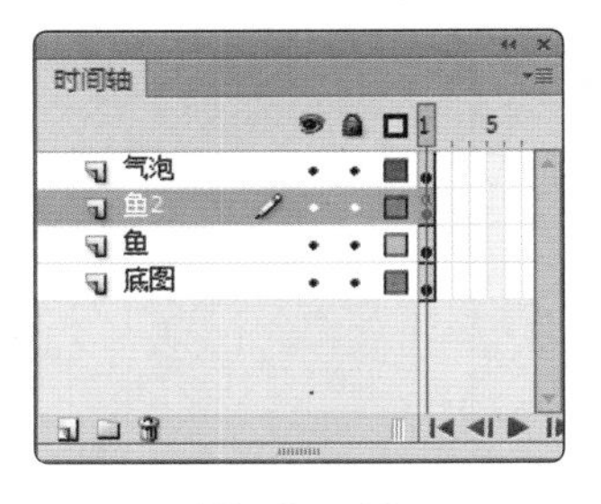

图 10-109

图 10-110